Georg Adolph Suckow

Anfangsgründe der theoretischen und angewandten Naturgeschichte der

Tiere

3. Band

Georg Adolph Suckow

Anfangsgründe der theoretischen und angewandten Naturgeschichte der Tiere
3. Band

ISBN/EAN: 9783743461529

Hergestellt in Europa, USA, Kanada, Australien, Japan

Cover: Foto ©berggeist007 / pixelio.de

Manufactured and distributed by brebook publishing software (www.brebook.com)

Georg Adolph Suckow

Anfangsgründe der theoretischen und angewandten Naturgeschichte der Tiere

# Anfangsgründe

der

theoretischen und angewandten

Naturgeschichte der Thiere.

Von

D. Georg Adolph Suckow,

Pfalz-Zweibrückischen Hofrath, und ordentl. öffentl. Professor der
Churpfälzischen Staatswirthschafts-Hohenschule.

Dritter Theil.

Von den Amphibien.

Leipzig, 1798
in der Weidmannischen Buchhandlung.

III. Classe.
Amphibien.

Einleitung.

1.

Die Amphibien unterscheiden sich von den Thieren der vorigen beiden Classen, durch ihr rothes Blut, welches die Temperatur der Atmosphäre oder überhaupt des Mediums besizt, in welchem diese Thiere leben, und daher kälter als das Blut der Säugthiere und Vögel ist, dessen Temperatur immer die der Atmosphäre übertrift. Die Menge des Blutes ist bei ihnen auch viel geringer als bei jenen Thieren, und befindet sich in einem viel trägern Kreislauf. Ohnerachtet sie wahre Lungen haben, und sich dadurch von den Fischen unterscheiden, so sind solche doch von viel lockerem Gewebe, als bei den warmblütigen Thieren, denen die Lungen viel wesentlicher zur Fortdauer des Lebens sind, als den Amphibien. Diese athmen nicht nur viel unordentlicher als jene, sondern können auch die atmosphärische Luft weit länger gänzlich entbehren, da sie nicht nur in verdünnter Luft, sondern auch in kohlensauern- und Stickgas eine beträchtliche Zeit ausdauern, außerdem aber auch in Steinblöcken und Baumstämmen, in Magen und Gedärmen von Menschen, so wie in Eisschollen eingefroren gefunden worden sind, ohne daß sie am Leben dabei gelitten hätten.

2.

Mit der atmosphärischen Luft scheinen daher die Amphibien in einem ganz andern Verhältnisse als die warmblütigen Thiere zu stehen, und ihre Lungen einen ganz verschiedenen Zweck zu haben. Bei den Säugthieren und Vögeln entsteht die Wärme und erhöhte Temperatur des Blutes, vorzüglich durch die Zerlegung des Sauerstofgaßes der atmosphärischen Luft in den Lungen; indem nemlich der Sauerstof derselben sich mit dem Kohlenstof des Blutes zu Kohlensäure verbindet, und hiebei der aus dem Sauerstofgaße sich entbindende Wärmestof, welcher über 4mal mehr als in dem kohlensauren Gaß beträgt, dem Blute mitgetheilt wird; daher statt der eingeathmeten atmosphärischen Luft, Stickgas, Kohlensäure und Wasserdünste ausgeathmet werden. Die Lungen der Amphibien scheinen dagegen gar keine solche Zerlegung zu bewirken, oder doch äusserst langsam, und ihnen die Luft nicht so unbedingt nothwendig zu ihrem Leben zu seyn. So wie sich aus Crawfords Versuchen mit Fröschen ergiebt *), scheinen verschiedene Amphibien im Leben so gar schlechtere Wärmeleiter zu seyn, als im Tode, da viel geschwinder diese, als jene Wärme mitgetheilt erhalten.

*) Versuche und Beobachtungen über die Wärme der Thiere. 2te Ausgabe. Aus dem Engl. übers. Leipz. 1789. 8. S. 297. f.

3.

In diesen besondern Verhältnissen, in welchen diese Thiere mit der gemeinen Luft, so wie auch mit dem Lichte stehen, zusammengenommen mit ihrer geringen Wärmeleitungsfähigkeit, scheinet auch wenigstens bey den mehresten der Grund ihres Lichtscheuen Wesens, und ihres Aufenthaltes an dunkeln, dumpfigen Gegenden zu liegen. Inzwischen sind sie doch nichts weniger als unempfindlich gegen die Wärme, da die mehresten im Herbste sich unter der Erde ver-

verkriechen, in einer geringern oder stärkern Betäubung den Winter zubringen, und bei wiederkehrender Wärme im Frühjahre wieder zum Vorschein kommen. Von der Eigenschaft der mehresten, sowohl im Wasser als auf dem Trockenen zu leben, hat man sie Amphibien genennt, inzwischen sind verschiedene von ihnen auch bloß auf den Aufenthalt im Wasser, andere bloß auf dem Trockenen eingeschränkt, wo sie entweder bloß auf der Erde, oder auch auf Bäumen leben.

4.

Ihre Nahrung besteht überhaupt aus Gewächsen oder Thieren, und können manche, wie z. B. die Krokodillen, und verschiedene der großen Schlangen, sehr viel auf einmal verschlingen, und liegen besonders leztere, während der Verdauung, mehrere Tage hintereinander in einer eigentlichen Betäubung, welche man auch zu ihrer Ausrottung benuzt. So wohl diese gefräßigern, als auch kleinere Amphibien, welche nicht so gierig auf ihren Raub sind, können hingegen eine sehr beträchtliche Zeit ohne Nahrung zu sich zu nehmen ausdauern, wie dies schon die in Steinblöcken lebendig gefundenen Kröten, so wie auch Schildkröten beweisen, welche an 1½ Jahre lang ohne etwas zu genießen zugebracht haben. Merkwürdig sind die Versuche *), daß Färberröthe nicht wie bei den warmblütigen Thieren in ihre Knochen übertritt und solche roth färbt.

*) Blumenbachs Handbuch. 4te Aufl. 233.

5.

Den Thieren dieser Classe ist ausserdem eine sehr große Reizbarkeit eigen, von welcher ihr ausnehmend zähes Leben abhängt. So können Frösche eine geraume Zeit noch herumhüpfen, denen das Herz herausgenommen worden, Schildkröten nach ausgeleerten Gehirne Monate lang fortleben, und zerstückte Schlangen, sowohl noch heftig beißen, als auch die Theile einzeln sich bewegen. Wahrscheinlich ist bei diesen Thieren die Lebenskraft weniger durch Consens gestört, und daher in jeden Theil für sich mehr ungehindert. Sehr wichtig sind die Erscheinungen, welche entblößte Nerven von den Amphibien, zuerst in Ansehung des Metallreizes nach Galvani's Versuchen gezeigt haben.

6.

Von der Stärke ihrer Nerven scheint auch die Reproduktionskraft herzurühren, nach welcher ihnen manche verlohrne Theile wieder ersezt werden. Ihre Sinne, das Gesicht und den Geruch ausgenommen, scheinen aber nicht von gleicher Schärfe mit der der warmblütigen Thiere zu seyn. Da sie Lungen haben, so besitzen viele von ihnen auch zur Stimme Fähigkeit, ohnerachtet manche sie nie hören lassen, und andere, wie die Schlangen, bloß ein Gezische von sich geben.

7.

Die Begattung der Amphibien zeichnet sich von der der warmblütigen Thiere merkwürdig aus. Sie dauert nach den Arten derselben mehrere Tage, auch wohl wochenlang, und befruchten die männlichen Thiere die Eier mehrentheils außer dem Körper der weiblichen; nur bei den Schlangen geht die Befruchtung in dem Körper vor. Nach Spallanzani *) liegen die Jungen bei Fröschen und dergl. Thieren schon in den Eiern fast ausgebildet, und werden durch jene Befruchtung bloß belebt. Keines von diesen Thieren brütet die Eier aus, sondern sie bleiben entweder auf dem Wasser, oder in sonnigten Gegenden der Wärme ausgesezt, und manche Schlangen legen sie auch auf Dung, wo sie endlich auskriechen. Bei manchen Arten der Eidechsen und Schlangen geschieht das Ausbrüten der Eier in dem Leibe selbst, daher die Jungen lebendig hervorkommen,

und

Einleitung.

und bei dem Pipal-Frosch verwachsen die Eier, welche das Männgen auf den Leib des Weibgens gestrichen, mit der Haut desselben, auf welcher sie sich entwickeln. Im wesentlichen sind daher die Amphibien sämmtlich als Eier-legende Thiere zu betrachten.

*) Versuche über die Erzeugung der Thiere und Pflanzen. Aus dem Fr. von D. C. Fr. Michaelis. 1. Abth. Leipz. 1786. 8.

8.

Bei dem Auskriechen haben inzwischen die Jungen noch nicht ihre vollkommene Ausbildung, die Schlangen ausgenommen, welche ihren Mutterkuchen, mit dem sie verbunden sind, bald verliehren, und ihre wahre Gestalt besitzen. Die Frösche und Eidechsen leiden hingegen manche Verwandlungen, da sie anfänglich als Kaulquappen,[1] mit ihren Schwanze ohne Füße kleinen Fischen ähneln. Nach und nach verliehren sie den Schwanz, so wie sich zuerst die hintern, nachher die vordern Füße entwickeln, und bekommen endlich ihre wahre Gestalt. Andere haben noch besondere Ansätze oder Fischkiefern[2] am Halse oder hinter den Ohren, welche sie ebenfalls mit dem weitern Wuchse ablegen.

9.

In Ansehung des Wuchses selbst dauert es aber bei den Amphibien viel langsamer als bei den warmblütigen Thieren, und bei sehr vielen läßt es sich noch gar nicht festsetzen, welches Alter sie erreichen können. Von Schildkröten ist zwar bekannt, daß sie über 100 Jahr erreichen können, allein dies ist nicht ihr eigentliches Alter. Krokodille und Schlangen sind aber zum Theil zu gefährliche Thiere, um ihnen ihr Leben nicht zu verkürzen, so daß sich also von sehr vielen dieser Thiere wenig bestimmtes über ihre Lebenszeit sagen läßt. Die mehresten Amphibien häuten sich

übri-

[1] Gyrini. [2] branchiae; appendices fimbriatae Swammerdami.

übrigens des Jahres einigemal, andere gar oft; bei vielen geschieht es vor der Paarungszeit im Frühjahre, so wie auch im Herbst.

10.

Die genaue Beschreibung dieser Thiere gründet sich auf gehörige Betrachtung ihrer Bildung überhaupt und ihrer besondern Theile. In Ansehung jener lassen sie sich leicht in Amphibien mit 4 Füßen, und in Schlangen unterscheiden, welche leztern keine äußern Bewegungswerkzeuge, außer Schuppen, Runzeln, oder Warzen besitzen. Ohnerachtet ein gewisses Vorurtheil großentheils einen Abscheu vor diesen Thieren erregt hat, so verdienen sie doch um desto mehr noch eine viel genauere Untersuchung, da diese Classe in Vergleichung anderer am wenigsten bearbeitet worden ist.

11.

Die Bedeckungen der Amphibien sind mannichfaltig, und bestehen entweder aus der bloßen Haut, oder aus knochigen Schalen, oder aus Schildern und Schuppen. Was 1. die Haut anbetrift, so ist solche glatt [3]), schlüpfrig [4]), oder löcherig [5]), mit ganz kleinen Erhabenheiten besezt, oder körnig [6]), warzig [7]) wo die Größe der Warzen, und die Stellen der beträchtlichsten zu bemerken sind, wie bei den Fröschen und Eidechsen an den Hinterschenkeln, imgleichen ihre Gestalt, wo sie mit Rückenschärfen [8]) wie bei der Warzenschlange vorkommen. Ferner findet sie sich auch runzlich [9]), wo die Anzahl der Runzeln bei den Runzelschlangen zu bemerken ist.

12.

Ausserdem findet sich aber 2. die Haut verschiedentlich noch mit Schuppen [10]) bekleidet, welche aus einer

horn-

---

[3]) Cutis glabra. [4]) lubrica. [5]) porosa. [6]) granulata. [7]) verrucosa. [8]) verrucae carinatae. [9]) Cutis rugosa. [10]) Squamae.

Einleitung.

hornartigen mehr oder weniger durchſichtigen Subſtanz beſtehen. Sie behalten jene Benennung, wenn ſie nicht viel breiter als lang ſind. Sind ſie hingegen beträchtlich breit, und dabei ſchmal, ſo heißen ſie Schilder [11], welche vorzüglich bei den Klapper- und Schilder-Schlangen, ſo wie bei den Nattern unter dem Leibe vorkommen, und gezählt werden. Gehen ähnliche ſolche Schilder ganz um den Leib herum, ſo heißen ſie Ringe [12], und werden ebenfalls bei den Schlangen und andern Thieren gezählt.

13.

Die eigentlichen Schuppen ſind übrigens ihrer Geſtalt nach rautenförmig [13], vier- bis ſechseckt [14], lanzetförmig [14b] rundlich [15], eiförmig [16], mit Rückenſchärfe verſehen oder gekielt [17], in eine Spitze auslaufend [18], gezähnelt [19], geſtachelt [20], gefränzt [21], igelartig geſtachelt [22], zurückgekehrt [23], außerdem liegen ſie entweder wie Dachziegeln übereinander [24], oder berühren ſich nur [25]. hiebei ſtehen ſie zugleich entweder in Längenreihen [26], oder in Querreihen, wo ſie Wirbel [27] bilden.

14.

So wohl die Haut für ſich, als auch wenn ſie mit Schuppen beſezt iſt, bildet an verſchiedenen Theilen Näthe, welche vorzüglich Rücken- [28], oder Seiten-Näthe [29] ſind, und ſowohl glatt [30] als gezähnt [31] vorkommen, ſie heißen insbeſondere Schärfen [32], wenn ſie dünn und

A 5 wie

[11] Scuta. [12] Annuli. [13] Squamae rhombeae. [14] quadratae, hexagonae. [14b] lanceolatae [15] rotundatae, orbiculatae. [16] ouatae. [17] carinatae [18] mucronatae [19] denticulatae. [20] aculeatae. [21] ciliatae. [22] muricatae. [23] reuerſae. [24] imbricatae. [25] non imbricatae. [26] feriatae, in ordines ſecundum longitudinem poſitae. [27] verticillatae. [28] Sutura dorſalis. [29] lateralis. [30] laeuis. [31] dentata. [32] Carinae.

wie eine Schneide zulaufen, wo sie von Schuppen herrühren, welche mit Rückenschärfe versehen sind. Ist die Haut ohne oder mit Schuppen an gewissen Theilen so erweitert, daß sie überschlägt, so nennt man dies eine Falte [33]); mehrentheils stehen solche in die Quer [34]) und kommen besonders bei den Eidechsen die Kehlfalten [35]) in Betracht, welche auch gedoppelt und dreifach [36]) vorkommen.

15.

Den Farben nach sind die Haut, oder die Schuppen und Schilder, so wie auch die Ringe, entweder einfärbig [37]), oder vielfärbig [38]). Bei den Schuppen findet sich oft der Rand bloß dunkeler oder heller gefärbt, wodurch der Körper ein netzförmiges Ansehen [39]) bekommt, zuweilen hat aber auch bloß die Spitze der Schuppen, oder ihre Rückenschärfe eine besondere Farbe. Bei den Schildern findet sich oft an ihrem rechten und linken Ende ein besonderer Punkt, welche bei den Schildern zusammen Linien bilden. Die Vertheilung der Farben auf dem Körper besteht nun in Flecken, Punkten, Binden und Linien, welche überhaupt im Ganzen zusammenhangend und gleichförmig, oder aus andern kleinern Flecken zusammengesezt sind. Die Flecken [40]) oder gröstern gefärbten Plätze, unterscheidet man in Ansehung des Ortes in Rücken= [41]) Seiten= [42]) Bauch= [43]) und Schwanzflecken [44]). Ihrer vorzüglichsten Form nach sind sie rautenförmig [45]) oder vierekt [46]) und bekommt der Körper von diesen ein gewürfeltes Ansehen [47]), ferner rundlich [48]), eiförmig [49]), länglich [50]), keilförmig [51]),

Kreuz=

---

[33]) Plica. [34]) Plica transuersalis. [35]) gularis. [36]) gularis duplex, triplex. [37]) Corpus vnicolor. [38]) multicolor. [39]) reticulatum. [40]) Maculae. [41]) dorsales. [42]) laterales. [43]) abdominales. [44]) caudales. [45]) rhomboidales. [46]) quadratae. [47]) Corpus tesselatum. [48]) Maculae orbiculares, rotundatae. [49]) ouatae. [50]) oblongae. [51]) cuneiformes.

Einleitung.

kreuzförmig [52], bogig [53], brillenförmig [54]. In Ansehung der Gestalt sind sie einander entweder gleich [55], oder ungleich [56], und bestehen entweder aus einer Farbe, oder mehrern, wo sie einen anders gefärbten Rand haben, als die Mitte ist. Sind sie dabei nicht regulair, so heißen sie eckige Flecken, mit schwarzen, braunen, weißen ꝛc. Rande [57], rundliche werden aber alsdenn Augen [58] genennt, und deren Mitte noch besonders von dem Umfange [59] unterschieden. Ringförmige Flecken [60] unterscheiden sich dadurch von jenen, daß die Mitte mit der Hauptfarbe des Körpers übereinkommt, welche bei den Augen verschieden ist. In Ansehung der Lage, stehen zwei Flecken beisammen [61], oder sind durch eine Linie verbunden [62], bestehen aus verbundenen Ringen [63], aus gleichförmigen Punkten [64], ausserdem stehen die Flecken wechselsweis [65], dicht [66], weit von einander [67], hängen zusammen [68], und fließen in einander [69], stehen in die Quere [70], oder der Länge nach [71]. Besteht ein Körper aus irregulairen Flecken, so heißt er überhaupt geflekt [71a], marmorirt [71b], wenn die Flecken in einander fließen, genebelt [71c] wenn schwache Flecken sich in einander verliehren, und sind die Flecken vielfarbig, oder spielten sie in mehrere Farben, so heißt er vielfarbig [71d].

16.

Solche Flecken, welche sich mehr in die Länge ziehen, heißen überhaupt Binden oder Linien. Zu den breitesten gehö-

---

[52] Cruciformes. [53] arcuatae. [54] Perspicillum. [55] aequales. [56] inaequales. [57] marginatae. [58] Ocelli. [59] Iris. [60] Maculae annulatae. [61] geminatae. [62] geminatae lineola connexae. [63] annulatim congestae. [64] ex punctis conflatae. [65] Maculae alternae. [66] densae. [67] rariores. [68] cohaerentes. [69] confluentes. [70] transuersae. [71] longitudinales. [71a] corpus maculatum. [71b] marmoratum. [71c] nebulosum. [71d] variegatum.

gehören die eigentlichen Binden [72]) welche gleichbreit [73]), irregulair [74]), zusammenhangend [75]), unterbrochen [76]), zweitheilig [77]), bogig [78]), und zusammenlaufend [78b]) vorkommen. In ihrer Richtung gehen sie entweder längs dem Körper hin [79]), oder schief über solchen [80]), oder gehen quer über den Körper, wo sie Querbinden [81]) heißen, und reichen diese entweder ganz [82]) oder nur halb um den Körper [83]). Die Längenbinden sowohl als die Querbinden sind wenn sie in mehrerer Anzahl vorkommen, entweder gleichbreit [84]), oder von verschiedener Breite [85]), und stehen zuweilen 2 — 3 und mehrere näher beisammen [86]). Solche Längenbinden, welche zackig [87]) sind, zeichnen sich durch ihren ungleichen Rand aus.

17.

Schmählere Binden heißt man Streifen [88]), und sind solche fast von eben der Beschaffenheit wie die Binden, und besonders in Längen= und Querstreifen [89]) zu unterscheiden. Im Fall sie wie jene unterbrochen vorkommen, bestehen sie aus zusammenhängenden oder zusammenfließenden Flecken oder Punkten [90]), oder werden von ihnen, in so ferne sie abgesondert, aber in einer Richtung fortlaufen, gebildet [91]), auch bestehen sie zuweilen aus kleinen Querstrichen [92]). Ausserdem laufen sie entweder gerade fort [93]), oder sind wellenförmig [94]) im Zickzack gebogen [95]), bilden

---

[72]) Fasciae. [73]) lineares. [74]) irregulares, anomalae. [75]) continuae. [76]) interruptae. [77]) bifidae, bifurcae. [78]) arcuatae. [78b]) confluentes. [79]) longitudinales. [80]) obliquae. [81]) transuersae. [82]) annulis completis. [83]) incompletis. [84]) annulis aequalibus. [85]) inaequalibus. [86]) duobus, tribus approximatis. [87]) Vitta. [88]) Striae. [89]) longitudinales, transuersales. [90]) Striae ex maculis f. punctis confluentibus f. connexis conflatae. [91]) concatenatae. [92]) Fasciae f. striae ex striis transuersalibus compositae. [93]) Striae longitudinales rectae. [94]) vndulatae. [95]) angulatae.

den buchstabenartige Figuren [96] u. s. w. Striche [97]) sind noch feinere Streifen, und ein Körper heißt davon gestrichelt [97b]). Ihre Verschiedenheiten kommen mit jenen überein, und sind sie auch Längen [98]) und Querstriche [99]); Adern [100]) heißen endlich solche Streifen, welche sich in Aeste oder Zweige theilen.

18.

Zu den Bedeckungen gehören noch 3. die knochigen Schalen [1]) der Schildkröten, mit welchen ihr Körper oben und unten bedeckt ist. Diese bestehen

a) aus dem obern oder Rückenschilde [2]), welches in der Mitte aus 5—13 Feldern, und an dem Rande aus 24—25 kleinern Schildern oder Schuppen zusammengesezt ist, wovon jene die Mittel-Felder [3]), diese aber die Randschildgen oder Randschuppen [4]) heißen. Sie haben verschiedene Beschaffenheiten und Formen, und finden sich in der Mitte mit vertieften Punkten versehen [5]) oder getüpfelt [6]), ausserdem böckerig [7]), am Rande gestreift [8]), sie sind mit Rückenschärfen [9]) versehen, erhaben [10]), flach [11]), knotig [12]), im Umfange gefurcht [13]), ungleich vierseitig [14]), vielseitig [15]), und fünf bis sechsseitig [16]).

b) Das untere Schild [17]) besteht aus dem flachen Brustknochen [18]), und ist mehrentheils aus 12 und mehreren Stücken oder Feldern [19]) zusammengesezt. Das Rückenschild ist mit diesen entweder durch eine Haut [20]),

oder

---

[96]) Characteriformes. [97]) Lineae. [97b]) Corpus lineatum. [98]) lineae longitudinales. [99]) transuersae. [100]) Venae. [1]) Testa. [2]) Lamina superior s. dorsalis. [3]) Scutella disci. [4]) marginis. [5]) Scutella medio excauato-punctata. [6]) punctata. [7]) gibba. [8]) margine striata. [9]) carinata. [10]) eleuata. [11]) plana. [12]) tuberosa. [13]) sulcis circumscripta. [14]) trapezia. [15]) polygona. [16]) pentagona, hexagona. [17]) Lamina inferior. [18]) Sternum explanatum. [19]) Scutella. [20]) Membrana.

oder mit einer knochigen Substanz [21]) verbunden. Auch finden sich besondere Klappen [22]), durch welche der Brustknochen der Rückenschale genähert werden kann.

19.

An der Schale überhaupt ist noch die vordere Oefnung für den Kopf [23]), so wie die hintere [24]) zu bemerken. Uebrigens ist sie dem Ganzen nach, lederartig [25]), häutig [26]), aus übereinander liegenden Schildern bestehend [27]), flach [28]), glatt [29]), an der Spitze eingeschnitten [30]) mit 2spaltiger Spitze [31]), mit mondförmigen Einschnitte [32]), herzförmig [33]), eirund [34]), mit Rückenschärfe versehen [35]), ausgefressen [36]), gesägt [37]), gekerbt [38]), gezahnt [39]), und zurückgerollt [40]) am Rande; mit runzlicher Mitte [41]), körnig [42]), mit warzigen Schuppen bedeckt [43]), igelartig [44]), über den Hals zurückgeschlagen [45]).

20.

In Ansehung der übrigen Theile des Körpers, zeigt 1. der Kopf die Verschiedenheit, daß er entweder von den Seiten [46]) oder wagrecht, von oben zusammengedruckt ist [47]). Ausserdem findet er sich rundlich [48]), fast dreiekt [49]), und in Hinsicht der Bekleidung glatt [49b]), oder mit Schuppen besezt [50]), welche zuweilen auch Dachziegelartig

---

[21]) ossea commissura. [22]) Valuulae. [23]) Apertura testae anterior. [24]) posterior. [25]) Testa coriacea. [26]) membranacea. [27]) scutis incumbentibus tecta. [28]) planiuscula. [29]) laeuis. [30]) emarginata. [31]) apice bifido. [32]) incisura lunata. [33]) cordata. [34]) ouata. [35]) carinata. [36]) erosa. [37]) serrata. [38]) crenata. [39]) dentata. [40]) margine reuoluto. [41]) disco rugoso. [42]) Testa granis eleuatis aspera. [43]) squamis verrucosis tecta. [44]) echinata. [45]) supra collum reflexa. [46]) Caput compressum s. cathetoplateum. [47]) depressum s. plagioplateum. [48]) globosum. [49]) subtrigonum. [49b]) laeue. [50]) squamatum.

artig übereinander liegen ⁵¹), oder auch mit größern oder Schildern ⁵²), von welchen man die Anzahl und Reihen bemerkt, so wie mit Schwielen ⁵³). Zuweilen ist er auch mit einer besondern Haube versehen, welche entweder flach ⁵⁴), oder mit Rückenschärfe ⁵⁵) gezeichnet ist. Von den besondern Theilen des Kopfes ist

a) die Stirn, schwielig ⁵⁶), 2 — 3 lappig ⁵⁷) oder mit einem Kamme versehen ⁵⁸), oder nebst dem Scheitel auch igelartig ⁵⁹).

b) Der Hinterkopf, kommt ausser der gewöhnlichen Gestalt, auch mit Kamm versehen ⁶⁰), so wie auch zweispitzig vor ⁶¹).

c) Der Nacken hat zuweilen eine verschiedentlich gebildete Schärfe ⁶²).

d) Die Schnauze oder Nase ist entweder kurz ⁶³) oder gestrekt ⁶⁴), rundlich ⁶⁵) oder spitzig ⁶⁶), oder lauft in eine hornartige Spitze aus ⁶⁷), auch endigt sich die Nase bisweilen in eine Warze ⁶⁸). Die Nasenlöcher sind walzenförmig ⁶⁹) oder hervorstehend ⁷⁰).

e) Die Kiefern finden sich eingelenkt ⁷¹) oder nicht eingelenkt ⁷²), und lassen sich leztere sehr weit, wie bei den Schlangen ausdehnen. Ausserdem sind sie walzenförmig ⁷³), an den Mundwinkeln kammartig ⁷⁴) oder auch ganz sägeförmig ⁷⁵), der obere Kiefer schließt den untern ein ⁷⁶), sie sind beide gleich lang ⁷⁷), oder der obere ragt

über

⁵¹) Squamis imbricatis tectum. ⁵²) squamis maioribus f. scutis. ⁵³) callis obsessum. ⁵⁴) Pileus planus. ⁵⁵) carinatus. ⁵⁶) Frons callosa. ⁵⁷) bi-triloba. ⁵⁸) Crista frontalis. ⁵⁹) muricata. ⁶⁰) Occiput cristatum. ⁶¹) bimucronatum. ⁶²) Nucha carinata. ⁶³) Nasus breuis. ⁶⁴) elongatus. ⁶⁵) rotundatus. ⁶⁶) acuminatus. ⁶⁷) in corneum acumen excurrens. ⁶⁸) verruca terminatus. ⁶⁹) Nares cylindricae. ⁷⁰) prominentes. ⁷¹) Maxillae articulatae. ⁷²) non articulatae, valde dilatabiles. ♥) cylindricae, elongatae. ⁷⁴) Anguli oris in cristam dilatati. ⁷⁵) serratae. ⁷⁶) Mandibula superior inferiorem claudens. ⁷⁷) Maxillae aequales.

über den untern hervor [78]), und bei der Runzelschlange ist die Oberlippe auch mit 2 Fühlfäden [79]) versehen, auch finden sich bei andern die Lippen mit Schuppen besezt [80]).

f) Die Zähne fehlen entweder [81]) und sind statt ihrer nur stumpfe Erhabenheiten in den Kiefern, oder es sind feste Zähne in einfachen oder gedoppelten Reihen [82]) vorhanden. Bei der gehörnten Natter tritt auf jeder Seite des Oberkiefers ein Zahn mit seiner Spitze durch den Kiefer hervor [83]). Ausserdem haben aber die giftigen Schlangen noch besondere sehr scharfe bewegliche Giftzähne [84]) im Oberkiefer, um welche noch kleinere andere dergleichen, zum Ersatz von jenen sich befinden. Diese Giftzähne sind hohl, haben unten und oben eine Oefnung, und sitzen nicht in dem Kiefer fest, sondern sind mit einer Haut verbunden, so daß sie durch solche hervorgeschossen und zurückgezogen werden können. Im Gaumen liegen die Giftdrüsen [85]), aus welchen der Gift durch die Haut in die Löcher der Zähne dringt. Ausserdem befindet sich aber noch in dem Gaumen ein besonderer gewöhnlich doppelter Kamm [85b]) mit ganz kleinen Zähnen.

g) Die Augen stehen entweder oberwerts [85c]) oder mehr seitwerts [86]), haben eine Nickhaut [87]), die Augenlieder sind nackt [88]), oder schuppig [89]), warzig [90]), und der Form nach zuweilen auch kegelförmig [91]). Die Pupille ist auch bei manchen dreieckt [92]), und bei einigen stehen die Augen überhaupt besonders weit empor [93]).

h) Die

[78]) Maxilla superior longior, productior. [79]) Labium superius tentaculis duobus. [80]) Labia squamata. [81]) Dentes nulli. [82]) Dentes simplices, l. serie duplici. [83]) Dentes e maxilla superiore exeuntes. [84]) Tela. Dentes mobiles venenati. [85]) Sacculi saniei. [85b]) Palati pecten duplex. [85c]) Oculi superni. [86]) laterales. [87]) membrana nictitans. [88]) Palpebrae laeues. [89]) squamatae. [90]) verrucosae. [91]) conicae. [92]) Pupilla triquetra. [93]) Oculi prominentes.

Einleitung.

h) Die Ohren sind in vielen Fällen wenig sichtlich [94]), mehrentheils rundlich und ganz flach [95]), und nur selten mit Lappen [96]) versehen.

21.

2. Der Hals ist nicht bei allen Thieren dieser Classe vorhanden, und hängt der Kopf in vielen Fällen unmittelbar mit dem Körper zusammen, wie bei vielen Fröschen und Schlangen. Da wo er vorhanden ist, hat er mit der Haut und der sonstigen Bedeckung gleiche Eigenschaften, oder er ist besonders runzlich [97]), oder eine eigene Binde, theils von einer Falte oder Runzel [98]) oder von besondern Flecken [99]), vorhanden. Die Kehle insbesondere zeichnet sich zuweilen durch besondere Falten [100]), so wie auch durch eine Sack- [1]) oder blasenartige Erweiterung [2]), so wie durch eine gezähnte Schärfe oder einen Kamm [3]) aus.

22.

Was 3. die Brust anbelangt, so kommt sie in den gemeinschaftlichen Bedeckungen mit dem übrigen Körper überein, doch hat sie zuweilen eine höckerige Form [4]).
4. Der Bauch findet sich, glatt [5]), warzig [6]), mit Schildern oder Schuppen, so wie auch mit Ringen bekleidet, und hat auch zuweilen einen besondern Beutel [7]). 5. Der Rücken kommt ausser der gemeinschaftlichen Beschaffenheit mit dem übrigen Körper, eckig [8]), gezahnt [9]), gesäumt [10]), und mit Schärfe [11]) versehen vor, auch finden sich die

Schul-

[94]) Aures externae nullae. [95]) Tympana plana. [96]) Lobi auriculares. [97]) Collum rugosum. [98]) plicatum. [99]) Torques, Monile. [100]) Plica gularis. [1]) Saccus. [2]) Vesica. [3]) crista gularis. [4]) pectus gibbum. [5]) Venter laevis. [6]) verrucosus. [7]) Marsupio donatus. [8]) Dorsum angulatum, gibboso-diffractum. [9]) dentatum. [10]) fimbriatum. [11]) carinatum.

Schultern mit weichen Erhabenheiten, wie mit Kissen [12]) besezt.

23.

Die Beine sind 6. nach den Haupttheilen, und zwar a) in Ansehung der Dickbeine [13]), b) der Schenkel [14]) und endlich c) der Füße, sowohl dem Verhältnisse dieser Theile nach, als in Hinsicht der Vorderbeine [15]) gegen die hintern [16]), ferner der Bekleidung und besondern Zeichnung nach zu beobachten. Bei den Dickbeinen der Hinterfüße kommen unterwerts besonders bei den Fröschen und Eidechsen, Reihen von größern Warzen in Erwägung. Die Füße insbesondere finden sich floßenartig [17]), mit Schwiminhäuten versehen, welche die Zehen verbinden [18]), oder mit Häuten an den Rändern der Zehen [19]). Die Füße haben übrigens entweder gar keine Zehen [20]) oder deutliche [21]) oder undeutliche [22]), die Zehen selbst sind stumpf [23]), oder mehr oder weniger deutlich mit Nägeln versehen [24]). Auf der Sohle befinden sich auch zuweilen besondere Schwielen [25]).

24.

Was 7. den Schweif anbetrift, so fehlt solcher [26]) bei manchen Amphibien. Wenn er vorhanden ist, so findet er sich zweischneidig [27]), mit einem Kamm versehen [28]), mit einer [29]) oder mit 2 Rückenschärfen [30]), an den Seiten mit rauhen Strichen [31]), ferner ist er in Abschnitte ge-

---

[12]) Scapulae puluinatae. [13]) Femora. [14]) Crura. [15]) Pedes anteriores, s. palmae. [16]) Pedes posteriores, s. plantae. [17]) Pedes pinniformes. [18]) palmati. [19]) lobati. [20]) adactyli. [21]) digitati. [22]) subdigitati. [23]) digiti mutici. [24]) vnguiculati, subunguiculati. [25]) Callus. [26]) Cauda nulla. [27]) anceps. [28]) cristata. [29]) carinata. [30]) bicarinata. [31]) lineis lateralibus aspera.

getheilt [32]), eckig [33]), kahl [34]), schuppig [35]), an der Spitze mit einem Nagel versehen [36]), in Querstücke getheilt [37]), spatenförmig [38]), gezähnelt [39]), quirlförmig oder mit schuppigen Ringen besezt [40]), gegliedert [41]), zusammengedrukt [42]), kegelförmig [43]), eingekrümmt [44]), ganz dünn zulaufend [45]), an der Spitze mit einer Klapper versehen [46]). Außer diesen Theilen kommen 8. noch einige besondere zu bemerken vor, wohin die Sinnen oder Flossen gehören, welche ihren Stande nach Rücken= [47]) oder Schwanzfinnen [48]) sind. Die Drachen haben auch noch besondere häutige Flügel [49]).

25.

Die Amphibien wurden ehedem von Linné in 3 Ordnungen eingetheilt, nemlich in kriechende, in Schlangen, und in schwimmende oder fischartige Amphibien [50]). Die leztern werden aber wohl am schicklichsten, wegen ihrer so großen Aehnlichkeit mit den Fischen, zu diesen gerechnet, um so mehr da sie nicht allein durch Lungen athmen, sondern noch besondere Kiemen hinter dem Kopfe haben, welche an gekrümmten Gefäßen angewachsen sind, und entweder keinen Kiemendeckel, oder keine Kiemenhaut haben, welche Theile aber den eigentlichen Fischen zukommen. Wegen diesen besondern Theilen gehören sie daher mit mehrern Rechte zu den Fischen, als zu den Amphibien. Die Ordnungen der Amphibien sind daher folgende, denen ich zur leichtern Uebersicht, eine kurze Charakteristik der Gattungen beisetze.

26.

[32]) In segmenta diuisa. [33]) angulata. [34]) nuda. [35]) squamata. [36]) vnguiculata. [37]) pinnatifida. [38]) spathulata. [39]) denticulata. [40]) verticillata. [41]) articulata. [42]) compressa. [43]) turbinata. [44]) incurua. [45]) apice filiformi. [46]) Crepitaculum terminale caudae. [47]) Pinna dorsalis. [48]) caudalis. [49]) Alae membranaceae. [50]) Nantes.

26.

I. **Ordnung. Kriechende Amphibien,** (Reptilia.) Mit 4 Füßen.

1) Gattung. Die **Schildkröten.** (Testudo.) Mit einem obern und untern Schilde und zahnlosen Kiefern.
2) **Der Frosch.** (Rana.) Mit nakten Körper, und längern Hinterfüßen.
3) **Der Drache.** (Draco.) Mit geschwänzten Körper, welcher mit besondern häutigen Flügeln versehen.
4) **Die Eidechse.** (Lacerta.) Mit geschwänzten langgestrekten Körper und gleich langen Füßen.

II. **Ordnung. Schlangen,** (Serpentes.) Mit walzenförmigen langgestrekten Körper, ohne Füße und Schwimmflossen.

1) Gattung. Die **Klapperschlange.** (Crotalus.) Mit Schildern und Schuppen am Unterleibe, und einer Klapper am Ende des Schwanzes.
2) Die **Schilderschlange.** (Boa.) Mit bloßen Schildern am Unterleibe, und unter dem Schwanze.
3) Die **Natter.** (Coluber.) Mit Bauchschildern und Schuppen unter dem Schwanze.
4) Die **Schuppenschlange.** (Anguis.) Mit Schuppen sowohl unter dem Bauche als unter dem Schwanze.
5) Die **Schilderringelschlange** (Langaha.) Mit Schildern, Ringen und Schuppen unter dem Leibe.
6) Die **Ringelschlange.** (Amphisbaena.) Mit Ringen am Körper und Schwanze.
7) Die **Runzelschlange.** (Caecilia.) Mit Runzeln am Körper und Schwanze, und 2 Fühlspitzen an der Oberlippe.

8) Die

Einleitung.

8) **Die Warzenschlange.** (Acrochordus.) Mit Warzen am Körper und Schwanze.

27.

So bestimmt und deutlich in die Augen fallend die Gattungen dieser Classe sind, so schwer sind in sehr vielen Fällen die Arten richtig auseinander zu setzen, und sie von bloßen Varietäten gehörig zu unterscheiden. Diese Schwierigkeiten werden um so größer, da es unter andern bei den Schlangen noch gar nicht festgesezt ist, ob die Arten bloß nach der Anzahl der Schilder, Schuppen, Ringe und Runzeln, oder nach ihren Farben und Zeichnungen, oder nach beiden zugleich festgesezt werden sollen. Da ausserdem viele Arten der Amphibien nicht in ihren Leben, sondern so wie man sie in den Naturalien-Sammlungen, entweder in Weingeist oder ausgestopft, oder auch in den getrockneten Häuten, aufzubewahren pflegt, haben untersucht und beschrieben werden können, so erhellt von selbst, daß sich in diesen Fällen noch keine völlig naturgetreue Abschilderungen erwarten lassen. Die Farben, welche bei den Amphibien ohnehin so abänderlich sind, daß das Chamäleon solche im Leben beständig wechselt, und bei den Schlangen auch manche bald nach dem Tode abändern, müssen bei den aufbewahrten Exemplaren um so mehr leiden, da besonders der Weingeist viele derselben ausbleicht, andern aber ihre Lebhaftigkeit und Schönheit mehr oder weniger vermindert.

28.

Die Amphibien verdienen daher immer noch eine weitere und fortgesezte Untersuchung um so mehr, da sich in Ansehung der Geschlechter, der Arten, so wie auch besonders in den Verschiedenheiten jüngerer Thiere von den ältern, noch vieles zu berichtigen finden wird. Das vollständigere der Naturgeschichte mancher Arten wird inzwischen nicht wenig, theils durch den Aufenthalt derselben im Wasser,

oder in unzugänglichen Löchern, besonders aber auch durch
die Gefahr erschwert, solche Thiere wie Krokodillen, und
giftige Schlangen, in ihren Leben gehörig zu beobachten.

29.

Diejenigen Schlangen ausgenommen, deren Biß wegen ihren Gifte so gefährlich ist, besitzen die übrigen, so wie auch die Amphibien der ersten Ordnung, keine giftigen Eigenschaften. Ohnerachtet sie nicht alle eine so empfehlende Gestalt wie der größere Theil der warmblütigen Thiere besitzen, so finden sich doch unter den Eidechsen und besonders unter den Schlangen Thiere, welche in der Höhe und dem Glanze ihrer Farben, jenen den Vorzug streitig machen könnten. In Ansehung des allgemeinern Nutzens sind diese Thiere von großer Wichtigkeit, da sie Insekten, Gewürme und zum Theil auch kleinere oder größere Säugthiere und Fische vermindern. Dagegen sind aber auch die gefräßigen und raubsüchtigen, so wie unter den Schlangen die giftigen so gefährlich, daß es für den Menschen, welcher solche Gegenden bewohnen will, unvermeidlich bleibt, diese Thiere vorher zu vertilgen.

30.

Für den Menschen sind übrigens die Amphibien auf vielfältige Art auch unmittelbar nüzlich, indem manche aus beiden Ordnungen Gärten und Häuser von Insekten und Mäusen reinigen, andere wie die Schildkröten und ihre Eier, von den Eidechsen und Fröschen, so wie auch von Schlangen einige eßbar sind, und das Schildpat der Schildkröten zu vielerlei Kunstarbeiten vernuzt wird. Einige Amphibien dienten ehedem auch zu Arzneimitteln, und die Schlangenhäute werden von verschiedenen Nationen besonders zum Putz gebraucht.

———

Beson-

Einleitung.

Besondere Schriften von den Amphibien.

Alb. Seba rerum memorabilium thefaurus. Amftelod. 1734. und 1765. Vol. I—IV. Fol. imp. wovon nur die 2 erſten Bände hieher gehören.

I. N. *Laurenti* fpecimen, exhibens fynopfin reptilium emendadatam. Vindob. 1768. 8.

B. Merrem, Beiträge zur Geſchichte der Amphibien. Leipzig 1790. 4.

D. C. Gottwaldt's phyſikaliſch - anatomiſche Bemerkungen über die Schildkröten. Aus dem lat. überſ. Nürnberg. 1781. 4.

Hiftoire naturelle des quadrupèdes ovipares et des Serpens. Par M. le Comte *de la Cepède*. à Paris. T. I. 1788. Tom. II. 1789. 4.

J. G. Schneiders allgemeine Naturgeſchichte der Schildkröten, nebſt einem ſyſtematiſchen Verzeichniſſe der einzelnen Arten. Leipzig 1783. 8.

Deſſen erſter Beitrag zur Naturgeſchichte der Schildkröten, Leipz. 1787. Zweiter Beitrag Ebendaſ. 1789. 8.

J. J. *Walbaum* Chelonographia oder Beſchreibung einiger Schildkröten. Lübek und Leipzig 1783. 4.

D. J. D. Schöpf's Naturgeſchichte der Schildkröten mit Abbildungen erläutert. Erlangen. 1792. 4.

A. J. Röſel von Roſenhof natürliche Hiſtorie der Fröſche hieſigen Landes. Nürnberg. 1758. Fol.

D. P. *Fermin* developpement parfait du myſtere de la generation du fameux crapaud de Surinam nommé Pipa. à Maſtricht 1765. 8.

Deſſen Abhandl. von der furinamiſchen Kröte oder Pipa. Aus dem Franz. überſezt, von J. A. E Göze. Braunſchweig, 1776. 8.

Tableau encyclopédique et methodique des trois regnes de la nature. Erpetologie. Par M. l'Abbé *Bonnaterre*. à Paris. 1789. 4.

Conr. Gefneri hiſtoriae animalium L. V. qui eſt de ferpentum natura. Tiguri, 1587. Fol.

Schlangenbuch durch Hrn. D. Conr. Geſnern zuſammengetragen, anizt mit ſondern Fleiß verteutſcht. Zürich. 1589. Fol.

An Effay towards a natural hiſtory of Serpents, by Charl. *Owen*. London, 1742. 4.

I. *vani Lier* Traité des Serpens. Amſterd. 1781. 4.

Franc. Redi offervazioni intorno alle vipere. Firenze. 1664. 4. Lateiniſch in deſſen Opuſc. phyſiol. 153. Obſeruationes de viperis.

Fr. *Redi* lettera sopra alcune oppositione fatte alle sue osservazioni. Firenze. 1670. 4to. In dessen Opuscul. physiol. 249. Epistola de quibusdam obiectionibus contra suas de viperis obseruationes.

Moyse Charas experiences sur la vipère. à Paris. 1669. 8. Suite des nouvelles experiences sur la vipère. à Paris. 1672. und beide Schriften zusammen. 1694. 8.

Bourdelot observations sur les viprèes. à Paris. 1670. 12.

Fel. *Fontana* ricerche fisiche sopra il veneno della vipera. Lucca. 1767. 8.

L. Th. *Gronovii* museum ichthyologicum. T. I. II. Lugd. Batav. 1754—1756.

L. Th. *Gronovii* Zoophylacium. Lugd. Batav. 1781. P. I—III. Fol.

F. Cetti Naturgeschichte von Sardinien, aus dem ital. übersetzt. 3ter Theil. Geschichte der Amphibien und Fische. Leipz. 1784. 8.

D. P. *Boddaert* Specimen nouae methodi distinguendi Serpentia. Noua Acta physico-medica Acad. Caes. Leopoldino-carolinae nat. curios. T. VII. 12.

Tableau encyclopédique et méthodique des trois regnes de la nature. Ophiologie. Par M. l'Abbé *Bonnaterre*. à Paris 1790. 4to.

J. A. Donndorffs zoologische Beiträge zur 13. Ausgabe des Linneischen Natursystems. 3ter Band. Leipz. 1798. 8.

I. Ord=

I. Ordnung.

Kriechende Amphibien. (Reptilia.)
Sie athmen durch Lungen, haben vier Füße und einen kriechenden Gang.

---

1. Die Schildkröte. (Testudo.)

Der Körper ist mit einem obern und gewöhnlich auch untern Schilde bedekt, welche beide verbunden sind, und aus einer knochigen oder lederartigen Substanz bestehen. Mehrentheils haben sie einen Schweif, die Kiefern sind nakt und mehrentheils zahnlos, und schließt der obere den untern ein.

A. Meer-Schildkröten.

Mit floßenartigen Füßen, von welchen die vordersten am längsten sind.

1. **Die Leder-Schildkröte.** (T. coriacea L.)

 Le Luth. Hist nat. des quadrupedes ovipares et des Serpens, par M. le Comte *de la Cepede.* T. I. 111. 316. 318. Pl. 3.
 Tortue Luth. D'*Aubenton* Encyclop. méthodique. *Bonnaterre.* 22. n. 7.
 J. G. Schneiders allgem. Naturgesch. der Schildkröten. 312. n. 4. 318. Beiträge. II. 29.
 D. J. D. Schöpfs Nat. Gesch. der Schildkröten. 86.
 Ein Blatt in Quer-Folio von Jak. Vermoolen gezeichnet, und von Andr. de Roße geäzt, von 1755.

III. Claſſe. Amphibien.

Das gewölbte obere Schild hat keine Schuppen, ſondern iſt wie die übrigen Theile des Körpers mit einem harten ſchwarzen Leder überzogen, endigt ſich in eine lange ſcharfe Spitze, und iſt der Länge nach mit 5 wellenförmig gebogenen Gräten oder Rippen verſehen, von welchen die mittelſte die höchſte iſt. Der obere geſpaltene Theil der Schnauze nimmt den hakenförmig gekrümmten untern Kiefer auf.

Dieſe Art findet ſich in dem mittelländiſchen Meere, ſo wie auch in denen von Peru, Mexiko und Afrika. Sie erreicht eine Länge von 5½ — 7 Fußen und darüber, eine Breite von 3 — 4 Fuß und wiegt an 600 Pfunde und mehr. Auſſerdem iſt ſie noch an dem gänzlichen Mangel des untern Schildes kenntlich. Linné ſagt noch von dem Schweife, daß er ſiebenkantig ſeyn ſoll, wovon ſich aber an den Abbildungen keine Spuren finden. Von den Griechen wurden ihre Schilder zu muſikaliſchen Inſtrumenten gebraucht, und war dieſes Thier dem Merkur geheiligt.

2. Die ſchieferartige Schildkröte. (T. imbricata. L.)

Le Caret. C. *de la Cepede.* I. 105. Pl. 2. La tortue Caret. *Bonnaterre.* 21. n. 6. Pl. 4. f. 1.

La Tuilée. *D'Aubenton* Encycl. methodique.

Schneider N. G. der Schildkr. 309. n. 3. Beitr. I. 4. II. 11. Leipz. Magazin zur Naturk. 1786. 258.

Schöpf's, N. G. der Schildkr. 81. T. 17. 96. T. 18. A. B.

Bruce Reiſe nach den Quellen des Nils. 5. B. T. 42.

Mit herzförmigen Schilde von einiger Rückenſchärfe, welches in der Mitte aus 13 glänzenden ungleichförmigen, ſchiefrig oder ſchuppig übereinanderliegenden flachen Schildern beſteht, wovon 5 auf jeder Seite und 3 in der Mitte liegen. Der Rand-Schuppen ſind 21 — 25, deren ſchiefrige Lage dem Umfange beſonders hinterwerts ein geſägtes Anſehen giebt. Das untere Schild hat einen lederartigen Ueberzug, und beſteht

steht aus 13 Feldern. Der Schwanz ist schuppig, und die Vorder- und Hinterfüße haben 2 Nägel.

Sie hält sich in den amerikanischen und asiatischen Meeren auf, soll aber, nach dem Ritter von Rittersbach, auf den östlichen feuchten Küsten von Nordamerika sich mehr auf dem unter Wasser stehenden Lande, als im Meere aufhalten. Ihre eßbaren, wohlschmeckenden Eier, von denen sie zu dreimalen 80 — 90 Stück legt, verbirgt sie in groben kiesigen Sand. Ihr Fleisch wird zwar gegessen, verursacht aber Brechen und Durchfall, die Jungen lassen sich aber ohne diese Folgen verspeisen. Diese Schildkröte ist die vorzüglichste, von welcher man das Schildpat oder die Schale zu allerhand Verarbeitungen benutzt. Ihre Schuppen oder Blätter sind gelblich, braun und schwarz marmorirt, und werden die einfarbigen, besonders weißgelblichen im höchsten Preise gehalten. Die Schalen von einem Thiere wiegen an 3 — 8 Pfunde, und wählt man Schildkröten von wenigstens 150 Pfunden darzu, oft finden sie sich aber auch von 8 Centnern. Sind die Schilder von den Thieren abgesondert, so bringt man sie über glühende Kohlen, wo sich das Schildpat leicht ablöst. Ohnerachtet man in Ostindien viel Schildpat sammlet, so bleibt es doch als eine sehr beliebte Waare im Lande. Die Holländer bringen aber viel von den molukkischen Inseln und erhält Europa das mehreste aus Westindien, von Guiana, den Antillen, den bahamischen und capverdischen Inseln, und in Frankreich kommt auch vieles nach Marseille. Der Preis des Schildpats ist verschieden, zu 6 — 15 Fl. Banco in Amsterdam, inzwischen hat der Preis davon abgenommen, da man gegenwärtig Leder und Horn so gut wie Schildpat verarbeiten und färben kann. Vorzüglich gebraucht man es zu den eingelegten Arbeiten, welche man Marqueterie nennt, so wie auch zu kleinen Dosen, Gehäusen, Messer- und Gewehrheften u. dergl. Beim Kauf muß man darauf sehen,

keinen

keinen von Würmern durchfreſſenen Schildpat zu bekommen, welcher zum Verarbeiten ganz untauglich ſeyn würde. Beſonders kommt es aber bei dem Verarbeiten noch darauf an, den Schildpat gehörig in ſiedenden Waſſer zu erweichen, worauf er gepreßt und verſchiedentlich geformt werden kann. Die Verbindung von Fugen, ſo wie von mehrern Stücken Schildpat untereinander, geſchieht ohne allen Leim, bloß dadurch, daß man die mit Papier umwickelten Stücke, mit einer erhizten Zange zuſammenpreßt, bis ſie gehörig erweicht zuſammenſchweißen. Von dem Fette dieſer Schildkröten läßt ſich übrigens mancherlei Gebrauch machen.

F. Beckmanns Vorbereitung zur Waarenkunde. I. 68.

3. Die Rieſen-Schildkröte. (T. Mydas. L.)

La Tortue franche. C. de la Cepede. I, 54. R. 1. Bonnaterre, 19. n. 1. Pl. 3. f. 2.
La Tortue Mydas. D'Aubenton Encycl. methodique.
Schneider N. G. d. Schildkr. 299. n. 1. T. 2. Beiträge. II. 7. T. viridis.
Schöpf's N. G. d. Schildkr. 83. 91. T. 17. A.

Mit eiförmigen obern Schilde, deſſen 13 zart gegrübelte Felder, in drei Reihen liegen, und der wellenförmig geſchweifte Rand aus 25 Schuppen beſteht, wovon die größten hinterwerts liegen. Das untere Schild iſt dem von jener ähnlich und aus 13 Feldern zuſammengeſezt. Von den hintern ſowohl als Vorderfüßen hat jeder 2 Nägel, wovon der eine an jeden Hinterfuße eiförmig iſt.

Am häufigſten findet ſich dieſe Art zwiſchen den Wendekreiſen, beſonders an der Aſcenſions-Inſel, an der Caiman-, Rodriguez und andern Inſeln, ſo wie auch an den Küſten von Peru und Chili; zuweilen kommt ſie auch an die europäiſchen Küſten, wo man ſie ſchon in Holland und Frankreich gefangen hat. Ihre Größe iſt beträchtlich, ſie hat

hat eine Länge von 6—8 Fußen, und kann ein Gewicht von 6—800 Pfunden haben. Sie ist auch so stark, daß sie viele Personen auf ihren Schilde trägt, und mit ihnen davon kriecht. Auf dem Wasser schwimmen diese Schildkröten mit ihren floßenartigen Füßen, und ohnerachtet sie auf dem Wasser auf dem Rücken liegend schlafen, so können sie sich doch am Strande nicht in dieser Lage wieder aufhelfen. Die Begattung dieser Thiere, welche vom März bis in die Mitte des Mayes dauert, soll zwischen einem Paare einige Wochen lang dauern, und mit gegeneinander gekehrten Brustschildern geschehen. Die Weibgen legen an dem Strande ihre zahlreichen Eier in Gruben, welche sie mit den Füßen machen, und wieder zuscharren. Die Eier, welche in der Größe den Hühner-Eiern gleichkommen, haben eine pergamentartige Schale. Sie legen auf einmal an 200 Stück, und nach Leguat in einem Jahre 1000—1200. Sie bebrüten solche bloß des Nachts, und überlassen sie am Tage der Sonnenwärme, wo die Jungen in anderthalb Monaten auskriechen, und sich bald in das Wasser begeben, da sie von den Alten keine weitere Wartung erhalten, und ihnen die Raubvögel sehr nachstellen. Diese Schildkröten leben von Tangarten und andern Seegewächsen, imgleichen von Muscheln und Tintenfischen, und begeben sich auch zuweilen in die Flüsse. Ihr Fleisch, so wie die Eier, schätzen die Seefahrer sehr hoch. Jenes ist nach Beschaffenheit der Nahrung, grün, gelb, oder schwarz, die Knochen sollen aber wie bei den Wallfischen von einem grünlichen oder gelben Fette durchdrungen seyn. An aufgezogenen Schildkröten dieser Art soll man nach Cepede gefunden haben, daß sie im zwanzigsten Jahre ausgewachsen sind; inzwischen läßt sich über das Alter, welches sie erreichen können, noch nichts mit Gewißheit bestimmen. In ihren Baue haben sie das Eigene, daß sie den Harn mit den andern Unreinigkeiten auswerfen, und ihr Gehör-Organ bloß aus dem Labyrinthe ohne Gehörknochen und Schnecke besteht.

Das

III. Classe. Amphibien.

Das Fleisch dieser Schildkröten ist wohlschmeckend, ähnelt dem Kalbfleische, und kann auch wie solches zugerichtet werden. Die Indienfahrer versehen sich mehrentheils auf der Ascensions-Insel mit diesen Thieren zur Nahrung, auch gehen von Isle de France jährlich verschiedene Schiffe nach Rodriguez um dergleichen Schildkröten zu laden; auch werden sie häufig von den Cochinchinesern auf den ihnen benachbarten Schildkröten-Inseln gefangen. Ihr Fang geschieht entweder so, daß man sie, wenn sie auf den Strand gekommen, auf den Rücken zu werfen sucht; oder auf dem Meere, wo man die schlafenden oder sich begattenden Thiere mit Harpunen tödtet, und hernach in die Schiffe zieht. An den Küsten von Guiana fängt man sie auch in Netzen von 40 — 50 Fuß Länge und 15 — 20 Fuß Breite. Der Genuß des Schildkröten-Fleisches hat sich besonders im Scorbute und in venerischen Krankheiten empfohlen. Die Eier pflegt man sowohl an sich zu verspeisen, als auch solche zur Zurichtung anderer Speisen zu verbrauchen. Der Schildpat ist aber von diesen Schildkröten der schlechteste, da er ohnerachtet der Größe der Schalen sehr dünne ausfällt.

Beckmanns Vorbereitung zur Waarenkunde. I. 73.

b) **Die grünschalige Riesenschildkröte.** (T. Mydas minor.)

La Tortue écaille verte. C. *de la Cepede.* I. 92. *Bonnaterre.* 20. n. 2.

Mit mehr grünen, durchsichtigen, dünnen Schuppen des obern Schildes, kleinen runden Kopfe, und gewöhnlich viermal kleinern Körper als bei voriger.

In Südamerika nennt man sie die Amazonen-Schildkröte, da sie sich zuweilen in dem Amazonen-Flusse findet. Vorzüglich ist sie aber in der Südsee anzutreffen und besonders beim Cap Blanco in Mexiko. Ihr Fleisch und die

Eier

I. Ordn. Kriech. Amph. 1. Die Schildkröte.

Eier sind ebenfalls sehr brauchbar zum verspeisen, und gewinnt man aus dem Fette ein Oel.

c) **Die großfüßige Riesenschildkröte.** (T. Mydas macropus.)

T. macropus. Walbaum Chelonograph. oder Beschr. einiger Schildkröten. 53. 112.
Schöpf's N. G. d. Schildkr. 83.

Mit eiförmigen mit Rückenschärfe versehenen und an der Spitze eingeschnittenen obern Schilde, und sehr großen an beiden Seiten mit Nägeln versehenen Füßen.

Sie gehört nach Schöpf hieher.

4. **Die Karett-Schildkröte.** (T. Caretta. L.)

La Caouanne. C. *de la Cepede.* I. 95. Bonnaterre. 20. n. 3.
Le Caret. D'*Aubenton* Encycl. methodique.
Schneiders N. G. der Schildkr. 303. n. 2. Beitr. II. 9. T. Cephalo.
Schöpf's Nat. Gesch. d. Schildkr. 75. T. 16. 84. T. 17.

Mit obern, in der Mitte breitern, hinten schmälern Schilde, dessen 15 Felder in 3 Reihen liegen, wovon die mittlere bucklige, sich hinten mit einer Spitze endigt. Der dicke wulstige sägeförmige Rand besteht aus 25 Schuppen. Das aus 12 mittlern, und 4 kleinern Feldern auf jeder Seite bestehende untere Schild, geht an den Seiten in 2 flügelartige Ansätze aus, endigt sich vorne und hinten mit einem rundlichen Lappen, und ist mit einer lederartigen Haut bekleidet. Die Vorderfüße welche länger, als die hintern, haben so wie leztere 2 Nägel. Der Kopf ist mit einem keilförmigen vornher scharfen Schnabel versehen, und der kegelförmige Schwanz ist kurz.

Ihr Aufenthalt ist mehr in den nördlichen Gegenden. Von der Riesenschildkröte unterscheidet sie sich noch durch ihre

ihre beträchtlichere Größe, besonders des Kopfes und Rachens, den starken langen Oberkiefer, und den dicken, schlaffen, runzlichen, zum Theil schuppigen Hals. Unter dem Wasser hat das Schild eine gelbe Farbe mit schwarzen Flecken, und ist nicht selten mit Seegewächsen und Muscheln, so wie der Hals mit Schalthieren bewachsen. Nach de la Coudroniere (Journ. de Physique. Nov. 1782.) soll sie sowohl jungen als alten Krokodillen nachgehen und solche hinterwerts bei dem Schwanze anfallen. Ausserdem lebt sie mehr von Muscheln und Conchilien als von Seegewächsen, und zerbricht die größten Schalen um die Thiere darin zu erhalten. Gegenwärtig macht man wenigern Gebrauch von ihren Schalen als sonst, wo man sie zu Spiegelramen verarbeitete. Ihr Fleisch ist ranzig, hat einen widrigen Moschus-Geruch, dem ohnerachtet wird es aber von Reisenden gegessen, und auch für die Neger eingesalzen. Das übelriechende Oel kann inzwischen zum Brennen, zur Lederbereitung und zur Ueberziehung der Schiffe gegen den Wurm benuzt werden. Wegen ihrer Stärke, mit welcher sie sich widersezt, ist sie schwerer als andere Arten zu fangen.

b) **Die Naßhorn-Karett-Schildkröte.** (T. Caretta nasicornis.)

La Tortue nasicorne. C. *de la Cepede.* I. 103. *Bonnaterre.* 21. n. 4. Pl. 3. f. 3.

Gronovii mus. II. 85. n. 69.

Schneiders Beitr. II. 11. n. 4.

Mit einem weichen Knollen über der Schnauze, in welchen sich die Nasenlöcher befinden.

Nach Cepede soll sie sich in den Meeren der neuen Welt bei der Linie aufhalten, und die Bastardschildkröte der amerikanischen Fischer seyn. Sie hat ein eßbares Fleisch. Schneider vermuthet inzwischen, daß der Höcker auf der Nase durch das Treknen entstanden seyn könne.

5. Die

I. Ordn. Kriech. Amph. 1. Die Schildkröte. 33

5. **Die japanische Schildkröte.** (T. japonica. Thunberg in den neuen Schwedischen Abh. VIII. 172. T. 7. f. 1.)

Mit obern glatten, schwarzen, cirundlichen, hinterwerts vierlappigen Schilde von starker Rückenschärfe, und 13 fast vierseitigen Feldern, von welchen die mittelsten die größten, und zwar die obern irregulair, die untern fast fünfekt sind. Der Rand besteht (so weit sich nach der Abbildung beurtheilen läßt), aus 23 Schuppen. Die untere Schale ist weiß; die Füße sind oben schwarz, unten weißlich, floßenartig, zusammengedrükt, die vordern länger, und bei der Mitte mit einer Klaue versehen. Der Schwanz ist sehr kurz und nicht ausgestreckt.

Zu Japan, wo sie zum Speisen dient, und man auch einen hohen Preis auf ihre Schilder setzt, welche von den Holländern zu Haarkämmen und andern Frauenzimmer-Putze theuer gekauft werden, ohnerachtet die Japaner selbst von den Schildern keinen Gebrauch machen.

B. Fluß-Schildkröten,

deren Füße mit Schwimmhäuten an den Zehen versehen, und das obere Schild sowohl durch eine Haut als auch durch einen knochigen Fortsatz auf beiden Seiten mit dem untern verbunden ist.

6. **Die europäische Schildkröte.** (T. europaea. Schneider Nat. Gesch. der Schildkröten. 323. n. 5. Schöpf's Nat. G. der Schildkr. I. T. 1.)

La jaune. C. *de la Cepède*. I. 135. Pl. 6. *Bonnaterre*. 26. n. 16. Pl. 5. f. 2.

D. C. Gottwalds phys. anat. Bemerk. über die Schildkröten. T. 12. T. punctata.

T. orbicularis. γ. L. syst. XIII.

Mit eirunden, flachen obern Schilde, von dunkelgrüner oder brauner Farbe, und stärkerer oder schwächerer Rückenschärfe. Von den 13 Feldern liegen 5 in der Mitte und 4 zu jeder Seite, welche nebst den 25 Randschuppen, mit, nach dem hintern Schuppenrande zusammenlaufenden Strahlen von weißlichen oder gelblichen rundlichen Flecken gezeichnet sind. Das blassere Bauchschild besteht aus 12 Feldern. Kopf, Hals und Füße, so wie der Schwanz, welcher halb so lang als der Körper, sind gelblich geflekt. Die kürzern Vorderfüße haben 5, die längern Hinterfüße aber 4 Zehen.

Sie findet sich im gemäßigten Europa, und in dem wärmern, wie in Preußen, Pohlen, in Italien, Frankreich und Ungarn, in sumpfigen Gegenden, wo sie sich von Insekten, Fischen, Conchylien und Gewächsen nährt. Cepede giebt auch die Ascensions-Insel so wie Amerika als ihren Aufenthalt an. In Europa pflegt man sie, da ihr Fleisch eßbar ist, auf den Märkten zu verkaufen, sie mit Brod und Gewächsen zu füttern, oder sie auch in Kellern zu halten, wo man ihnen Hafer säet, dessen Keime sie fressen. Ihre Eier sollen nicht unter einem Jahre auskriechen, auch die Jungen sehr langsam zunehmen. Die Länge von diesen Schildkröten beträgt ohne den 2 — 3 zölligen Schwanz, 5 — 7½ Zolle.

7. **Die runde Schildkröte.** (T. orbicularis L.)

La ronde. C. *de la Cepede.* I. 126. Pl. 5. *D'Aubenton* Encycl. meth. *Bonnaterre.* 22. n. 8, Pl. 4. f. 4.

Mit kreisförmigen, etwas flachen, glatten obern Schilde, von 13 hellbraunen Feldern und 23 Randschuppen, welche sämmtlich mit kleinen röthlichen Flekken gezeichnet sind. Das untere Schild besteht aus 12 Feldern, und ist hinterwerts eingeschnitten. Die Schnauze endigt sich mit einer starken scharfen Spitze.

Der

I. Ordn. Kriech. Amph. 1. Die Schildkröte. 35

Der Schwanz ist kurz. Von den dicken runden Füßen sind die vordern mit 5, die hintern mit 4 Nägeln versehen.

Ebenfalls in Europa, und wird wie jene verspeißt, darzu gehalten, und gefüttert. Cepede untersuchte nur 2 junge Exemplare, bei denen sich an der Defnung am Bauch, schilde der anhängende Nabelsack fand. Schneider (Beitr. II. 15.) zweifelt, ob diese Art die eigentliche Linneische sey. Wahrscheinlich ist sie nur eine Abart der vorigen.

8. Die Sumpf-Schildkröte. (T. palustris. L. syst. XIII.)

The Terrapin. *Brown* Jam. 466. n. 4.
La Terrapene. C. *de la Cepede*. I. 129. *Bonnaterre*. 30. n. 26.
T. Terrapin. Schöpf's Nat. Gesch. der Schildkröten. 71. T. 15.

Mit bräunlichen oder grauen, einfarbigen länglichen niedergedrukten, an den Seiten geraden, obern Schilde, von 13 im Umfange tief gefurchten Feldern, von denen die vordern mit Rückenschärfe versehen sind. Die 24 Randschuppen sind fast vierekt, an den Seiten gerippt, und nach hintenzu gekerbt. Das untere schmälere weiße, schwarzgestreifte oder bräunliche Schild, besteht aus 12 Feldern. Sie hat übrigens Schwimmfüße, vorne mit 5 und hinten mit 4 Zehen.

In Nordamerika, wo man sie in Philadelphia auf den Märkten verkauft, da ihr Fleisch sehr angenehm ist. Nach *Brown* findet sie sich auch in Jamaika in stehenden Wässern, wo sie um Nahrung zu suchen auf die Wiesen kommt. Ihre Länge beträgt ¼ — 1 Fuß.

9. Die Schlamm-Schildkröte. (T. lutaria. L.)

La Bourbeuse. C. *de la Cepede*. I. 118. Pl. 4. *D'Aubenton* Encycl. méthodique. *Bonnaterre*. 26. n. 17. Pl. 4. f. 3.

Schneiders Beitr. II. 14.
Schöpf's Nat. Gesch. der Schildkr. 5.

Mit obern nicht sehr erhabenen Schilde von 13 Feldern, von denen die 5 mittlern eine Rückenschärfe haben. Sie sind so wie die 25 Randschuppen leicht gestreift, und jene in der Mitte fein punktirt. Das untere Schild ist hinterwerts stumpf. Die Vorderfüße haben 5, die hintern 4 Zehen, von allen Füßen ist aber die äußere Zehe ohne Nagel. Der Schwanz ist halb so lang als das obere Schild.

In den gemäßigten und wärmern Gegenden von Europa, besonders in der Provence und zu Languedoc, auch in Asien und Japan, und nach andern an den Ufern des Dons, der Wolga und Urals. Ihr oberes Schild ist dunkelbraun, und beträgt ihre Länge 7—8, die Breite 3—4 Zolle. Im Winter scharren sie sich in die Erde, wo sie in einer Erstarrung liegen, im Frühjahr sich ins süße Wasser begeben, im Sommer aber sich mehr auf dem Lande aufhalten. Man pflegt sie an manchen Orten in Gärten zu halten, wo sie in Vertilgung verschiedenes Ungeziefers sich nüzlich beweisen. Einige von solchen, welche ich gegen den Winter auf das Zimmer nahm, verstekten sich den ganzen Winter hindurch unter Schränke, und kamen äusserst selten zum Vorschein, und ohnerachtet ihnen mancherlei Futter hingesezt wurde, nahmen sie nichts zu sich. Sollten sie des Sommers in Gärten, wo sie von Insekten, Schnecken und andern Würmern leben, ohne den Gewächsen nachtheilig zu seyn, nicht Nahrung genug finden, so kann man ihnen etwas Kleie und Mehl geben. Die Fischweiher muß man inzwischen vor ihnen sichern, da sie sogar großen Fischen nachgehen und selbige beißen, kleinere aber tödten. Zuweilen pflegt man diese Schildkröten zu speisen.

10. Die

I. Ordn. Kriech. Amph. 1. Die Schildkröte. 37

10. **Die gestreifte Schildkröte.** (T. striata.)

T. membranacea. Blumenbach's Handbuch der Naturgesch. 241. n. 1.
Schneider Nat. Gesch. der Schildkr. 45. T. 1. Beitr. I. 9.
Leipz. Magaz. zur Naturf. u. Oekonomie. 1786. 263. T. 2.
T. Boddaerti. Schriften der berl. Gesellsch. naturf. Freunde. X. 267.

T. cartilaginea. *Boddaert* epistola de testudine cartilaginea ex museo *I. A. Schlosseri.* Amstelod. 1772. Schriften der berl. Gesellsch. naturf. Freunde. III. 459. X. 265.

T. triunguis. *Forskahl* Fauna Arab. 9.
T. rostrata. Thunberg in den neuen Schwed. Abh. VIII. 172. T. 7. f. 1. 3. Schöpf's Nat. Gesch. der Schildkröten. 108. 112. T. 20.

Mit kreisförmigen oder auch mehr eirunden Schilde ohne Felder, welches häutig und gestreift ist. Das untere Schild ist ebenfalls häutig und weich. Die 5zehigen Füße sind nur an 3 Zehen mit Nägeln versehen; die Nase ist rüsselförmig verlängert, der Schwanz kurz.

Ich fasse hier die drei, in der 13ten Ausgabe des Linneischen Natursystems als besondere Arten angeführten Schildkröten unter eine zusammen, da sie in den angezeigten Merkmalen sämmtlich mit einander übereinkommen, so daß Schneider keine bestimmten Unterschiede von ihnen anführen können. Die Forskahlische sondert inzwischen Schöpf (112.) davon ab. Die Blumenbachische soll aus Guiana kommen, und ist sehr klein, und von der Boddaertischen ist der Wohnplatz nicht bekannt.

11. **Die weichschalige Schildkröte.** (T. ferox. *Pennant* phil. Transact. LXI. I. 266. T. 10. f. 1—3.)

La molle. *C. de la Cepede.* I. 137. Pl. 7. Bonnaterre. 25. n. 15. Pl. 5. f. 3.
Schneider Nat. Gesch. der Schildkr. 330. Beitr. I. 10. II. 17.
Schöpf's Nat. Gesch. der Schildkr. 102. T. 19.

Mit schwarzbraunen ins grünliche fallenden obern Schilde, welches in der Mitte knochig, an den Seiten aber knorpelartig und biegsam, ausserdem aber ober= und hinterwerts mit länglichen glatten Knoten besezt, sonst aber mit keinen Feldern versehen und unterwerts schön weiß und aderig ist. Das weiße knorpelige, hin= terwerts aber knochige sattelförmige untere Schild, ragt 2—3 Zoll vor dem obern hervor. Der fast drei= ekte Kopf hat eine rüsselförmige Schnauze. Die Füße sind sämmtlich 5 zehig, die vordern haben aber 2, und die hintern einen Afterzehen, an jeden Fuße befinden sich aber nur 3 Nägel. Der Schwanz ist dick und breit.

In Südamerika, an den Flüssen Savanna und Ala= tamcha. Sie wird an 20 Zolle lang und 14½ Zolle breit, erreicht ein Gewicht von 25, 30—70 Pfunden, und hat ein angenehmeres Fleisch, als die Riesenschildkröte. Sie ist sehr beißig und wild, und etwas schwer zu fangen. Das Weibgen, nach welchen Schöpf die Beschreibung geliefert, sezte sich, wenn es nach Laub schnappte, oder zornig wurde, auf die Hinterfüße. Es legte Eier, welche kugelrund wa= ren, und einen Zoll im Durchmesser betrugen, und hatte noch fast eben so viele im Eierstocke.

Wahrscheinlich gehört auch zu dieser

b) Die große weichschalige Schildkröte. (T. verrucosa. W. Bartrams Reise durch Carolina.
171. T. 4.)

Schöpf's Nat. Gesch. der Schildkr. 105.

Sie ist ganz jener ähnlich, nur haben die Füße sämmtlich 5 Zehen und Krallen, und am Kinne und Halse befinden sich warzige Zöpfe.

Nach Bartram hält sie sich in schlammigen Stellen der Flüsse und Sümpfe vom östlichen Florida unter den
Wur=

Wurzeln und Laube der Wasserpflanzen auf. Da sie ihren Hals überaus lang hervorstrecken kann, so fährt sie aus diesem Hinterhalte mit sehr großer Schnelligkeit auf die herumschwimmenden Thiere, besonders junge Wasservögel, auf Fische, und ergreift auch Frösche. Wenn sie ihren Kopf aus dem Wasser hervorstrekt, giebt sie einen zischenden Laut von sich. Sie findet sich 30—40 Pfund schwer, hat ein fettes wohlschmeckendes Fleisch, welches aber bei ungewohnten oder übermäßigen Genusse einen leichten Durchfall verursacht.

12. **Die gehelmte Schildkröte.** (T. scabra. Schöpf's N. G. der Schildkr. 14. T. 3.)

Mit dunkelgrauen, schwarzgetüpfelten 13 Feldern des obern Schildes, welche am Rande mit parallelen Strichen eingefaßt sind, gegen welche von der Mitte schwarze erhabene Strahlen laufen, welche sie einigermaßen rauh machen. Die 3 mittelsten dieser Felder sind mit scharfer Rückenschärfe versehen. Von den 24 Randschuppen stehen 11 zu jeder Seite und 2 in der Mitte, und das weiß und braungewölkte untere Schild besteht aus 10 größern und 3 kleinern Feldern. Der Kopf ist glatt, wie mit einem Helme versehen, und so wie der Hals unterwerts weißlich. Der untere Kiefer hat 2 Bartfasern. Die floßenartigen Füße sind mit 5 Zehen und Klauen versehen, und der Schwanz ragt nur wenig über den Rand des obern Schildes hervor.

In Ostindien. Ihr Schild ist 2½ Zoll lang und 2 Zoll breit, und wog eine, welche Retzius in Schweden lebendig unterhielt, 570 Gran. Nach Retzius, welcher die Beschreibung und Abbildung Hrn. Schöpf mittheilte, ist sie eigentlich Linne's zu kurz und undeutlich beschriebene T. scabra. Folgende sind auch mit dieser verwechselt worden.

C 4   13. Die

13. Die warzige Schildkröte. (T. verrucosa. Walbaum Chelonogr. 116.)

Mit ähnlichen obern Schilde wie jene; der Rand besteht aus 25 Schuppen, ist flachbogig, nach hinten abgerundet und etwas gesägt, auch über dem Schwanze eingeschnitten. Das untere Schild ist hinten eingeschnitten und gekerbt. Die Bartfasern am unteren Kiefer fehlen, und die Hinterfüße haben nur 4 Zehen.

Ihr Vaterland ist nicht bekannt. In der 13ten Ausgabe von Linne's Natursysteme wird sie für Linne's Scabra gehalten; inzwischen ist sie von der vorigen Retzischen merklich verschieden.

14. Die rauhe Schildkröte. (T. fasciata.)

La raboteuse. C. de la Cepede. I. 161. Pl. 10. D'*Aubenton* Encycl. méthodique. *Bonnaterre*. 24. n. 11. Pl. 6. f. 2.

Mit Rückenschärfe über das ganze obere Schild, dessen Felder glatt und eben sind. Von den 24 Randschuppen stehen 6 zu jeder Seite. Das obere Schild ist übrigens weißlich und mit kleinen schwärzlichen Bändern in verschiedener Richtung marmorirt. Das untere Schild ist vorwerts eingeschnitten. Die Vorderfüße haben 5, die hintern 4 Nägel, sie sind nebst dem kurzen Schwanze hellgelblich, und haben braune Bänder und Flecken, welche auf dem Kopfe breiter werden.

Zu Amboina, und besonders in Nordamerika zu Carolina. Der Graf von Cepede hält sie für die Scabra von Linne', mit welcher sie aber nicht übereinkommt, und nach Schöpf eine besondere Art ausmacht.

15. Die Buchstaben-Schildkröte. (T. scripta. Schöpf's N. G. der Schildkröten. 19. T. 3.)

Mit kreisförmigen niedergedrukten obern Schilde, dessen Felder mit schriftähnlichen Zügen gezeichnet sind.

sind. Jede der 25 Randschuppen hat unten einen schwarzen Fleck.

Ihr Aufenthalt ist unbekannt. Hrn. Schöpf ist sie von Thunberg als Linne's Scabra in der Zeichnung mitgetheilt worden.

16. Die dreikielige Schildkröte. (T. tricarinata. Schöpf's Nat. Gesch. der Schildkr. 10. T. 2.)

Mit obern Schilde, dessen 13 Felder sämmtlich mit Rückenschärfen versehen, welche 3 herablaufende Kiele bilden. Der Rand ist ungesägt, und besteht aus 23 kleinen Schuppen. Das viel schmälere untere Schild, ist aus 11 oder 12 Feldern zusammengesezt. Die Vorderfüße haben 5, die hintern 4 mit Schwimmhäuten verbundene und mit Nägeln versehene Zehen.

Ihr Vaterland ist auch unbekannt. Hr. Schöpf beschreibt sie nach einem Exemplare im Weingeist von dem Hrn. Prof. Herrmann in Strasburg. Sie ist sehr klein, und beträgt ihr oberes Schild 17 pariser Linien in der Länge, 15 in der Breite, und ungefähr 7 in der Höhe.

17. Die schöne Schildkröte. (T. pulchella. Schöpf's Nat. G. der Schildkr. 134. T. 26.)

Mit schwarzbraunen, eiförmigen, niedrigen, stumpf gekielten obern Schilde, von 13 Feldern, deren etwas vertiefte Felden rauhpunktirt und am Rande weißgestrichelt sind. Der Rand hat 24 Schuppen. Das weißgelbe, braungefleckte untere Schild hat 12 Felder. Der hellbraune, hellgelb getüpfelte Kopf ist oben glatt, und mit einer glatten Haut bedekt, und der Schnabel kurz und stumpf. Die braunen hellgelb geschuppten Füße haben eine Schwimmhaut, und die vordern 5, die hintern aber 4 Zehen und Krallen, leztere auch noch eine besondere Schuppe statt der 5ten Zehe. Der braune unten hellgelb gestreifte Schwanz, ist lang, dünne, spitzig und schuppig.

Ihr Vaterland ist unbekannt. Sie ist klein, von 1¼ —3½ Zoll Länge des Schildes.

18. **Die graue Schildkröte.** (T. cinerea. Schneider in den Schriften der Berl. Gesellsch. naturf. Freunde. I. 268.)

> Cinereous tortoise. *Brown* new illuftr. of Zoolog. T. 48. f. 1. 2.
> Tortue cendrée. *Bonnaterre.* 25. n. 14.
> Schöpf's Nat. G. der Schildkr. 21. T. 3. f. 3.

Mit grauen obern Schilde von 15 Feldern, welche zierlich weiß, oder hellgelb eingefaßt sind, und wovon die obern Felder der Mittelreihe dem 2ten zu beiden Seiten besonders eingekeilt sind. Die 24 schwarzbraunen Randschuppen sind gelb und blau eingefaßt, und in der Mitte gelb. Der untere gelbliche Schild besteht aus 12 Feldern. Der Schwanz ist ziemlich lang, und hinter den Augen befinden sich 2 weiße Flecke, 2 größere weiter hinten, und 2 kleine, welche wie jene schwarz eingefaßt sind, zwischen den Augen, zwischen welchen sich auch noch ein weißer Strich zeigt. Die Füße sind grau und unten weiß getüpfelt.

Ihr Vaterland ist unbekannt. Sie ist klein, und Browns Exemplar war 2¾ Zoll lang, und der Schild hatte nur 1 Zoll 11 Linien Länge.

19. **Die schuppige Schildkröte.** (T. squamata. Schneiders Nat. Gesch. der Schildkr. 340.)

> Schöpf's Nat. Gesch. der Schildkröten. 87.

Mit eiförmigen Körper, welcher oberwerts nebst dem Halse, Schwanze und den Füßen, mit Schuppen besezt

besezt ist, welche gegen den Kopf hin kleiner werden, welcher selbst klein und schlangenartig ist. Die untern Theile sind glatt und weich.

An den Flüssen von Java, an deren Ufern sie sich in Löchern aufhält. Sie geht nach Fischen und hat ein sehr wohlschmeckendes Fleisch.

20. **Die Skorpion-Schildkröte.** (T. scorpioides. L.)

> La Tortue Scorpion. C. *de la Cepede.* I. 133. D'*Aubenton* Encycl. methodique. *Bonnaterre.* 27. n. 18.
> Schöpf's Nat. Gesch. der Schildkr. 116.

Mit schwarzen eirunden obern Schilde von 3 undeutlichen Rückenschärfen und 13 Feldern, von welchen die 5 mittlern langgestrekt sind; am Rande befinden sich 23 Schuppen; das untere Schild besteht aus 12 Feldern. Der Kopf ist mit einer schwieligen Haut bedekt, welche sich über der Stirn in drei Lappen theilt. Die Füße haben sämmtlich 5 Zehen, die hintern aber an dem äussersten keinen Nagel. Der Schwanz hat eine schwielige hakenförmige Spitze.

Zu Surinam und Guiana. Ihr oberes Schild hat 6—7 Zoll Länge, und 4—5 Zoll Breite. Schöpf rechnet sie zu der folgenden.

21. **Die gefranzte Schildkröte.** (T. fimbriata. Schöpf's Nat. G. der Schildkr. 113. T. 21.)

> Schneiders Nat. Gesch. der Schildkr. 349. n. 12.
> T. matamata. *Bruguière* Journ. d'histoire naturelle. à Paris. n. VII. 253. T. 13.

Mit niedrig gewölbten obern Schilde, von 13 fast kegelartig gespizten, gegen die Mitte runzlichen, am hintern Rande gezähnelten Feldern, von denen die hintersten

sten am längsten gespizt sind. Die 25 vierekten Rand=
schuppen sind am innern Rande gezähnelt. Das untere
Schild besteht aus 13 Feldern. Der platte große Kopf
ist an den Seiten mit breiten runzlich warzigen Flügel-
ansätzen versehen, und gegen den Hals mit hinterwerts
dreilappiger Schwiele bedekt. Die Nase ist rüsselförmig
und am Ende derselben stehen die Augen. Der sehr
lange Hals ist an den Seiten mit gefranzten Ansätzen
versehen. Die Vorderfüße haben 5, die hintern 4 Zehen, jene 5, diese 3 Krallen. Der Schwanz ist kurz.

Zu Guiana, wo sie aber jezt, da sie häufig zur Speise
weggefangen worden, selten ist. Sie lebt von Wasserpflanzen, welche sie des Nachts an den Ufern sucht.

22. Die kaspische Schildkröte. (T. caspica. S. G.
Gmelins Reise. III. 59. T. 10. 11.)

Mit erhabenen, schwarz und grün marmorirten
kreisförmigen obern Schilde, dessen 5 mittlere Felder
fast vierekt, und deren zusammenfließende Ränder bald
gerade, bald krummlinigt sind; am Rande befinden sich
25 Schuppen. Das sehr glatte schwarz und weiß marmorirte untere Schild, ist hinterwerts stumpf und zweispaltig, vornher mit einer dreiekten, auf beiden Seiten
der Länge nach mit einer spiralförmigen, und ausserdem
noch mit 4 Querfurchen versehen. Die Vorderfüße
haben 5, die hintern 4 Nägel; der Kopf ist schuppig,
und der Schwanz nakt.

In asiatischen Gewässern, zuweilen von der Stärke,
daß sie einige Menschen tragen kann.

23. Die Dosenschildkröte. (T. clausa. Schöpf's
Nat. Gesch. der Schildkr. 36. T. 7.)
Bloch in den Schriften der berl. Gesellsch. naturf. Freunde. VII.
131. T. 1.

La

La Tortue à boite. *C. de la Cepède.* II. 489.
Prifonnière et Prifonnière ſtriée. *Bonnaterre.* 29. n. 24. 25.
T. carolina. L. *Seba.* I. T. 80.
Edwards birds. 205. Seligmanns Vögel. VII. T. 100.
La courte-queue. *C. de la Cepede.* I. 169. *D' Aubenton* Encycl. method. *Bonnaterre.* 28. n. 23.

Mit gewölbten obern Schilde, deſſen 14 Felder gelb und braun geflekt ſind, von denen 4 zu beiden Seiten, und 6 in der Mitte liegen, welche leztern erhaben und gekielt ſind. Der Rand beſteht aus 25 Schuppen. Das untere hellgelb und braun geflekte Schild, beſteht eigentlich aus 2 Deckeln von ſcharfen Rande, mit denen das obere Schild ganz geſchloſſen werden kann. Der vordere Deckel beſteht aus 6, der hintere aus 4, und der mittlere Theil, welcher beide verbindet, aus 2 Feldern. Der Schwanz iſt äuſſerſt kurz.

In Nordamerika. Sie liebt vorzüglich ſumpfige Gegenden, findet ſich aber an heißen Tagen auch auf dürren Hügeln. Bloch hält ſie wegen dem Baue ihres untern Schildes für eine Waſſerſchildkröte, Schöpf aber für eine Landſchildkröte, beſonders wegen der Höhe des obern Schildes und dem Bau der Füße. Ohnerachtet ſie nicht über 5—6 Zoll lang wird, ſo hat ſie doch ſo viel Stärke, daß ſie mit 5—600 Pfunden Laſt fortkriechen kann. Nach Hrn. Mühlenberg nährt ſie ſich von Pferdedung, Käfern, Ratten, und frißt auch 4—5 Fuß lange Schlangen, welche ſie in der Mitte pakt und zwiſchen den Klappen ihres Panzers zu todte quetſcht. In der Begattung hängen ſie an 14 Tage zuſammen. Ihr Fleiſch ſoll wohlſchmeckend ſeyn, doch wird es von manchen auch für ranzig gehalten. Die Eier haben die Größe der Tauben-Eier, und werden ſehr geſchäzt. Dieſe Schildkröten ſollen an 46 Jahre leben und pflegt man ſie zur Vertilgung der Schnecken und Mäuſe in Kellern zu halten.

24. Die penſylvaniſche Schildkröte. (T. penſylua-
nica. *Edwards* glean. 287. Seligmanns Vögel.
VIII. T. 77.)

Schöpf's Nat. Geſch. der Schildkr. 125. T. 24.

Mit elliptiſchen, flachen, glatten, einfärbigen Schilde
von 13 Feldern, wovon die mittelſten rautenförmig,
das vorderſte dreiekt iſt, und alle ſchieferartig verbunden ſind. Am Rande befinden ſich 23 Schuppen. Das
untere Schild iſt in 11 Felder oder in 3 Lappen getheilt,
wovon die beiden äuſſern durch Sehnen mit dem Mit-
tellappen verbunden ſind. Die Vorderfüße haben 5,
die hintern 4 Zehen mit Klauen. Der kurze Schwanz
hat eine hornartige Spitze.

Man findet ſie

a) mit beweglichen untern Schilde, von 3 Lappen.

Schöpf's Nat. Geſch. der Schildkr. 126. A. T. 24. f. A.

b) mit unbeweglichen.

Schöpf's. 129. B. T. 24. f. B.

Leztere hat ein Unterſchild von 11 Feldern, welches aber
keine 3 Lappen beſizt.

In ſtehenden Gewäſſern von Penſylvanien. Mit dem
Schwanze, den ſie herabwerts biegt, hilft ſie ſich an abhän-
gigen Gegenden fort, und verhindert ihr Herabrollen. Sie
ſoll übrigens einen Moſchus-Geruch haben. Nach Cepede
haben ihre Füße Schwimmhäute. Ihre Hauptfarbe iſt
braun, aber die Randſchuppen, Kiefern und Augen, nebſt
dem untern Schilde ſind feuergelb.

25. Die Schlangenſchildkröte. (T. ſerpentina. L.)

La Serpentine. C. *de la Cepède*. I. 151. D'*Aubenton* Encycl.
method. *Bonnaterre*. 28. n. 20.

I. Ordn. Kriech. Amph. 1. Die Schildkröte.

Schneider Nat. Gesch. der Schildkr. 337.
Schöpf's Nat. Gesch. der Schildkr. 32. T. 6.

Mit braunen, niedrigen, eiförmigen obern Schilde von dreifacher Rückenschärfe, und 13 spitzig erhabenen Feldern mit parallelen Furchen und erhabenen Strahlen, welche nach dem hintern Rande der Felder zusammenlaufen. Der Rand, welcher aus 25 Schuppen besteht, ist hinten zugerundet und scharf gezahnt. Das untere hellbraune rautenförmige Schild, hängt durch 2 Fortsätze mit dem obern zusammen. Die beiden Kiefer, besonders aber der obere, sind vorne hakenförmig gebogen. Die Vorderfüße haben 5, die hintern aber 4 Nägel, und der ziemlich lange Schwanz ist mit einer gesägten Rückenschärfe versehen.

In den süßen Wässern von Algier und China, vorzüglich aber in Nordamerika. Sie soll besonders beißig seyn, geht jungen Enten und Fischen nach, beißt sich mit ihres Gleichen, und schnappt mit schnell verlängerten Halse zischend und fast springend ihrer Beute nach. Im Schlamme wühlt sie sich ein, daß nur der Rücken hervorragt, und in Häusern versteckt sie sich am liebsten in Aschenhaufen. Ihr Gewicht beträgt an 15 — 20 Pfund, und ihr Kopf ähnelt dem der Schlangen.

26. Die Spenglerische Schildkröte. (T. Spengleri. Walbaum in den Schriften der berl. Gesellsch. naturf. Freunde. VI. 122. T. 3.)

Mit eiförmigen, gelben bräunlichgrau gefleckten obern Schilde, von 3 Rückenschärfen, und 13 Feldern, welche schuppenartig übereinander liegen, und an den Seiten parallele Striche und Strahlen gegen das hintere punktirte Feld haben. Von den 25 Randschuppen stehen die 10 hintern und 2 vordern sägenartig, und haben in die
Höhe

Höhe gebogene Spitzen. Das kastanienbraune untere Schild besteht aus 12 Feldern.

Wahrscheinlich stammt sie aus Ostindien. Sie hat einige Aehnlichkeit mit jener, da das Thier aber noch nicht hat untersucht werden können, so läßt sich noch nicht mit Gewißheit entscheiden, ob sie zu den Land- oder Wasserschildkröten gehöre.

27. Die chagrinirte Schildkröte. (T. granulosa. Schneiders Beitr. II. 22. m. Abbild.)

<blockquote>La chagrinée. C. de la Cepede. I. 171. Pl. 11. Bonnaterre. 30. n. 28. Pl. 6. f. 4.</blockquote>

Mit obern Schilde von 23 Feldern, welche fein getüpfelt und chagrinartig, die 8 zu jeder Seite aber die breitesten sind. Sie scheinen sämmtlich über den knorpelichen nicht aus Schuppen bestehenden halbdurchsichtigen Rand, durch welchen man die Rippen erkennt, erhaben zu seyn. Das untere Schild geht vorne und hinten über das obere hinaus, ist knorpelich, durchsichtig, und mit 7 chagrinirten Feldern besezt.

Sie wurde durch Sonnerat aus Ostindien dem königl. Kabinette zu Paris überliefert. Der Kopf ähnelt dem von den Wasserschildkröten, der Hals ist mit einer faltigen Haut bekleidet. Füße und Schwanz fehlten an dem Exemplar, dessen Schild $3\frac{3}{4}$ Zoll Länge, und $3\frac{1}{2}$ Zoll Breite hatte.

28. Die flachköpfige Schildkröte. (T. platycephala. Schneider in den Schriften der berl. Gesellsch. naturf. Freunde. X. 271. T. 7.)

<blockquote>T. planiceps. Schöpf's Nat. Gesch. der Schildkr. 136. T. 27.</blockquote>

Mit braunen, oben platt niedergedrukten, und an den Seiten wie ein Dach mit scharfer Kante ablaufenden obern Schilde von 13 Feldern, wovon die 4 Seiten-

I. Ordn. Kriech. Amph. 1. Die Schildkröte. 49

Felder an jeder Kante, und das 2te und 3te Mittelfeld eine starke Vertiefung haben. Der Rand besteht aus 25 Schuppen, und das untere Schild aus 13 Feldern. Der Kopf ist sehr flach und glatt. Die Vorderfüße haben 5, und die hintern 4 Zehen und Krallen, und schmahle Schwimmhäute.

In Ostindien.

29. **Die röthliche Schildkröte.** (T. rubicunda.)

La roussatre. C. de la Cepede I. 173. Pl. 12. Bonnaterre 28. n. 22. Pl. 6. f. 5.

Mit flachen obern Schilde von 13 dünnen, leicht gestreiften rothbraunen Feldern, und 24 Randschuppen. Das untere hinten ausgeschnittene Schild, besteht aus 13 Feldern und ist auch flach. Die Füße haben 5 Nägel, von welchen die an den Vorderfüßen am spitzigsten und längsten sind.

Sonnerat brachte auch diese aus Ostindien, deren oberes Schild $5\frac{1}{2}$ Zoll lang und breit war. Der Schwanz fehlte. Aus den spitzigen Nägeln und dem flachen obern Schilde, schließt Cepede, daß sie eine Wasserschildkröte sey.

30. **Die schwärzliche Schildkröte.** (T. nigricans.)

La noiratre. C. de la Cepede I. 175. Pl. 13. Bonnaterre 30. n. 27. Pl. 6. f. 6.

Mit rundlichen etwas gewölbten obern Schilde von schwärzlicher Farbe, dessen 13 Felder dick, im Umfange gestreift, in der Mitte glatt und wie öligt sind, und die 5 mittelsten einige Rückenschärfe haben. Der Randschuppen sind 24. Das untere Schild besteht aus 13 Feldern und ist hinterwerts ausgeschnitten.

Cepede beschreibt von dieser Art bloß das Schild, welches $5\frac{1}{4}$ Zoll Länge und Breite hatte.

Wahrscheinlich gehört auch noch Nro. 41. zu den Fluß-Schildkröten.

III. Claſſe. Amphibien.

C. Landſchildkröten,

mit keulenförmigen Füßen, welche mit Nägeln verſehen ſind, und gewölbten obern Schilde, welches mit knöchernen Fortſätzen mit dem untern verbunden.

31. Die gezähnelte Schildkröte. (T. denticulata L.)

La dentelée. *C. de la Cepede* I. 163. *D' Aubenton* Encycl. method. *Bonnaterre* 24. n. 12.

Schneiders Nat. Geſch. der Schildkr. 360. n. 17.

Mit einigermaßen herzförmigen obern Schilde von sechsekten rauhen Feldern. Die Randſchuppen bilden einen ganz gezahnten, wie ausgefreßnen Saum. Die elephantenartigen Füße haben vorne 5, und hinten 4 undeutliche Zehen. Der Schwanz iſt kürzer als die Füße ſind.

In Virginien und Hudſonsbay. Das Schild hat die Größe eines Welſchen-Huhn-Eies, und wird ſo ganz zu Schnupftabaksdoſen gebraucht.

32. Die griechiſche Schildkröte. (T. graeca. L.)

La grecque ou la Tortue de Terre commune. *C. de la Cepede* I. 142. II. 488. *D' Aubenton* Encycl. methodique. *Bonnaterre* 23. n. 9.

Schneider, Nat. Geſch. der Schildkr. 358. n. 16. Beitr. II. 17.

Schöpfs Nat. Geſch. der Schildkr. 43. T. 8. f. A. B.

Cetti Nat. Geſch. von Sardinien. III. 8.

Mit schwarzbraunen gelbgeflekten ſehr gewölbten obern Schilde von 13 im Umfang mit parallelen Streifen gezeichneten Feldern. Von den 25 Randſchuppen ſind alle, beſonders aber die hinterſten viel größer, als an andern Arten. Das untere Schild, welches bei dem Männgen eingedrukt, bei dem Weibgen aber platt iſt, beſteht aus 12 — 13 Feldern. Kopf, Schwanz und Füße ſind mit einer körnigen Haut, und ungleichen harten, braunen Schuppen bedekt, welche auch zuweilen größtentheils von lebhaft rother Farbe sind. Die durch eine Haut vereinigten Zehen lassen sich bloß an den Nägeln unterscheiden, von welchen entweder alle Füße 4, gewöhnlich aber die Vorderfüße 5 haben. Der Schwanz ist mehrentheils mit einem Knorpel versehen.

Sie findet sich fast in allen Gegenden der alten Welt, besonders in den gemäßigten und wärmern, wie im südlichen Europa, in Macedonien, Griechenland, zu Amboina, auf der Insel Zeylon, Bourbon, auf den Ascensions-Inseln, zu Japan und in Afrika. Ihr Aufenthalt ist in Wäldern und auf Anhöhen, und hat sie einen sehr langsamen Gang, wobei sie sich gleichsam fortrollt, indem sie nach und nach den innern Nagel der Füße bis zu den äussersten in den Boden drükt. Im Herbst verbergen sich diese Schildkröten in der Erde, und kommen im Frühjahr wieder hervor. Im Juni legen sie ihre Eier an einem sonnigen Platz in eine mit den Hinterfüßen gescharrte Grube. Nach Certi soll sie 4—5 Eier, wahrscheinlich auf einmal legen, und solche Tauben-Eiern ähneln. Bei dem Eintritte der ersten September Regen, kriechen die Jungen in der Größe der Nußschalen aus, und endigen ihren Wuchs in 7—8 Jahren, wo in der Hälfte dieser Zeit die Weibgen sich schon paren. In Sardinien erreichen sie ein Alter von 60 Jahren, und wiegen die größten ohngefähr 4 Pfund, da sie hingegen im südlichen Amerika von 5—6 Pfund vorkommen, auch in den heißern Gegenden von Indien an 4½ Fuß Länge erreichen. Ohnerachtet ihrer Langsamkeit streiten doch die Männgen ziemlich heftig mit einander, und stoßen sich wie Böcke. Die Nahrung dieser Schildkröten besteht in Kräutern, Früchten, Insekten, Würmern und besonders Schnecken, und kann man sie nuzbar in Häusern und Gärten zur Reinigung derselben von Ungeziefer gebrauchen. In Südamerika fängt man sie durch Hunde, welche gewöhnt sind

sind sie zu bestättigen. Ihr Fleisch ist zwar etwas lederartig, aber von gutem Geschmacke, und wurde von den Griechen, so wie auch die Eier häufig gegessen. Die Süd= und Nordamerikanischen Sorten scheinen Verschiedenheiten von dieser Art zu seyn, und verdienen noch nähere Untersuchungen. Diese Schildkröten haben ausserdem ein so überaus zähes Leben, daß eine nach Redi's Versuchen, noch 6 Monate nach herausgenommenen Gehirne und andere noch 12 Tage nach abgehauenen Kopfe lebten.

33. **Die breitrandige Schildkröte.** (T. marginata. Schöpf's Nat. Gesch. der Schildkr. 58. T. 11. u. 12. f. 1.)

La grecque. C. de la Cepede I. 145. 146. Pl. 8. Bonnaterre Pl. 5. f. 4.

Mit braunschwärzlichen in der Mitte gelbgefleckten, länglichen, hochgewölbten, an den Seiten stark eingezogenen obern Schilde, von 13 Feldern, dessen 24 Randschuppen hinterwerts flach auswerts gebreitet sind. Das gelbliche mit schwarzen dreieckten Flecken gezeichnete untere Schild ist in 3 Theile und 12 Felder getheilt, der vordere Rand ausgekerbt, der hintere zweispaltig, die Felder der Mittelstücke sind ungleich.

Ihr Vaterland ist nicht bekannt, und Schöpf's Beschreibung nur von einem Schilde genommen.

34. **Die Hermannische Schildkröte.** (T. Hermanni. Schneider's Nat. Gesch. der Schildkr. 348.)

Mit erhabenen gelb= und schwarzgefleckten obern Schilde, und 24 Randschuppen, von welchen die 2 hintern erhaben sind. Die elephantenartigen Füße haben sämmtlich 4 Nägel, und der Schwanz ist mit einer knochigen gekrümmten Spitze versehen.

Sie

Sie ist einen halben Fuß lang, ihr Vaterland übrigens aber unbekannt. Nach Schöpf (N. G. der Schildkr. 43.) ist sie mit der griechischen einerlei.

35. Die hochgewölbte Schildkröte. (T. carinata. L.)

La Bombée. C. de la Cepede I. 164. D'Aubenton Encycl. methodique. Bonnaterre 28. n. 21.

Schneider, Nat. Gesch. der Schildkröten. 361. n. 18. Beitr. II. 21.

Mit grünlich braunen, gelbgestreiften obern Schilde, von 13 leicht gestreiften Feldern, 25 Randschuppen, und untern gelblichen Schilde von 12 Feldern. Die Füße haben deutliche Zehen.

In heißen Gegenden. Nach dem Grafen von Cepede betrug das Schild 6 Zoll in der Länge, und 6½ in der Breite.

36. Die geometrische Schildkröte. (T. geometrica. L.)

La géometrique. C. de la Cepede I. 157. Pl. 9. D'Aubenton Encycl. method. Bonnaterre 24. n. 13. Pl. 6. f. 1.

Schneiders Nat. Gesch. der Schildkr. 352. Beitr. II. 19.

Gottwald T. 13. 16.

Schöpf's Nat. Gesch. der Schildkr. 55. T. 10.

Seba I. T. 80. f. 8.

Mit obern gewölbten Schilde, dessen 13 Felder, so wie die 24 Randschuppen, und die 12 Felder des untern Schildes, sechsseitige abgestuzte Pyramiden bilden, welche bei den mittlern Feldern des obern Schildes am regelmäßigsten, und sämmtlich mit gelben Strahlen, nach der gelben stumpfen Spize auf dunkelbraunen Grunde gezeichnet sind. Die Zehen der Hinterfüße sind mit Schwimmhäuten versehen, die Vorderfüße haben 5, die hin-

hintern 4 Zehen. Der Schwanz ist kurz, und das untere Schild hinterwerts scharf eingeschnitten.

Man findet sie in Asien, zu Madagaskar, auf den Ascensions-Inseln und am Cap, in welcher lezteren Gegend sie 12—15 Eier legt; ausserdem trift man sie auch in Dalmatien, dem südlichen Rußland und in Amerika an. Sie variirt übrigens in der Zahl und Lage der gelben Strahlen, in der Erhabenheit der Felder, und auch in der Grundfarbe. Vorzüglich hält sie sich in sumpfigen und morastigen Gegenden auf, kommt aber auch in Waldungen vor. Ihr Fleisch wird sehr geschäzt. Die Schilder erreichen gewöhnlich eine Länge von 10 Zollen, und eine Breite von 8 Zollen.

37. **Die gefelderte Schildkröte.** (T. areolata. Thunberg in den neuen schwed. Abh. VIII. 173.)

Seba I. T. 80. f. 6.
Schöpf's Nat. Gesch. der Schildkr. 121. T. 23.

Mit länglichen obern Schilde, von 13—15 vierekten, schmutzig braunen Feldern, welche mit 5—6 gleichlaufenden Rippen umgeben sind, und in der Mitte mit einem vertieften rauhpunktirten rothgelben Felogen versehen sind; die innern Rippen der Felder sind weiß. Der Rand besteht aus 24 gerippten Schuppen, und ist durch eine tiefe Furche von dem obern Schilde abgesondert. Das untere blaßgelbe Schild ist vorne stumpf, hinten scharf gekerbt, und besteht aus 12 Feldern.

Sie hat die Größe einer halben Hand, und soll sich nach Thunberg in Indien, nach Seba in Brasilien finden.

38. **Die zierliche Schildkröte.** (T. elegans. Schöpf's N. G. der Schildkr. 131. T. 25.)

Seba I. T. 79. f. 3.

I. Ordn. Kriech. Amph. 1. Die Schildkröte. 55

Mit schwarzbraunen erhabenen obern Schilde, von 13 erhabenen 5—6 eckigen, und mit 4 gelben Streifen gezeichneten Feldern, deren gelbe Felogen platt, punktirt, und breiter als lang sind. Der Rand hat 23 Schuppen und das gelbe untere Schild 12 Felder. Kopf, Schwanz und Füße sind gelb, von lezteren haben die vordern 5, die hintern 4 Krallen. Der Schwanz ist kegelförmig und kurz.

In Ostindien. Sie ähnelt der geometrischen. Ihre Länge beträgt 2¾—8 Zolle.

39. Die Zwerg=Schildkröte. (T. pusilla. L.)

La Vermillon. C. *de la Cepede* I. 166. *Bonnaterre* 23. n. 10.
La bande blanche. *D'Aubenton* Encyclop. methodique.
Hagström neue Schwed. Abh. V. 46.
Edwards birds T. 204. Seligmanns Vögel. VI. T. 99.
Schneiders Nat. Gesch. der Schildkr. 356. n. 15. Beitr. II. 21.

Mit halbkugeligen obern Schilde, dessen Felder mit schwarzer, weißer, grünlicher, gelber und Purpurfarbe abwechseln, und abgeblättert schwärzlich gelb aussehen. In der Mitte sind sie erhaben getüpfelt, und die beiden ersten mit einiger Rückenschärfe versehen, übrigens aber haben sie an den Rändern parallele Streifen. Am Umfange sind sie mit einer weißlichen Binde versehen, welche mit 22 dunklern dreieckigen Flecken gezeichnet ist. Das untere Schild ist röthlich, vornher ganz, hinten aber eingeschnitten. Die Füße haben keine Schuppen, die vordern 5 Nägel ohne sichtliche Zehen, die hintern aber 4 mit kaum bemerkbaren Zehen. Der Schwanz ist kurz und der papageyförmige Kopf auf dem Scheitel mit einem karmoisinrothen und gelben Knollen besezt.

Am Cap. Sie hat ohngefähr die Größe von einer Hand, und wiegt nach Hagström, welcher sie lebendig un-

terhielt, 15 Unzen, welches Gewicht sich Sommers zu 1
—2 Drachmen vermehrte. Ihr Auswurf wog eben so viel
als sie fraß, und sah nach Birnen oder Ranunculus Ficaria
wie Milch, sonst aber dunkel und fest aus. Bei kühlen
Wetter kann sie wochenlang ohne Saufen zubringen, bei
heißen säuft sie aber alle 4 Tage einen Löffelvoll Wasser.
Sie frißt junges Gemüse, besonders gerne aber mancherlei
Blumen, sogar die von der Mirabilis Jalappa. Zucker-
waren fraß sie auch, doch keine Rosinen, und eben so wenig
nahm sie Milch, Regenwürmer, Fische und Fleisch zu sich.
Dagegen fraß sie aber zuweilen trocknen Hühnerdung. Bei
kühler Witterung ist ihr Gang träge, bei wärmerer aber
schneller. Ihre Stimme ist kläglich und jammernd, bisweilen pfeift sie auch, wenn sie unvermuthet erschreckt wird,
oder man sie aus dem Sonnenschein nimmt. Vom No-
vember bis im März pflegt sie so wie mehrere Schildkröten
keine Nahrung zu sich zu nehmen, in der Wärme fängt sie
aber früher an zu fressen, und bei dem Scheine des Feuers
kriecht sie lebhaft aus dem Schilde hervor. Die Fischadler
sollen diesen Schildkröten sehr nachgehen, da sie aber mit
dem Schnabel ihre Schale nicht öfnen können, so lassen sie
diese Thiere so oft aus der Luft an Felsen fallen, bis die
Schalen zerschmettert sind.

40. Die indianische Schildkröte. (T. indica.
Schneiders Nat. G. der Schildkr. 355. n. 14.)

Tortue grecque de la côte de Coromandel. C. *de la Cepede*
I. 154.

Schöpf's Nat. Gesch. der Schildkr. 118. T. 22. f. A.

Mit graubraunen über den Hals zurückgeschlagenen obern Schilde, dessen 3 vordere Felder mit einem
rundlichen 3—4 Linien hohen und 1½ zölligen Höcker
besezt sind. Die sägenartigen Kiefer bestehen aus einer
gedoppelten Reihe von Zähnen. Die Vorderfüße sind

I. Ordn. Kriech. Amph. 1. Die Schildkröte. 57

5, die hintern 4 krallig. Der lange Schwanz ist an der Wurzel sehr dick.

In Indien. Ihr Panzer hat an 3 Fuß Länge, und 2 Fuß Breite.

b) Die Vosmärische indianische Schildkröte. (T. indica Vosmaeri. Schöpf's Nat. Gesch. der Schildkröten. 120. T. 22. f. B.)

Mit schwärzlichen ebenfalls über den Hals zurückgeschlagenen obern Schilde von 13 Feldern, von welchen die vordersten glatt, und 25 Randschuppen. Das graue untere Schild besteht aus 2 großen Mittelfeldern, unter denen sich noch 5, und darüber noch 7 kleinere befinden.

Der Panzer betrug 2⅔ Fuß Länge.

41. Die gemahlte Schildkröte. (T. picta. Schöpf's Nat. G. der Schildkr. 23. T. 4.)

T. nouae Hispaniae. Seba I. T. 80. f. 5.
Schneider Nat. G. der Schildkr. 348.

Mit länglichen, niedrigen und sehr glatten obern Schilde von gelblich brauner Farbe, dessen 13 Felder ausser den 3 vordersten und den 2 leztern, in der Mittelreihe fast viereckig sind, gebogene Seiten und stumpfe Ecken haben, und gelbe Einfassungen besitzen. Die 25 Randschuppen haben in der Mitte einen orangefarbenen Fleck, mit einigen bogenförmigen Zügen um solchen. Das untere Schild ist von gleicher Länge mit jenem, mehr oder weniger blaßgelb, und dunkel gewölkt, und besteht aus 12 ungleichen Feldern. Der Hals und die Seiten des Kopfes sind gelb gefleckt, die Füße halbflossenartig, die vordern haben 5, die hintern 4 Zehen mit Nägeln. Der kurze Schwanz ist schuppig, schwarz und gelb gestreift.

Sie findet sich in tiefen und stillen Flüssen im Nordamerika, aus welchen sie an heitern Tagen hervorkommt, und sich auf Stämmen oder Steinen zu sonnen pflegt, aber doch nicht lange im Troknen ausdauret. Junge Enten soll sie an den Füßen ins Wasser ziehen und fressen. Ihr Schild erreicht nur 5½ Zoll Länge, und 4 Zoll Breite; übrigens pflegt man sie zu verspeisen. Den Füßen und dem flachen obern Schilde nach ist sie eine Flußschildkröte, der knöchernen Verbindung beider Schilder nach gehört sie aber zu den Landschildkröten.

42. **Die getüpfelte Schildkröte.** (T. punctata. Schöpf's Nat. Gesch. der Schildkr. 28. T. 5.)

<small>Testudo guttata. Schneider in den Schriften der berl. Gesellsch. Naturf. Freunde. IV. 264. Beitr. II. 30.
T. terrestris amboinensis. *Seba* I. T. 80. f. 7.</small>

Mit länglichen, mäßig gewölbten, glatten, dunkelbraunen obern Schilde, dessen 13 Felder mit verschiedentlich gestellten, gelben oder orangefarbenen runden Flecken besezt sind, so wie auch zum Theil die 25 Randschuppen. Das braun und gelb geflekte untere Schild besteht aus 12 Feldern, auf denen parallele Streifen, besonders bei den mittlern an einer Diagonallinie zusammenlaufen.

In Nordamerika in sumpfigen Gegenden.

43. **Die gefurchte Schildkröte.** (T. sulcata. *Miller* on various subj. T. 26. A. B. C.)

<small>T. sulcata und calcarata. Schneiders zool. Abh. 315. 317.</small>

Mit gestreiften, und mit einer Furche umgebenen Feldern des höckerigen obern Schildes, welches eirund und erhaben ist. Das untere Schild ist vorne und hinten zweispaltig, und ragt vorne wie eine Gabel über den

Rand

I. Ordn. Kriech. Amph. 1. Die Schildkröte.

Rand des obern hervor. Die Vorderfüße haben 5, die hintern 4 Nägel und an den Schenkeln befinden sich 2 Spornen. Die Stirn ist eckig. Auch ist sie mit einem Schwanz versehen.

Auf den Südamerikanischen Inseln.

44. **Die flache Schildkröte.** (T. planitia. *Gronovii* Zooph. n. 76. muſ. II. 86. n. 70.)

<small>Schneiders Nat. Geſch. der Schildkr. 361.</small>

Mit eiförmigen, glatten, gewölbten obern Schilde von erhabenen gleichförmigen und breiten Feldern, und an den Seiten schmälern untern Schilde. Die dicken kurzen Füße haben sämmtlich 5 Zehen und eben so viel krumme Nägel. Der Kopf läuft in einen Rüſſel aus, und der untere Kiefer in eine hakenförmige Spitze.

Zu Surinam.

45. **Die getäfelte Schildkröte.** (T. tabulata. *Walbaum* Chelonogr. 78. 122.)

<small>Schöpfs Nat. Geſch. d. Schildkr. 63. T. 12. f. 2. T. 13. 14.
K. *Stobaens* acta litter. et ſc. Suec. 1730. 59.
Schneiders Nat. Geſch. der Schildkr. 363. und in den Schriften der berl. Geſellſch. naturf. Freunde. X. 262.
Seba I. T. 80. f. 2.</small>

Mit eiförmigen, höckerigen obern Schilde von 13 Feldern, von welchen das erstere der mittlern Reihe 5ekt, das 2 — 4te sechsekt, das 5te trapezartig, und die zur Seite stehenden vielseitig sind. In der Mitte sind sie gelb, am Rande glänzend schwarz und gefurcht. Der Randschuppen sind 23. Das untere Schild ist gelb, hat 2 kurze breite Flügel, hinten und vorne einen ausgebreiteten Lappen, und in der Mitte 8 Felder. Der schlangenartige Kopf ist oben gelb, unten rothgefleckt.

Die

Die rinnenförmigen Kiefern haben ganz kleine Zähne; der dunkelbraune Hals ist runzlich und schuppig. Die Schenkel sind dick, gekrümmt und rothgefleckt; die vordern Füße haben 5, die hintern 4 Nägel.

Im südlichen Amerika. Nach Stobäus frißt und säuft sie sehr wenig, und lebt von Hühner- und Tauben-Dung, so wie auch von Erdäpfeln.

2. Der Frosch. (Rana.)

Mit vierfüßigen nakten Körper, welcher mehrentheils ungeschwänzt ist, und Hinterfüßen, welche länger als die vordern sind.

A. Kröten. (Bufones.)

Mit warzigen aufgetriebenen Körper und kürzern Füßen.

1. Der Pipa-Frosch. Die surinamische Kröte. (R. Pipa. L.)

Seba I. 121. T. 77. f. 1—4. Bufo seu Pipa americana.

Le Pipa. C. de la Cepede I. 600. D'*Aubenton* Encycl. methodique. Le Crapaud Pipa. Bonnaterre 14. n. 4. Pl. 4. f. 2.

D. P. *Fermin* developpement parfait du mystere de la generation du fameux crapaud de Surinam, nommé Pipa. à Mastricht 1765. 8.

Dessen Abhandl. von der surinamischen Kröte oder Pipa. Aus dem Franz. übersezt, von J. A. E. Götze. Braunschweig, 1776. 8. T. 1—4.

Camper in den Schriften der berl. Gesellsch. naturf. Freunde. VII. 200.

Mit flachen sehr kurzen breiten Kopfe, welcher bei dem Weibgen am Grunde breiter als der vordere Theil des Körpers ist, und sich in eine spatelförmige Schnauze endigt. Die sehr kleinen Augen stehen weit von einander, der Hals ist sehr kurz und runzlich. Der kreisförmige, flache, olivenfarbene und braunrothgefleckte Körper, ist bei dem Weibgen mit Warzen besezt. Die Zehen der Vorderfüße sind rund, stumpf, und am Ende in 4 kleine Zähngen getheilt, welche bei dem Weibgen deutlicher ausfallen. Die hintern sehr langen Zehen sind mit einer ungetheilten Haut verbunden, und mit Nägeln versehen. Die Weibgen sind übrigens beträchtlich grösser als die Männgen.

In morastigen Gegenden, besonders in dicken Wäldern von Surinam, wo sie sich zur Regenzeit, unten in den Morästen aufhalten, und in der trocknen Jahreszeit, wo das Wasser verdunstet, wieder zum Vorschein kommen. Diese Thiere sind besonders in der Art höchst merkwürdig, wie das Weibgen die Jungen auf ihrer Haut ausbrütet. Nach Fermin begeben sich die Weibgen an das Ufer, wo sie sich mit dem Bauche und den Vorderfüßen anklammern, und unter starken Bewegungen mit den Hinterfüßen ihre Eier von sich geben. Das Männgen kommt hierauf herbei, ergreift den Eierhaufen mit den Hinterfüßen und bringt ihn auf den Rücken des Weibgens, wo es sich alsdenn einige Male mit dem Rücken, auf dem Rücken des Weibgens herumwälzt, und wieder ins Wasser geht. Nach einiger Zeit kommt das Männgen zurück, hält sich unter heftiger Bewegung an das Weibgen, doch ohne solches mit dem Leibe zu berühren, und befruchtet wahrscheinlich auf solche Art die auf dem Leib ausgebreiteten Eier, welche alsdenn mit der Haut der Mutter verwachsen, worauf nach fast 3 Monaten die darin, nach Campers Beobachtungen, befindlichen geschwänzten Thiere zum Auskriechen reif sind, welche in kurzer Zeit den Schwanz verliehren, und nach Entwickelung der 4 Füße die Haut der Mutter verlassen. Die Pipafrösche sind übrigens nichts weniger als giftig, und werden von den Schwarzen zu Guiana gegessen.

2. Der Schreifrosch. (R. musica. L.)

Le criard. C. *de la Cepede* I. 608. *D'Aubenton* Encycl. methodique. Le Crapaud criard. *Bonnaterre* 17. n. 14.

Mit Schultern, welche auf beiden Seiten einen eiförmigen Höcker haben, welche mit vertieften Punkten, so wie Bauch und Schenkel mit erhabenen Punkten oder Warzen besetzt sind. Sie ist schmutzig grünlich und braun gefleckt, grösser als die folgende, ihre obern Augenlieder sind runzlich und etwas warzig; die Vorderfüße haben 5 gespaltene, die Hinterfüße 5 mit Schwimmhaut verbundene Zehen fast ohne Nägel.

In den süßen Wässern von Surinam, wo er sich des Abends, und die ganze Nacht hindurch mit seinem Geschreie hören läßt.

3. Der Krötenfrosch. Die gemeine Kröte. (R. Bufo. L.)

A. J. Rösel's natürliche Historie der Frösche hiesigen Landes. Nürnberg. 1758. Fol. 85. T. 20. 21.

Le Crapaud commun. C. *de la Cepéde* I. 568. *D'Aubenton* Encyclop. methodique. *Bonnaterre* 16. n. 11. Pl. 6. f. 1.

Mit dickbauchigen, warzigen, grün, braun, gelb und schwarzgefleckten Körper, kurzen Vorderfüßen mit vier gespaltenen Zehen, und Hinterfüßen, deren 5, zuweilen auch 6 Zehen mit einer Schwimmhaut verwachsen sind, und einen kürzern Daumen haben.

Sie ist in ganz Europa gemein, wo sie sich in waldigen Gegenden, bei alten Gebäuden, in Kellern, und an schattigen Plätzen in Gärten aufhält. Im Frühjahre und Sommer findet sie sich in stehenden Wässern, im Winter mehr im Morast, und gräbt sich auch wohl in die Erde. Ohnerachtet diese Thiere sowohl in Ansehung ihrer Gestalt als der Farbe einen ziemlich allgemeinen widrigen Eindruck machen, so ist es doch zuverläßig übertrieben, und wohl ganz ungegründet, was man von ihren giftigen Eigenschaften vorgiebt. Die Kröten sind sehr langsam und träge, und scheuen das Licht. Ihrer Nahrung, welche in Insekten, Gewürmen und manchen übelriechenden Gewächsen, wie der Cotula, Actaea und Stachys besteht, gehen sie des Nachts nach, können aber auch sehr lange ohne Nahrung bleiben. Merkwürdig sind insbesondere die in Steinblöcken und durchschnittenen Baumstämmen gefundenen lebendigen Kröten *). Bei der Begattung umfaßt die männliche Kröte die weibliche, und zieht mit den Hinterfüßen den Froschlaich oder die Kette der Eier von dem Weibgen, welche sie zugleich befruchtet. In dieser Lage bleiben sie wohl 7 — 20 Tage zusammen. Nach 3 Tagen werden die Eier schon länglich und scheiden sich von der Kette am 8ten Tage, wo Kopf, Augen und Schwanz der jungen Thiere schon sichtlich sind. In der Folge erscheinen Arten von Flossen an dem Kopfe, welche in 14 Tagen verschwunden sind, wo sich eine zusammenhangende Flosse über den Rücken gebildet hat, welche den Jungen das Ansehen kleiner Fische giebt. Nach einem Vierteljahre erhalten sie zuerst die Hinter- und hierauf die Vorderfüße, wobei der Schwanz immer kleiner wird und endlich abfällt. Sie erwachsen zu einer gar verschiedenen Größe, so daß man sie von dem Umfange einer Hand, bis zur Größe von einem Teller findet. Sie werden von den Weyhablern und andern verfolgt, von Reihern und auch von Igeln gefressen.

*) v. *Haller* elementa physiologiae. III. 319. i. De Corporis humani fabrica et funct. VII. 151. *Guettard* mem. sur differ. parties des sc. et arts. IV. 615.
Schwed. Abh. III. 285. T. 8. und Kästner's Vorrede zu diesen Bande.
Hist. de l'Acad. roy. des Sc. de Berlin. 1782.
Hamburg. Magazin. XVII. 552. XVIII. 265.

Abarten von der gemeinen Kröte scheinen folgende zu seyn:

b) Der Kreuzkrötenfrosch. (R. B. Calamita.)

Laurenti amph. 27. n. 9.
Rösel 107. T. 24. Röhrlein. Kreuzkröte.
Le Calamite. C. *de la Cepede* I. 592. *D'Aubenton* Encyclop. methodique. *Bonnaterre* 18. n. 16. Pl. 6. f. 4.

Mit olivenfarbenen Rücken, welcher in der Mitte einen schwefelgelben, und auf beiden Seiten einen wellenförmigen und gezahnten hellrothen unterwerts mit gelb gemengten Streifen hat. Die Seiten des Bauches, der Umfang des Rachens, so wie die 4 Pfoten, sind mit ungleichen olivenfarbenen Flecken besezt. Die Spizen der Zehen sind schwarz, und statt der Nägel mit einer hornartigen Haut bekleidet. Unter den Fußsohlen finden sich hinterwerts 2 After=Zehen; die Zehen der Hinterfüße sind übrigens durch keine Haut verbunden.

Man findet sie nie allein, sondern zu 10—12 in ihren Löchern, aus welchen sie des Nachts hervorkommen um ihrer Nahrung nachzugehen. Sie geben einen Schweiß von sich, welcher einen stärkern Geruch als der Schießpulverdampf hat, und womit sie ihre Feinde vertreiben. Im dritten Jahre pflegen sie sich im Juni an morastigen mit Binsen bewachsenen Plätzen, unter einen besondern Gekuäke zu paaren. Rösel meint doch, daß ihr Schweiß etwas giftiges enthalte, da die Störche, welche so begierig nach den Fröschen gehen, diese nicht anfallen.

c) Der grüne Krötenfrosch. (R. B. viridis.)

Laurenti amph. 27. n. 8. T. 1. f. 1.
Le vert. C. *de la Cepede* I. 586. *D'Aubenton* Encycl. methodique. *Bonnaterre* 17. n. 13.

Mit

I. Ordn. Kriech. Amph. 2. Der Frosch.

Mit zusammenfließenden grünen Flecken, mitgleichfarbenen Warzen, welche in den Zwischenräumen roth, und zwischen solchen zweifarbig sind.

Bei Wien in den Felsen- und Mauer-Höhlen. Der klebrige Schweiß dieser Thiere riecht wie Nachtschatten, (Solanum nigrum) aber stärker. Seine Hinterfüße hält er immer unter den Körper.

4. Der Regenfrosch. (R. Rubeta. L.)

La pluviale. C. *de la Cepede* I. 534. *Bonnaterre* 7. n. 15.

Mit stumpfen unten getüpfelten After, ganz mit Warzen bedeckten Körper, feuerrothen Flecken am Unterleibe, 4zehigen Vorder= und 5zehigen einigermaßen mit Schwimmhaut versehenen Hinterfüßen.

Er findet sich in Europa, und zeigt sich besonders häufig nach Regen. In der Größe kommt er einer jungen Kröte bei.

5. Der bucklige Frosch. (R. gibbosa L.)

Bufo gibbosus. *Laurenti* amph. 27. n. 6.
Le Bossu. C. *de la Cepede* I. 599. P. 15. *D'Aubenton* Encycl. methodique. La Raine bossue. *Bonnaterre* II. n. 8. Pl. 5. f. 1.

Mit eiförmigen erhabenen Körper, ganz kleinen stumpfen in die Brust zurückgezogenen Kopfe, grauer gezähnelter Binde der Länge nach über den Rücken. Die Zehen der Füße sind sämmtlich gespalten, die Vorderfüße haben 4, die hintern 6 Zehen, mit breiten sehr kurzen Daumen.

Im östlichen Indien, und in Afrika.

b) Der marmorirte bucklige Frosch. (R. g. marmorata.)

Bufo marmoratus. *Laurenti* amph. 29. n. 14.

III. Claſſe. Amphibien.

Seba muſ. I. 71. f. 4. 5.
Le marbré. C. de la Cepede I. 607. D'Aubenton Encyclop. methodique. Le Crapaud marbré. Bonnaterre 14. n. 6. Pl. 7. f. 5.

Mit roth und graugelblich marmorirten Rücken, gelb und ſchwarz geflekten Bauche, vierzehigen getheilten Vorderfüßen und 5 zehigen mit Schwimmhäuten verſehenen Hinterfüßen.

In Surinam.

6. Der Feuerfroſch. (R. Bombina. L.)

Bufo igneus. *Laurenti* amph. 29. n. 13.
Röſel T. 22. 23. Feuerkröte.
Le couleur de feu. C. de la Cepede I. 595. D'Aubenton Encyclop. methodique. Le Crapaud couleur de feu. Bonnaterre 13. n. 2. Pl. 6. f. 5. 6.

Mit dunkel olivenfarbigen Rücken, welcher ſchwarz geflekt, Bauch, Kehle und Füße ſind bläulich, mit orangefarbenen Flecken. Unter dem Halſe befindet ſich eine Querfalte. Der ganze Körper iſt übrigens mit Warzen beſezt, und im Lichte haben die Augen eine dreieckige Pupille mit goldfarbigen Rande.

Er findet ſich in Teutſchland, in der Schweiz und in däniſchen und ſchwediſchen Gegenden, und gehört zu den kleinſten Arten. Im Herbſt hält er ſich mehrentheils auſſer dem Waſſer auf, und kommt nach meinen Erfahrungen eben nicht ſelten in Kellern vor, welche nahe am Waſſer liegen. Wenn man ſich ihm nähert, ſo ſpringt er, wenn er kann, ſogleich ins Waſſer, ſonſt drückt er ſich auf die Erde. Beunruhigt man ihn, ſo verbreitet er einen ſtinkenden Geruch, und läßt einen Schaum aus dem After gehen. Seine Stimme, welche er ohne ſich aufzublähen von ſich giebt, beſteht in einem dumpfen und unterbrochenen Grunzen, welches zuweilen einem Gelächter ähnelt. Seine Eier liegen

gen klumpweise beisammen. Er scheut übrigens das Licht nicht, und sezt sich gerne in den Sonnenschein. Giftige Eigenschaften für den Menschen scheint er nicht zu haben.

Als Abänderungen gehören hieher:

b) **Der weißgeflekte Feuerfrosch.** (R. B. albo-maculata.)

Laurenti amph. 29. β.
Le couleur de feu. C. *de la Cepede* I. 595.

Mit schwarzen Bauche, und schneeweißen Punkten und Flecken.

In sumpfigen Gegenden an der Donau.

c) **Der braune Feuerfrosch.** (R. B. fusca.)

Bufo fuscus. *Laurenti* amph. 28. n. 18.
Rösel. T. 17. 18.
Le brun. C. *de la Cepede* I. 590. Le Crapaud brun. *Bonnaterre* 15. n. 7. Pl. 6. f. 3.

Mit glatten, warzenlosen, braungeflekten Körper, von hellern Striche der Länge nach über dem Rücken. Die Zwischenräume zwischen den Flecken sind mehr oder weniger weiß, und an den Gelenken der Füße mennigfarben. Die Pupille zieht sich so zusammen, daß sie eine senkrechte Linie bildet. Die Zehen der Hinterfüße haben Schwimmhäute, und einen hornartigen Afterzehen auf der Fußsohle.

Häufiger in den Morästen als auf dem Troknen. Gereizt giebt er einen Geruch wie angezündetes Schießpulver von sich. Rösel und andere meinen, daß er giftige Eigenschaften habe, inzwischen fordert dies doch noch weitere Prüfungen.

d) Der

68 III. Classe. Amphibien.

d) **Der tönende Feuerfrosch.** (R. B. campanisona.)

Rana campanisona. *Laurenti* amph. 30. n. 18.
La sonnante. C. *de la Cepede* I. 535. Pl. 37. La grenouille sonante. *Bonnaterre* 4. n. 7. Pl. 2. f. 3.

Mit schwarzen Körper, welcher oberwerts erhabene Punkte hat, an den untern Theilen aber schwarz und weiß marmorirt ist. Unter dem Halse hat er eine Querfalte. Die Vorderfüße haben 4 gespaltene, die Hinterfüße 5 mit Schwimmhäuten verbundene Zehen.

Er findet sich am häufigsten an Morästen. Seine Stimme hat einige Aehnlichkeit mit dem Tone einer entfernten Glocke. Er ist ebenfalls klein.

7. **Der Salzfrosch.** (R. salsa. L. syst. XIII.)

Bufo salsus. Schranks und Ritter von Molls naturhistorische Briefe über Oesterreich ꝛc. I. 308.

Mit olivengrauen unten weiß und schwarz geflekten Körper, welcher mit kleinen Warzen besezt ist. Beine und Zehen sind bräunlich gebändert, Kehle und Bauch weißlich, (außer dem Wasser bläulich) und schwarz geflekt. Die Vorderschenkel auf der untern Seite und alle Fußballen sind gelblich. Die Vorderfüße haben 4, die hintern 5 freie Zehen.

Er ist kleiner als der Laubfrosch, und findet sich bei Berchtesgaden im stehenden Wasser, welches aus Salz- und Regenwasser gemischt ist. Er scheut das Licht, und zieht sich immer ins Dunkle. Seine Warzen geben weder Feuchtigkeit noch Geruch von sich. Sowohl in Ansehung seines Aufenthaltes, als wegen dem Mangel der Kehlenfalte, und den ganz abgesonderten Zehen ist er von jener Art wesentlich verschieden.

8. Der

I. Ordn. Kriech. Amph. 2. Der Frosch.

8. Der dickbauchige Frosch. (R. ventricosa. L.)

Bufo ventricosus. *Laurenti* amph. 26. n. 5.
Le goitreux. *C. de la Cepede* I. 598. *D'Aubenton* Encyclop. methodique. Le Crapaud goitreux. *Bonnaterre* 13. n. 3.

Mit braunen, kugeligen Körper, halbrunden Mund, hervorhangender Kehle, und Knoten am obern Theile des Halses, welche der Länge nach gestellt sind. Längs über den Rücken laufen 3 Runzeln. Die Seiten des Unterleibes sind aufgetrieben, und 2 Zehen der Vorderfüße mit einander verbunden.

In Indien.

b) Der blattrige dickbauchige Frosch. (R. v. pustulosa.)

Bufo pustulosus. *Laurenti* amph. 26. n. 4.
Seba mus. I. T. 74. f. 1.
Le pustuleux. *C. de la Cepede* I. 597. *D'Aubenton* Encycl. methodique. Le Crapaud pustuleux. *Bonnaterre* 15. n. 9. Pl. 7. f. 1.

Mit grau rothen, an den Seiten und Bauche hellern, und rothgeflekten, übrigens mit milchweißen Blattern bedekten Körper. Die Vorderfüße haben 4 freie, und die hintern 5 mit Schwimmhäuten verbundene Zehen, welche sämmtlich mit Knoten besezt sind.

Ebendaselbst und in Südamerika. Sie scheint eine Abart von jener zu seyn, inzwischen bemerkt der Graf von Cepede nichts von einem dicken Leibe.

9. Der Schulterkissen-Frosch. (R. puluinata.)

Rana marina. L.
Seba mus. I. T. 76. f. 1.
Wallbaum in den Schriften der berl. Gesellsch. naturf. Freunde. V. 230. 241. (Meerfrosch.)
L'épaule armée. *C. de la Cepede* I. 539. *D'Aubenton* Encyclop. methodique. La grenouille épaule-armée. *Bonnaterre* 6. n. 13. Pl. 3. f. 2.

Mit

III. Claſſe. Amphibien.

Mit beträchtlich großen, grauen Körpern, von hellgrauen, gelblichen und bräunlichen Flecken. Auf beiden Schultern befindet sich ein glattes eiförmiges fleischiges, hellgraues, schwarzgetüpfeltes Kissen. Der sehr eckige Rücken hat hinterwerts 4 fleischige knopfförmige Auswüchse. Die Augenlieder sind warzig und mondförmig. Die Warzen des Körpers haben in der Mitte einen erhabenen braunen Punkt. Der After ist mit runzlichen Strahlen umgeben. Die Zehen haben sämmtlich am Ende statt der Nägel eine braune Haut, die Vorderfüße haben 4 freie, die Hinterfüße aber 5 an den ersten Gliedern mit einer Schwimmhaut verbundene Zehen.

Nach Seba ist er in Virginien einheimisch. Seine Größe in der Länge beträgt mit den Hinterfüßen einen Fuß, und ohne solche einen halben. Wegen der Beschaffenheit der Füße hält ihn Wallbaum für keinen Meerfrosch. Er beschreibt zugleich eine Abart, welche er für ein jüngeres Thier nach der Häutung hält, und gelblich oberwerts braun getüpfelt, unten bläulich grau schattirt, und auf den Nacken und den Schultern grau gefleckt war.

10. **Der braſilianiſche Froſch.** (R. braſilienſis. L. ſyſt. XIII.)

Bufo braſilienſis. *Laurenti* amph. 26. n. 3. Seba muſ. I. 73. T. 1. 2. fig.

L'Agua. C. de la Cepede I. 606. *D' Aubenton* Encyclop. methodique. Le Crapaud Agua. *Bonnaterre* 14. n. 5. (Pl. 7. f. 4. bei welcher dieſe Art genennt iſt, ſtellt die Varietät (h) von der 30ſten Art vor.)

Mit graugelblichen Körper, von faſt feuerrothen wellenförmigen Flecken, welcher oben mit kleinen Warzen beſezt, unten aber ganz glatt iſt. Die Vorderfüße haben 4 freie, die Hinterfüße aber 5, mit einer Schwimmhaut verbundene Zehen.

In

In Brasilien, wo man ihn Aguaquaquan nennt. Vom Kopf bis zum After beträgt seine Länge 7⅓ Zoll.

11. **Der chilische Frosch.** (R. Arunco. *Molina* hist. nat. de Chili. 194.)

Mit warzigen Körper, die Vorderfüße haben 4, die hintern 5 Zehen, welche sämmtlich mit Schwimmhäuten versehen sind. Die Zehen haben auch kleine, aber fast unmerkliche Nägel.

Zu Chili, wo er Genco genennt wird. In der Farbe ist er dem Grasfrosch ähnlich, aber größer als solcher.

12. **Der gelbe Frosch.** (R. lutea. *Molina* hist. nat. de Chili. 194.)

Mit warzigen gelben Körper, vierzehigen Vorder- und fünfzehigen Hinterfüßen, welche nur an den untersten Gliedern mit Schwimmhaut versehen sind.

Zu Chili, wo er Thaul heißt.

13. **Der Perlenfrosch.** (R. margaritifera. *Laurenti* amph. 30. n. 15.)

Seba mus. I. T. 71. f. 6. 7.
La perlée. C. de la Cepede I. 545. *D'Aubenton* Encyclop. methodique. La Grenouille perlée. *Bonnaterre* 4. n. 8. Pl. 4. f. 1.

Mit braunrothen an den Seiten gelbgefleckten, am Bauche weißlichen Körper, welcher auf den obern Theilen mit hellrothen, auf den untern aber mit hellblauen Wärzgen wie mit Perlen besezt ist. Der Kopf ist dreiekt fast wie bei dem Cameleon. Von den haarigen Füßen haben die hintern nur 4 Zehen.

b) **Der gelbe Perlenfrosch.** (R. m. lutea.)
Seba muſ. I. T. 71. f. 8.
La Perlée Var. *C. de la Cepede* I. 545.

Mit hellgelben Körper mit rothen perlartigen War=
zen, und 5 zehigen Vorderfüßen.

Beide in Braſilien.

14. Der gehörnte Frosch. (R. cornuta. L.)

Bufo cornutus. *Laurenti* amph. 25. n. 2. *Seba* muſ. I. T. 72. f. 1. 2.
Le Cornu. *C. de la Cepede* I. 604. *D' Aubenton* Encyclop. methodique. Le Crapaud cornu. *Bonnaterre* 16. n. 10. Pl. 7. f. 3.

Mit ungeheuern Kopfe von der Helfte des Kör=
pers, sehr weiten Rachen, weichen kegelartigen an der
Spitze dreispaltigen Augenliedern, welche ihm das An=
schen von einem gehörnten Kopfe geben. Der Körper
ist gelblich, längs dem Rücken und quer über die Füße
und Zehen laufen braune Binden, vom Kopfe bis zum
After eine weißliche, bei deren Anfang ſich ein ſchwar=
zer runder Fleck an jeder Seite befindet. Bei dem Männ=
gen haben die Vorderfüße 4 freie, die Hinterfüße aber
5 mit einer Schwimmhaut verbundene Zehen. Bei dem
Weibgen ſind hingegen nach Seba ſämmtliche Zehen
frei, und durch die Abſonderung des erſtern Zehens ha=
ben die Füße eine handförmige Gestalt.

In Virginien und Surinam. Er ist durch ſeine ſon=
derbare Gestalt auffallend ausgezeichnet. Erwachsene Thiere
bekommen noch ausserdem an dem Rücken, den Schenkeln
und dem After Dornen.

15. Der uralische Frosch. (R. sitibunda. *Pallas* Reise. I. 458. n. 16.)

Mit bläulich grauen, grünlichschwarz geflekten,
unten schmuzig weißen bauchigen Körper, mit braunen
War=

I. Ordn. Kriech. Amph. 2. Der Frosch.

Warzen, welche an den Seiten größer und an dem Unterleibe am häufigsten sind. Der Kopf ist kurz, abgestumpft, und bei den Augen wie mit einem Faden zusammengezogen. Die Vorderfüße haben 4 Zehen mit abstehenden Daumen, die Hinterfüße fast 7 nur halbfreie Zehen, und 2 hervorstehende Ballen an der Ferse.

Am Ural, wo er sich bei Tage in Gebäuden und Höhlen aufhält, gegen Abend aber herumspringt. Er ähnelt der Kröte, ist aber größer als solche. Von dem Grafen von Cepede wird er zu dem grünen Krötenfrosch gerechnet.

16. **Der sibirische Frosch.** (R. vespertina. Pallas Reise. I. 458. n. 15.)

Mit warzigen grauen Körper, von länglichen zusammenfließenden braunen und grünen Flecken, welcher unten weißlich, mit graulichen Flecken gezeichnet ist. Zwischen den Augen befindet sich ein Querflecken, der sich hinterwerts in 2 Schenkel theilt, einige andere gehen noch schief von den Augen zu der Nase. Die Vorderfüße haben 4 freie, die Hinterfüße 5 mit Schwimmhäuten verbundene Zehen, nebst einer dicken Daumenschwiele.

In Sibirien, von der Größe einer Kröte, in der Gestalt ähnelt er aber mehr dem gemeinen Frosche. Wegen seinen kurzen Hinterfüßen kann er aber nicht gut springen.

17. **Der Lach = Frosch.** (R. ridibunda. Pallas Reise I. 458. n. 14.)

Le Cr. rieur. C. de la Cepede I. 590. Bonnaterre 15. n. 8.

Mit grauen Körper von größern und kleinern braunen Flecken, und mehrentheils gelben oder grünlichen Strich über den Rücken. Die untern Theile sind weißlich mit zerstreuten braunen Strichen, und die braunen Hinterbacken haben kleine milchweiße Flekken. Auf dem Rücken befinden sich kleine Löcher, an den Seiten undeutliche Warzen, an den untern Theilen ist aber der Körper glatt. Die Vorderfüße sind 4zehig mit ausgesperrten Daumen, die hintern 5zehig mit Schwimmhaut verbunden, nebst einer Schwiele an der Fußsohle. Die Zehen endigen sich sämmtlich kugelförmig, und haben an jeden Gliede eine Warze.

Er sihet sich sehr häufig an der Wolga und dem Ural, kommt nie ins Trokne, und läßt des Abends seine Stimme hören, welche einem Gelächter ähnelt. In der Gestalt kommt er dem Grasfrosche nahe, ist aber so groß, daß er wohl ein halbes Pfund wiegt, und so breit als eine Hand. Der Graf von Cepede rechnet ihn zu dem braunen Feuerfrosch.

18. **Der veränderliche Frosch.** (R. variabilis. *Pallas* spic. Zool. VII. 1. T. 6. f. 3. 4.)

Bufo Schreberianus. *Laurenti* amph. 27. n. 7.
Rösel. 108.
Le Rayon-vert. C. *de la Cepede* I. 588. D'*Aubenton* Encyclop. methodique. Le Crapaud Rayon-vert. *Bonnaterre* 12. n. 1. Pl. 6. f. 2.

Mit weißen grüngeflekten Körper, welcher in der Sonnenwärme grau erscheint; wenn er schläft, sind bloß die Flecken grau, und wenn er erstarrt ist, hat der Körper eine fleischrothe Farbe. Der Rücken und die Seiten sind höckerig. Die Warzen sind in der Mitte orangebraun, klein auf dem Rücken, am häufigsten in den Weichen, und am größten an den aufgetriebenen Seiten des Unterleibes. Der Kopf ist rundlich, der Oberkiefer hat einen gedoppelten Rand, das obere Augenlied fehlt beinahe, und die Kehle ist mit rauhen Erhabenheiten besezt. Die Vorderfüße haben 3 unten mit einem

Ran-

Rande versehene Zehen. Von den Hinterfüßen ist der 2te Zehe am längsten.

In Niedersachsen, in schattigen Gegenden.

B. Frösche. (Ranae.)
Mit mehr länglichen Körper, und längern Beinen.

19. **Der vierrunzliche Frosch.** (R. typhonia. L.)

    La Galonnée. C. de la Cepede I. 549. *D'Aubenton* Encyclop. methodique. La Grenouille Typhone. *Bonnaterre* 5. n. 11.

Mit erhabenen Punkten, schwarzen Flecken, und mit 4 Runzeln längs dem Rücken herab. An den Ohren befinden sich eirunde Lappen. Von den schmahlen Zehen der Hinterfüße ist der 2te der längste; sie sind sämmtlich ohne Nägel.

In Amerika. Er schreit des Nachts wie eine Krähe.

20. **Der virginische Frosch.** (R. virginica. *Laurenti* amph. 31. n. 20.)

    Seba muſ. I. T. 75. f. 4.
    La Galonnée. Var. C. de la Cepede I. 549. La Grenouille galonnée. *Bonnaterre* 2. n. 4. Pl. 4. f. 2.

Grau und roth gefleckt, unten gelblich, mit 5 eckigen Rücken, welcher mit 5 Streifen gezeichnet ist.

In Virginien.

21. **Der Ochsen-Frosch.** (R. ocellata. L.)

    La mugiſſante. C. de la Cepede I. 541. Pl. 38. *D'Aubenton* Encycl. methodique. La Grenouille mugiſſante. *Bonnaterre* 7. n. 16. Pl. 2. f. 3.

Mit großen hervorstehenden Augen, dunkelbraunen Körper mit noch dunkler braunen Flecken, und gelb gelblich grünen besonders am vordern Theile des Kopfes. Die Seiten des Körpers sind rundgefleft, die untern Theile schmutzig weiß mit gelb gemischt, und leicht gefleft. An beiden Ohren befindet sich ein augenartiger Fleck. Die Füße haben sämmtlich 5 Zehen ohne Nägel, die an den Hinterfüßen haben einige Schwimmhaut, und unter jeden ersten Gliede der Zehen befindet sich ein Ballen.

Dieser Frosch, welcher die Größe eines Kaningens erreicht, hält sich in Nordamerika und besonders in Virginien vorzüglich bei den Quellen auf, und glauben die Einwohner, daß diese Thiere solche reinigten, daher sie solche auch nicht vertilgen. Da sie inzwischen nach Geflügel gehen und besonders die Jungen fressen, so pflegt man sie in diesen Falle doch zu tödten. Ihre Stimme ist so stark und rauh, daß sie dem Gebrülle von einem entfernten Ochsen ähnelt.

b) Der braune Ochsenfrosch. (R. ocell. fusca.)

Rana pentadactyla. *Laurenti* amph. 32. n. 23. u. β.
La Mugissante. C. *de la Cepede* I. 543. Var.

Braun, mit gebänderten Beinen, geaderten Körper, quergestreiften Rücken, und augenförmigen Seitenflecken. Die Füße sind entweder sämmtlich 5 zehig, oder haben vorne 4 Zehen mit einen ganz kleinen 5ten, und hinten 5, mit einem kleinen 6ten Zehen.

22. Der Pipfrosch. (R. pipiens. v. Schreber Naturforscher. XVIII. 182. T. 4.)

Kalm's Reise III. 46. Rana virescens u. halecina.
La Grenouille Pit-Pit. *Bonnaterre* 5. n. 10. Pl. 4. f. 3.

Mit grünen Körper, von vielen augenförmigen braunen Flecken, welche mit einer gelblichen Einfassung
um-

umgeben sind. Die Ohren haben bei dem lebendigen Thiere einen Goldglanz. Die Vorderfüße haben 4 freie Zehen, von welchen der 3te der längste ist, die Hinterfüße 5, mit einer Schwimmhaut ganz verbundene, von denen der 4te der längste.

Er hält sich in Nordamerika am fließenden Wasser auf und kommt in vielen dem gemeinen Frosche nahe, doch ist seine Zeichnung sowohl, als die größere Länge der Theile der Hinterbeine und Füße, schon auszeichnend genug. Nach Kalm läßt er sich in den ersten Tagen des Maies, und während dem größten Theile des Frühjahres zur Nachtzeit, wenn es regnen will, hören. Sein Laut, welcher dem Zwitschern eines Vogels ähnelt, läßt sich durch piiit, piiit ausdrücken, und ist solcher ziemlich weit hörbar. Nach Catesby soll er Sprünge von 15—18 Fuß weit thun.

23. **Der zweifarbige Frosch.** (R. bicolor. Bodaert in den Schriften der Berl. Gesellsch. naturf. Freunde. II. 459.)

La grenouille à deux couleurs. C. *de la Cepede* I. 557.

Mit oben blauen und unten ocherfarbenen Körper.

Er übertrift die mehresten übrigen an Größe.

24. **Der Schwimmfrosch.** (R. maxima. *Laurenti* amph. 32. n. 24.)

Seba muf. I. T. 72. f. 3.

La patte-d'oie. C. *de la Cepede* I. 538. *D'Aubenton* Encycl. methodique. *Bonnaterre* I. n. 1. Pl. 3. f. 1.

Mit geaderten, und auf dem Rücken schiefgestekten Körper, die Beine haben oberwerts zusammenfließende, unterwerts aber so wie auch die Zehen paarweis beisammenstehende Binden. Die Zehen an allen Füßen sind mit Schwimmhäuten verbunden.

In Virginien.

25. Der Netzfrosch. (R. venulosa. *Laurenti* amph. 31. n. 22.)

Seba muſ. I. T. 72. f. 4.
La reticulaire. C. *de la Cepede* I. 537. *D' Aubenton* Encyclop. methodique. *Bonnaterre* 8. n. 18. Pl. 2. f. 4.

Mit geaderten, und dabei mit zusammenfließenden Flecken gezeichneten Körper. Die Füße haben sämmtlich gespaltene Zehen.

In Indien und Südamerika.

26. Der Alpenfrosch. (R. alpina. *Laurenti* amph. 133.)

La Grenouille noire. *Bonnaterre* 9. n. 21.

Mit ganz schwarzen Körper.

Am Abhange des Schneebergs in Oestreich.

27. Der Grasfrosch. (R. temporaria. L.)

Rana muta. *Laurenti* amph. 30. n. 17.
Rösel I. T. 1—8.
La rousse. C. *de la Cepede.* La muette. *D' Aubenton* Encyclop. methodique. *Bonnaterre* 3. n. 5. Pl. 2. f. 2.

Mit ziemlich flachen etwas eckigen Rücken, verschiedentlich braunrothen, auch ins graue fallenden Körper, welcher gegen die Mitte des Sommers mehr marmorirt wird, der Bauch ist weiß und schwarz geflekt. Zwischen den Augen und den Vorderfüßen befindet sich ein schwarzer Fleck, und die Schenkel haben braune ruthenförmige Streifen. Die Vorderfüße haben 4 freie, die Hinterfüße 5 mit Schwimmhäuten verbundene Zehen.

Eier

I. Ordn.   Kriech. Amph.   2. Der Frosch.

Einer unserer gemeinsten Frösche, welcher sich überall in Europa, so wie auch in andern Welttheilen findet. Sein Geschrei ist nicht so häufig, als von den folgenden, und lassen es diese Thiere nur zur Begattungszeit im Frühjahre, und bei warmen Frühlings-Nächten hören, wo es wie Coax, Coax, berekcke lautet. Den größten Theil des Sommers bringen sie auf dem Lande zu, wo sie sich bei Tage gewöhnlich unter Steinen oder in Klüften aufhalten, und erst gegen Abend, wenn sie vor den Stoßvögeln sicherer sind, hervorkommen. Gegen den Ablauf des Herbsts begeben sie sich in die Gewässer und Sümpfe, und bringen den Winter in einer Betäubung im Schlamme zu. Im Frühjahre sind sie die ersten Frösche, welche wieder hervorkommen, und gehen die Jungen zuerst auf das Land, indem die ältern bis zum Ende der Begattungszeit im Wasser bleiben, wo sie an 4 Tage mit einander in Verbindung sind. Die jungen Frösche verwandeln sich auf eben die Weise, wie bei der folgenden Art, und sind sie gegen den Juli völlig ausgebildet. Da ein Weibgen an 6 — 800 Eier legt, so ist nicht zu verwundern, woher nach warmen Sommer-Regen oft die ungeheure Menge junger Frösche kommt, von welchen die Alten glaubten, daß sie mit dem Regen herabgefallen wären. Sie vermehren sich auch zu manchen Zeiten so stark, daß sie eine Landplage werden können. Ihre Nahrung besteht in Insekten, Gewürmen, besonders Schnecken, und sind sie in Gärten, durch Vertilgung derselben nuzbar. Da sie auch den spanischen Fliegen nachgehen, so scheinen sie nicht gar zuträglich zur Speise zu seyn. Nach Catesby (II. 69.) scheinen die in Virginien und Carolina besonders leuchtende Insekten und Gewürme zu verzehren, da sie brennenden Tabak, und glühende Kohlen begierig verschlucken. Ihre vorzüglichsten Feinde sind Störche, Reiher und Enten. Eine besonders große Abänderung (R. gigas.) soll nach S. G. Gmelin (Reise III.)

sich

sich in Persien finden, welche des Nachts in der Stimme der von einem zornigen Menschen ähnelt.

28. Der gemeine Frosch, der grüne Wasserfrosch.
(R. esculenta. L.)

Rösel. T. 13 — 16.
La Grenouille commune. C. *de la Cepede* I. 503. Bonnaterre 3. n. 6. Pl. 2. f. 1.
La Grenouille mangeable. *D'Aubenton* Encycl. methodique.

Mit mehr oder weniger dunkelgrünen Körper, welcher an den untern Theilen weiß ist. Der Länge nach laufen über den Rücken 3 gelbe Strahlen, von welchen die beiden zur Seite erhaben, der mittlere aber vom Munde bis zum After vertieft ist. Bei ältern Thieren finden sich an dem Bauche, so wie auch hin und wieder an den obern Theilen schwarze Flecken. Der Rücken ist übrigens in die Quere höckerig und wie zerbrochen. Die Vorderfüße haben 4 freie, und die hintern 5 mit einer Schwimmhaut verwachsene Zehen, und steht der Daumen an allen Füßen abgesondert, und bekommen die der Vorderfüße bei den Männgen zur Begattungszeit schwarze warzige Knollen.

Diese Frösche sind in unsern Weihern, stehenden Wässern und Sümpfen die allergemeinsten. Ihr Körper beträgt gewöhnlich 2—3, die ausgestrekten Hinterfüße 4, und die vordern 1½ Zoll. Sie sind sehr lebhaft, lassen sich nicht leicht haschen, und suchen, wenn man sie bei den Hinterfüßen hält, mit ziemlicher Gewalt zu entwischen. Vermöge der Länge ihrer Hinterfüße können sie beträchtliche Sprünge thun. Ihre Nahrung besteht in Insekten, Gewürmen, besonders Schnecken, ausserdem gehen sie aber auch jungen Vögeln, besonders Spatzen, Enten, Mäusen, Forellen, und selbst beträchtlichen Hechten nach. Sowohl um Nahrung zu suchen als auch um sich zu sonnen, kommen sie oft aus

I. Ordn. Kriech. Amph. 2. Der Frosch.

aus dem Wasser, und ziehen sich gegen Abend wieder dahin zurück. Der Lerm, welchen sie mit ihren Gequake des Nachts, auch bei regnigter Witterung bei Tage erregen, macht Nachbarschaften solcher Wässer beschwerlich. Die männlichen Frösche haben bei diesen Geschrei die rauhsten und stärksten Stimmen, und mit diesen erhebt auch die übrige zahlreiche Menge ihr anhaltendes Quaken, dessen Einförmigkeit so widrig ist. Man kann dies unterbrechen, wenn man das Wasser mit kleinen Steinen in Bewegung sezt, und beruhte hierauf die ehedem in Frankreich gewöhnliche Frohnde der Landleute, des Nachts bei solchen Wässern Wachten zu stellen, welche von Zeit zu Zeit kleine Steine in solche warfen, um die Guthsbesitzer von dem Lerm der Frösche zu befreien, welche jezt abgestellte Frohnde hatte l'eau genannt wurde. Bei dem Quaken treiben diese Frösche 2 große Blasen hinter den Maulwinkeln auf. Den Winter bringen sie ebenfalls im Schlamme in einer Erstarrung zu, und kommen im Frühjahre wieder hervor. Während dem Sommer häuten sie sich auch gar oft, und fast alle Wochen. Die warzigen schwarzen Knollen an den Daumen der Männgen dienen ihnem zur Begattungszeit im Frühjahre, sich so fest auf dem Weibgen zu halten, daß man solche nur mit Gewalt von einander bringen kann, und selbst das Weibgen mit ihm so fortläuft. Der Laich der Weibgen geht in einem Faden von ihnen, in welchen die Eier durch einen Schleim verbunden sind, und von dem männlichen Frosche befruchtet werden. Binnen 14 Tagen kommen an den Eiern die Kaulquappen hervor, welchen noch die Füße fehlen, und nach 2 Monaten haben sie die eigentliche Gestalt der Frösche, wo sie sich eigentlich aus einer Haut entwickeln, welche ihnen die besondere Gestalt als Kaulquappen gab. Diese Frösche haben auch ein sehr dauerhaftes Leben, so daß sie sich in verdünnter Luft, und in verschiedenen schädlichen Gasarten ohne Schaden aufhalten können, wahrscheinlich da ihnen das Athmen nicht so nothwendig ist. Auch bewegen sie sich noch eine beträchtliche Zeit, wenn ihnen schon die Eingeweide herausgenommen worden, oder der Kopf abgehauen ist, so wie auch das Herz für sich lange seine Reizbarkeit erhält. Zu ihren Feinden gehören die Schlangen, Aale, starke Hechte, die Maulwürfe, Iltismarder und die Wölfe, ausserdem die größern Wasservögel. Die Schenkel, welche man von ihnen zu speißen pflegt, haben völlig den Geschmack des jungen Hahnenfleisches, wenn sie wie solche zugerichtet werden. Man fischt sie zu dieser Absicht mit Netzen des Nachts beim Scheine der Fackeln, welcher sie betäubt, und fängt sie mit Angeln. In der Schweiz bedient man sich eines großen engen Rechens, welchen man langsam in das Wasser läßt, und nach einiger Zeit schnell mit den darauf befindlichen Fröschen heraufzieht.

29. **Der Randfrosch.** (R. marginata. L.)

La bordée. C. de la Cepede I. 536. D'*Aubenton* Encyclop. methodique. Bonnaterre 6. n. 14.

Mit einem Rande an den Seiten des Körpers, welcher übrigens länglich, braun und glatt, an den untern Theilen aber blaß und mit einer Menge kleiner dichtstehender Warzen besezt ist. Die Zehen der Vorder- und Hinterfüße sind abgesondert und frei.

C. **Baumfrösche.** (Hylae.)

Mit sehr langen Schenkeln und linsenförmigen Nägeln.

30. **Der Laubfrosch.** (R. arborea. L.)

Hyla viridis. *Laurenti* amph. 33. n. 26.
Rösel 37. T. 9 — 12.
La raine verte ou commune. C. de la Cepede I. 550. D'*Aubenton* Encyclop. methodique. Bonnaterre 9. n. 1. Pl. 4. f. 5.

Mit schön grünen glatten fast dreiekten, gegen den Kopf hin sehr breiten Körper, welcher an den untern Theilen weiß, und mit kleinen Knötgen besezt ist. Ein gelber schwach violet eingefaßter Streif läuft auf jeder Seite, von der Schnauze bis zu den Hinterfüßen, und von dem Oberkiefer bis zu den Vorderfüßen. Die Zehen sind sämmtlich frei und haben runde Nägel, die Vorderfüße 4 sehr kurze und dicke, die Hinterfüße aber 5 sehr lange Zehen.

Er findet sich in Europa, ausgenommen in England, ausserdem auch in Amerika, wo er sich unter dem Laube der Bäume aufhält. Seine Füße so wie auch die Haut sind so klebrig, daß er auf den glättesten Zweigen und Blättern leicht hängen bleibt. Wegen seinen langen Hinterfüßen kann er sehr große Sprünge thun. Im Winter halten sich diese Frösche auch im Schlamme auf, kommen im Frühjahre hervor, und paaren sich im April und Mai, worauf sie sich auf die Bäume begeben. Ihre Jungen erleiden eine ähnliche Verwandlung wie von jenen Arten. Nach der Begattung verändern sie ihre Farbe in die rothbraune, werden dann braun und rothgeflekt, hierauf grau, und zulezt grün. Diese Frösche zeigen am richtigsten sowohl bei Tage als Nacht den bevorstehenden Regen an, wo sie in einem rauhen Tone, Kra, Kra, Kra zu schreien pflegen, wobei sie ihre Kehle wie eine Kugel aufblähen. Sie leben von Insekten, welche sie theils wegschnappen, theils auch durch einen starken Athem in den Mund ziehen. Man pflegt sie in den Zimmern in Gläsern zu halten, wo man ihnen etwas Graswasen hineinlegt, und sie theils durch ihren Laut, theils durch das Verbergen in dem Grase den Regen anzeigen. Sie sollen ein Alter von 8 Jahren erreichen. Zu den vorzüglichsten Abänderungen gehört:

b) Der

III. Claſſe. Amphibien.

b) Der braune Laubfroſch. (R. arb. fuſca.)

Hyla fuſca. *Laurenti* amph. 34. n. 27.
La Brune. C. *de la Cepede* I. 560. *D' Aubenton* Encyclop. methodique. *Bonnaterre* 10. n. 2.

Von brauner Farbe, und Knoten unter den Füßen.

c) Der buckliche Laubfroſch. (R. a. gibboſa.)

Hyla ranaeformis. *Laurenti* amph. 33. n. 25.
Seba muſ. II. T. 13. f. 2.
La boſſue. C. *de la Cepede* I. 559. *D' Aubenton* Encycl. methodique. *Bonnaterre* 11. n. 8. Pl. 5. f. 1.

Mit einer Erhöhung auf dem rundlichen Körper. Die Füße ſind mit Schwimmhäuten verſehen.

Auf der Inſel Lemnos.

d) Der rothe Laubfroſch. (R. a. rubra.)

Seba muſ. II. T. 70. f. 4. R. americana rubra.
La Boſſue. C. *de la Cepede* I. 559.

Mit rothen Flecken auf den obern Theilen des Körpers.

Zu Surinam.

e) Der grünbraune Laubfroſch. (R. a. viridi-fuſca.)

Hyla viridi-fuſca. *Laurenti* amph. 34. n. 29.
Merian. Surin. T. 56.
La Raine verdatre. *Bonnaterre* 10. n. 5.

Mit grünbraunen Körper, großen hervorſtehenden Augen, hinter denen ſich ein kegelförmiger Auswuchs befindet, Vorderfüßen von 4 rundlichen nagelloſen, und Hinterfüßen, von 5 dergleichen Zehen.

Zu Surinam.

f) Der

I. Ordn. Kriech. Amph. 2. Der Frosch.

f) **Der flötende Laubfrosch.** (R. a. tibiatrix.)

Hyla tibiatrix. *Laurenti* amph. 34. n. 30.
Seba muſ. I. T. 71. f. 1. 2.
La fluteuſe. C. *de la Cepede* I. 562. *D' Aubenton* Encyclop. methodique. *Bonnaterre* 11. n. 6. Pl. 5. f. 2.

Weiß oder auch gelb mit rothen Flecken, und mit Schwimmhäuten versehenen Hinterfüßen. Die Männgen sollen eine melodische Stimme haben.

g) **Der dickköpfige Laubfrosch.** (R. a. macrocephala.)

Hyla rubra. *Laurenti* amph. 35. n. 32.
Seba muſ. II. T. 68. f. 5.
La rouge. C. *de la Cepede* I. 566. *D' Aubenton* Encycl. methodique. *Bonnaterre* 10. n. 4. Pl. 5. f. 4.

Mit großen dicken Kopfe, weiten Rachen, und rother Farbe des Körpers.

In Amerika.

Der Graf von Cepede rechnet hieher auch diejenige Art von Fröschen, deren man sich bedient, die Farbe der guadeloupischen Papageyen, (Psittacus violaceus.) in Ansehung ihrer Federn zu verändern, in so ferne man die nakten Plätze mit dem Blute eines kleinen hochblauen Froſches mit goldfarbenen Binden reibt, welches Verfahren nach Büffon tapiriren heißt. Der Graf von Cepede liefert auf der 39. Tafel eine Abbildung, unter den Namen La raine-à-tapirer. Er ist röthlich, und hat längs dem Rücken 2 gelbliche irregulaire Flecken.

h) **Der dürre Laubfrosch.** (R. a. gracilis.)

Hyla Sceleton. *Laurenti* amph. 35. n. 33.
R. braſilienſis gracilis. *Seba* muſ. I. T. 73. f. 3.
L' Orangée. C. *de la Cepede* I. 564.
La raine Squelette. *D' Aubenton* Encycl. method. *Bonnaterre* 12. n. 9. Pl. 7. f. 4.

86.   III. Claſſe.   Amphibien.

Von goldfarbenen auf dem Rücken rothgeflekten und äußerſt magern Körper.

Zu Braſilien.

31. **Der weißgeflekte Froſch.** (R. leucophylla. Beireiß in den Schriften der berl. Geſellſch. naturforſch. Freunde. IV. 178. T. 11. f. 4.)

La Grenouille tachetée. *Bonnaterre* 2. n. 3. Pl. 4. f. 4.

Mit grauen glatten Körper, weißen länglichen Flecken zwiſchen den Augen, an den Seiten, in der Mitte des Rückens und an den Waden. Die Schenkel ſind dünne. Die Vorderfüße haben 4 freie gelappte Zehen, die Hinterfüße aber 5 mit Schwimmhäuten verwachſene, mit ausgebreiteten runden Nägeln.

Er findet ſich in Amerika, und wiegt nur 46 Gran. Der untere weiße Fleck auf dem Rücken, hat die Geſtalt eines lanzetförmigen Blattes.

32. **Der Blökfroſch.** (R. boans. L.)

Hyla lactea. *Laurenti* amph. 34. n. 28.
La couleur de lait. *C. de la Cepede* I. 561. *D' Aubenton* Encyclop. methodique. *Bonnaterre* 10. n. 3.

Mit ſchneeweißen Körper von milchweißen Flecken, welcher oben glatt, unten aber mit Punkten und grauen Streifen beſezt iſt. Die Zehen der 4 Füße ſind mit Schwimmhäuten verbunden.

In Amerika. Er iſt dem Laubfroſche ſehr ähnlich.

b) **Der bleifarbige Blökfroſch.** (R. b. plumbea.)

Laurenti amph. 34. ß.
La Raine couleur de lait. *Bonnaterre* 10. n. 3. a.

Mit bleifarbigen ins blaue fallenden obern Theilen.

c) Der

c) **Der orangefarbene Blökfrosch.** (R. b. aurantiaca.)

Hyla aurantiaca. *Laurenti* amph. 35. n. 31.
Rana furinamenfis. *Seba* muf. I. T. 71. f. 3.
L' Orangée. C. *de la Cepede* I. 564. D' *Aubenton* Encyclop. methodique. La Raine orangée. *Bonnaterre* 11. n. 7. Pl. 5. f. 3.

Mit gelben etwas ins rothe fallenden Körper, welcher mit getüpfelten rothen Striche umzogen ist.

Zu Surinam.

33. **Der schuppige Frosch.** (R. fquamigera. *Wallbaum* in den Schriften der Naturforschenden Gesellschaft zu Berlin. V. 221.

La grenouille écailleufe. C. *de la Cepede* II. 503. *Bonnaterre* I. n. 2.

Mit grau und braun marmorirten Körper, welcher an den Seiten mit dichten kastanienbraunen Punkten, und zerstreuten dergleichen Flecken gezeichnet ist, welche auf dem Kopfe und der vordern Helfte des Rückens klein und rundlich, aber auf dem hintern Theil des Rückens und in den Weichen linienförmig und geschlängelt sind. An den Füßen bilden diese Punkte und Flecken Querbänder. Die untern Theile des Körpers sind weißlich, Kehle, Bauch und Lenden schwarzbraun getüpfelt, die Vorderfüße inwendig gelblich. Ueber den Rücken läuft von einer Lende zur andern eine bogige Binde, welche aus kleinen halbdurchsichtigen, rautenförmigen in 4 Reihen übereinander liegenden Schuppen besteht.

Hr. Wallbaum liefert diese Beschreibung nach einem in Weingeiste aufbewahrten Exemplare. Wahrscheinlich findet er sich in Nordamerika.

III. Classe. Amphibien.

D. Geschwänzte Frösche.

34. Der Bastardfrosch. (R. paradoxa. L.)

<small>Proteus raninus. *Laurenti* amph. 36. n. 34.
Seba muſ. I. T. 78. *Merian.* ſurin. 71. T. 71.
La Jackie. C. *de la Cepede* I. 547. D'*Aubenton* Encyclop. methodique. *Bonnaterre* 5. n. 9.</small>

Mit gelbgrünen an den Seiten und auf dem Rücken gefleckten Körper, blaßen gewölkten Bauche, und hinterwerts schiefgestreiften Schenkeln. Die Vorderfüße haben 4 freie, die hintern 5 mit Schwimmhäuten verbundene Zehen. Ausserdem hat dies Thier einen starken, fleischigen, zweischneidigen Schwanz.

Zu Surinam. Linne' rechnete ehedem dieses Thier zu den Eidechsen, wegen seiner übrigen Aehnlichkeit mit den Fröschen aber jezt zu diesen. Noch ist die wahre Natur dieser Art aber nicht gehörig untersucht.

3. Der Drache. (Draco.)

Mit vierfüßigen, geschwänzten und mit besondern Flügeln versehenen Körper.

1. Der indianische Drache. (D. volans L.)

<small>Seba muſ. II. T. 86. f. 3. Lacerta africana volans f. Draco volans.
Le Dragon. C. *de la Cepede* I. 447. Pl. 33. D'*Aubenton* Encyclop. methodique. Le Dragon volant. *Bonnaterre* 60. n. 1. Pl. 12. f. 5.</small>

Mit Flügeln, welche aus 6 rückwerts gebogenen knorpeligen Strahlen bestehen, welche mit einer schuppigen Haut verbunden sind, und eine dreiekte Gestalt haben. Von der Kehle hängen 3 spitze Säcke herab, welche er aufblähen kann. Auf dem Rücken befinden sich

I. Ordn. Kriech. Amph. 3. Der Drache. 89

sich 3 Reihen von Knoten, von denen die beiden zur Seite gebogen sind. Die 5 freien Zehen an jeden Fuße sind mit gekrümmten Nägeln versehen. Der Schwanz ist 2mal länger als der Körper, mit Schuppen besezt, und hat einige Rückenschärfe. Der Körper ist bläulich-schwarz und weiß marmorirt, unten am Kopfe weiß gesprenkelt, an den Schwanze und Füßen bandirt, die Flügel sind braun und weißgestrichelt auf grauen Felde.

Er findet sich in Asien, Afrika, und Amerika, wo er sich auf den Bäumen, auf der Erde und auch im Wasser aufhält, und vorzüglich von Ameisen, Fliegen, Papillons und andern Insekten lebt. Mit seinen Flügeln kann er sich zwar im Springen forthelfen, aber nicht zum eigentlichen Fluge erheben.

2. **Der amerikanische Drache.** (D. praepos. L.)

Draco volans americanus. *Seba* muf. I. 160. T. 102. f. 2.

Mit Flügeln, welche mit den Vorderfüßen verwachsen sind.

Eine noch sehr zweifelhafte Art, deren bloß Seba gedenkt. D'Aubenton und der Graf von Cepede nehmen sie nicht auf. Wahrscheinlich dürften sich aber wohl andere Arten nach der verschiedenen Anzahl der Strahlen in den Flügeln festsezen lassen.

4. **Die Eidechse.** (Lacerta.)

Mit vierfüßigen, langgestrekten, geschwänzten, nakten Körper, von gleichlangen Füßen.

A. **Krokodile,** (Crocodili.)

mit zweischneidigen in Abschnitte getheilten Schwanze und sehr kurzer Zunge.

III. Claſſe. Amphibien.

1. Die Krokodil-Eidechſe.   Der Nil-Krokodil.
(L. Crocodilus. L.)

Seba muſ. I. T. 105. f. 3. 4.
Le Crocodile. C. de la Cepede I. 188. Pl. 14. D' *Aubenton*
Encyclop. methodique. *Bonnaterre* 33. n. 1. Pl. 1. f. 3.

Mit langgeſtrekten, flachen und mit Schildern bedekten Kopfe, von obern in der Mitte ſchmälern Kiefer von gewöhnlich 36—40, und untern von 30—38 Zähnen, von denen die beiden vorderſten durch den obern Kiefer hindurch gehen, die erſtern im Oberkiefer aber über den untern, und die mittlern im Unterkiefer über jenen hervorragen, da der obere nicht gleichförmig den untern ſchließt. Der Nacken hat eine Rückenſchärfe, der Körper iſt mit 20—24 Gürteln harter Schuppen bedekt, und der Schwanz, welcher länger als der Körper und flachgedrukt iſt, hat ähnliche Binden, und auſſerdem 2 Reihen ſchuppiger Zacken der Länge hinab. Die Vorderfüße haben 4 freie Zehen, die Hinterfüße 5 mit Schwimmhaut verbundene, an jeden Fuße ſind aber nur 3 Zehen mit langen ſpizigen Nägeln bewafnet. Die Farbe des Körpers iſt bronceartig, die untern Theile ſind hellgelblich.

Der Krokodil findet ſich in Egypten am Nil, in Oſtindien am Ganges Fluſſe, an den Küſten von Bengalen, zu Java, Coromandel, Madagaskar, zu Guinea am Senegal. Sie erreichen eine Länge von 18—50 Fuß, von welcher leztern Größe ſie Norden (voyage d'Egypte 163.) angiebt. Ihr Aufenthalt iſt ſowohl im ſüßen als ſalzigen Waſſer, als auch auf dem Lande. Auf dem Waſſer ſchwimmen ſie mit hervorragenden Kopfe und Rücken, und ähneln in der Ferne einem Balken. Im Frühjahr paaren ſie ſich, wobei das Weibgen auf dem Rücken liegt. Leztere legen alsdenn 2—3mal Eyer, zuſammen an 70—100, welche

ſie

sie im Sand verscharren, und fast von der Größe der Hühner-Eier sind. Zu Cayenne und Surinam legen sie Vertiefungen mit Blättern aus, und darauf ihre Eier, welche sie auch mit Blättern bedecken. Die Jungen schlupfen mit der Nabelschnur aus den Eiern, und werden oft von Fischen, selbst aber auch von alten Krokodilen gefressen. Mit Gewißheit läßt sich noch nicht sagen, welches Alter sie erreichen; nach den Beobachtungen, welche der Graf von Cepede anführt, gebrauchen die Jungen aber $2\frac{1}{2}$ Jahr um 20 Zoll Länge zu erhalten. Die Krokodile gehören ohnstreitig zu den gefräßigsten und gefährlichsten Thieren, welche Menschen, ausserdem aber kleinere und größere Thiere, sogar Ochsen tödten, auch Fische, Wasservögel und Schildkröten fressen. Um Fische zu fangen, setzen sie das Wasser in Bewegung, Landthiere erschleichen sie aber an den Ufern, auch kommen Menschen, welche an den Ufern waschen oder andere Arbeiten verrichten, dabei oft in Lebensgefahr. Ausserdem gehen sie auch Menschen in Nachen auf dem Wasser an, und ziehen andere an den Ufern an den Beinen ins Wasser. Auf dem Lande kann man ihnen inzwischen durch mannichfaltige Aenderung des Weges entkommen, da sie sich nicht geschwind zu wenden im Stande sind. In Zeiten, wo es ihm an Nahrung fehlt, verschlingt der Krokodil wohl kleine Steine und Stücken Holz. In den höhern Breiten liegen sie im Winter erstarrt in Höhlen der Ufer, in heißen Erdstrichen halten sie sich aber immer auf dem Wasser oder auf dem Lande auf. An solchen Orten, welche noch wenig bevölkert sind, findet man sie wie am Senegal-Flusse nach Adansons Zeugnisse (Reise 102.) zu 200 und darüber beisammen. So gefährlich übrigens diese Thiere sind, so lassen sie sich doch auch zähmen, und auf der Insel Bouton unter den Molukken pflegt man sie zu mästen, und der König von Saba in Afrika hält sie in besondern Weihern. An dem Flusse Rio-San-Domingo im östlichen Afrika werden sie von den Einwohnern gefüttert, und dadurch so zahm,

daß

daß Kinder mit ihnen spielen können. Die Krokobile lassen sich übrigens auf verschiedene Art fangen. Die Neger zu Senegal beschleichen sie im Schlafe, geben ihnen Stiche mit Lanzen, und halten sie dann mit dem Kopf ins Wasser bis sie erstickt sind; auch setzen sie sich ihnen auf den Rücken, und stechen sie in den Hals. Auch fängt man sie in tiefen Gruben, so wie mit einem Seile, welches an dem einen Ende an einem Baum befestigt worden, an dem andern Ende aber einen Haken mit einem daran gebundenen Schaafe hat, welchen Haken der Krokobil mit verschlingt und sich fängt. Man soll ihn auch gegen starke Stöcke anlaufen lassen, und ihm solche in den Rachen stossen, auch manche ihn im Wasser erlegen, indem sie unter ihn hin schwimmen, und ihm den Bauch aufschneiden. Ausserdem soll ihm der Tabak tödlich seyn. Unter den Thieren sind die Tieger, die Flußpferde und die Kuguarkatzen ihre vorzüglichsten Feinde, leztere aber nur für die jungen Krokobile. Die egyptischen Stinkthiere, die persischen, die Affen, und viele Wasservögel gehen ausserdem stark nach den Eiern. Das Fleisch sowohl als die Eier werden auch von den Afrikanern, so wie von andern indianischen und amerikanischen Völkern gegessen, und soll es weiß, saftig und wohlschmeckend seyn, nur hat es einigen Moschus-Geruch von 2 Drüsen bei der Kehle und dem After. Von der schuppigen Haut, welche so hart ist, daß sie Kugeln abhält, machen die Neger Helme. Zuweilen finden sich auch bei den Krokobilen Bezoare.

b) **Die afrikanische Krokobil-Eidechse.** (L. C. africanus.)

Crocodilus africanus. *Laurenti* amph. 54. n. 75.
Seba mus. I. T. 103. f. 2—4.

Mit viel kürzerer Schnauze und nakten Nacken.

In Afrika, wahrscheinlich nur eine Abart.

2. Die

2. Die Gavial = Eidechse. (L. gangetica.. *Gronouii gazophyl.* II. 11. n. 40.)

> Lacerta Crocodilus. *Edwards* Phil. Transact. XLIX. II. 639. T. 19.
> Crocodylus terrestris. *Laurenti* amph. 54. n. 86.
> Adansons Reise nach Senegal. 107.
> *Seba* muſ. I. T. 104. u. 103. f. 1.
> Crocodile noir. C. *de la Cepede* I. 233. Le Gavial ou le Crocodile à machoires alongées. C. *de la Cepede* I. 235. Pl. 15. (fälschlich 11.) *Bonnaterre* 35. n. 2. Pl. 1. f. 4.

Mit schnabelförmig verlängerter Schnauze, obern Kiefer von 60, und untern von 58 Zähnen. Der Schwanz hat 2 Reihen von Zacken, welche in eine zusammenfließen. Am Bauche befindet sich ein Beutel. Die Farbe des Körpers ist schwarz.

Am Senegal in Afrika und am Ganges in Indien. Sie soll nach Adanson vorzüglich gefräßig seyn, und häufig auf Menschen gehen. In der übrigen Gestalt, so wie in der Lebensart, ist sie dem erstern Krokodile ähnlich.

3. Die Kaiman-Eidechse. (L. Alligator. *Blumenbachs* Handbuch. 248.)

> Crocodylus americanus. *Laurenti* amph. 54. n. 84.
> *Catesby* Car. II. T. 63. *Seba* muſ. I. T. 106.
> Le Crocodile. C. *de la Cepede* I. 188. Le Cayman. *Bonnaterre* 35. n. 3. Pl. 2. f. 1. 2.

Kleiner als die erste Art, mit schuppigen Kopfe, kahlen Nacken, und 2 Reihen von Zacken auf dem Schwanze.

In Amerika. Sie kommt bis auf die Größe, mit dem eigentlichen Nil-Krokodile, und übrigens auch in der Lebensart überein. Im Winter erstarren diese bei zunehmender Kälte.

B.

94   III. Classe. Amphibien.

B. Stachel=Eidechsen, (Cordyli.)
deren Körper mit Schuppen bedekt ist, welche Rücken=
schärfen haben.

4. Die Schleuder-Eidechse. (L. caudiuerbera. L.)

a) Die Chilische, (L. c. peruuiana.)

 Caudiuerbera peruuiana. *Laurenti* amph. 34. n. 55. *Seba*
  muf. I. T. 106. f. 1.
 Salamandra aquatica nigra. *Feuillée* per. II. 319. T. 319.
 Molina hist. nat. de Chili. 196.
 La fouette-queue. C. *de la Cepede* I. 240. *D'Aubenton* Ency-
  clop. methodique. *Bonnaterre* 35. n. 4. Pl. 3. f. 1.

Mit schwarzen ins bläuliche fallenden Körper, wel=
cher mit sehr feinen Schuppen bedekt ist; der erhabene
längliche Kopf hat eine spitzige Schnauze, große gelbe
Augen, weite Nasenlöcher von fleischigen Rande, und
einen weiten Rachen, mit gedoppelten Reihen von sehr
kleinen Zähnen. Die Zunge ist breit und roth; an der
Kehle befindet sich ein Sack, welchen das Thier aufbla=
sen kann. Von der Stirn läuft bis zur Spitze des
Schwanzes ein wellenförmiger Kamm. Der Schwanz
ist wagrecht zusammengedrukt und gefiedert, und an
der Spitze spatelförmig. Die Füße, von denen die vor=
dern viel kürzer als die hintern sind, haben sämmtlich
5 freie Zehen, und statt der Nägel rundliche Knorpel.

In Peru und Chili. In leztern Gegenden erreicht sie
eine Länge von 14½ Zoll und darüber.

b) Die egyptische Schleuder-Eidechse. (L. c.
aegyptiaca.)

 Caudiverbera aegyptiaca. *Laurenti* amph. 34. n. 54.
  Seba muf. II. 108. T. 103. f. 2.

Mit

Mit dunkelblauen Körper, länglichen krokodilartigen Kopfe, langen Nasenlöchern, großen runden Augen, tiefen Ohren, kurzen dicken Halse, und kleinen Zähngen im Rachen. Der dunkelgelbe und hin und wieder mit Sterngen besezte Rücken ist sammtartig, und hat keine Schuppen. Der wagrecht zusammengedrukte Schwanz wird am Ende immer breiter und ist ebenfalls gefiedert. Die Füße haben alle 5 mit Schwimmhäuten verbundene Zehen, welche mit Nägeln versehen sind.

In Egypten. Sobald es donnert, soll sie das Wasser verlassen und sich auf dem Lande verkriechen.

5. **Die Drachenei̇dechse.** (L. Dracaena. L.)

Stellio Saluaguardia. *Laurenti* amph. 57. n. 92.
Lacerta maxima Cordylus f. Caudiuerbera. *Seba* muf. I. T. 101. f. 1.
La Dragonne. C. *de la Cepede* I. 243. Pl. 16. D'*Aubenton* Encycl. methodique. *Bonnaterre* 35. n. 1. Pl. 3. f. 2.

Mit gelbbraunen ins grünliche fallenden Körper, und safrangelb und weiß gewürfelten Beinen. Der Kopf ist schlangenartig, und oberwerts und von den Seiten zusammengedrukt, die gespaltene Zunge schießt das Thier leicht hervor. Die große Ohren-Oefnung ist mit Schuppen eingefaßt. Der runde, dicke Körper mit knochenartigen Schuppen besezt, welche mit Rückenschärfe versehen sind. Viele derselben auf dem Rücken bilden kamm- oder sägenartige Erhabenheiten, welche sich nach den Schwanz in 2 Linien vertheilen, und an dessen Ende in eine verliehren. Der Schwanz ist übrigens sehr lang und senkrecht zusammengedrukt. Die Füße haben 5 freie Zehen, und scharfe krumme Nägel.

Im südlichen Amerika. Sie besizt eine Länge von $2\frac{1}{2}$ Fuß vom Kopfe bis zum Schwanze, und hat viele Aehnlichkeit mit der Kaiman-Eidechse. Ihr Aufenthalt ist bei überschwemmten und morastigen Gegenden, sie bleibt aber doch viel auf dem Trockenen, und besonders auf Bäumen. Sie läßt sich schwer fangen und beißt fürchterlich. Auf den Antillen pflegt man sie zu essen, da ihr Fleisch dem von jungen Hühnern ähnelt, und zu Cayenne macht man auch von ihren Eiern Gebrauch.

6. **Die zweifleckige Eidechse.** (L. bimaculata. Sparrmann in den neuen schwed. Abh. V. 173. T. 4.)

<small>Le bimaculé. C. de la Cepede I. 264. La Lezard double-tache. Bonnaterre 38. n. 6.</small>

Mit blaugrünlichen, mehrentheils schwarzgeflekten Körper, zwei größern schwarzen Flecken auf den Schultern, und untern mehr oder weniger weißen Theilen. Der Schwanz hat eine Rückenschärfe, ist gezähnelt, zweimal länger als der Körper, und sämmtliche Füße haben 5 gelappte Zehen.

Sie findet sich zu St. Eustach im Gebüsche, wo sie einen zischenden Laut von sich giebt. Ihre Eier legt sie in die Erde. Man fängt sie, indem man von einem langen Grashalme eine Schlinge macht, und ihr solche während daß sie zischt vor den Kopf hält, wo sie von selbst hineinspringt und sich aufhängt. Ausserdem lebt sie auch in Pensilvanien unter der Erde, in Wasserleitungen und hohlen Bäumen, und finden sich einige auch dunkelblau, mit gelben Mundwinkeln.

7. **Die Warn-Eidechse.** (L. Monitor. L.)

<small>Stellio saluator. Laurenti amph. 56. n. 90.
Seba II. T. 86. f. 2. T. 30. f. 2. T. 49. f. 2. T. 99. f. 1. T. 100. f. 3. I. T. 97. f. 2. T. 94. f. 1—3.
Le Tupinambis. C. de la Cepede I. 251. Pl. 17. Bonnaterre 37. n. 2. Pl. 3. f. 4.
Lezard moucheté. D'Aubenton Encycl. methodique.</small>

Mit bläulicht schwarzen Körper, welcher mit kleinen in Querbinden stehenden Schuppen besezt, und mit weißen rundlichen Flecken gezeichnet ist, welche ebenfalls Querbinden über den Rücken bilden. Die untern Theile sind weiß, und durch schwarze unterbrochene Linien bandirt. Der Schwanz ist fast von der Länge des Körpers, senkrecht zweischneidig, ohne besondern Kamm. Die Füße sind alle 5zehig, und haben freie mit gekrümmten Nägeln bewafnete Zehen.

Sie lebt in beiden Indien und ist ein schön geflektes Thier, welchen besonders die Kaiman-Eidechse sehr nachgeht, daher sie durch den kläglichen pfeiffenden Ton bei Ansicht von jener, den Menschen die Ankunft von jener verrathen soll. Sie erreicht eine Länge von 3½ — 7 Fuß, ist ein unschädliches Thier, welches Menschen keinen Schaden zufügt, lebt von Vögel-Eiern, kleinern Eidechsen und Fischen, so wie auch von Insekten, und besonders Ameisen und ihren Eiern, welche sie auf den Bäumen sucht; und legt ihre Eier, welche von den Indianern aufgesucht und gegessen werden, in den Sand. Ihr Fleisch soll ebenfalls sehr angenehm seyn, und wird von Indianern und Europäern zur Speise genuzt. Die Bezoare, welche man zuweilen bei ihr findet, sind grau und schwarz geflekt. Zu den vorzüglichsten Varietäten von ihr gehören:

b) Die grüne Warn-Eidechse. (L. M. viridis.)

Stellio viridis. *Laurenti* amph. 57. n. 94.
Seba I. T. 75. f. 2.

Mit grünen rothgeflekten Körper.

c) Die gewürfelte. (L. M. tessellata.)

Stellio tessellatus. *Laurenti* amph. 57. n. 93.
Seba I. T. 76. f. 2.

Mit grau und weiß gewürfelten Körper.

d) **Die dickſchwänzige.** (L. M. macroura.)

<small>Sellio ſaxatilis. *Laurenti* amph. 57. n. 91.
Seba I. T. 79. f. 4.</small>

Mit grauen ſchwarzgeflekten Körper, und ſehr dicken Schwanze.

e) **Die blaue.** (L. M. coerulea.)

<small>Stellio ſaurus. *Laurenti* amph. 56. n. 89.
Seba II. T. 105. f. 1.</small>

Mit blauen, weißgetüpfelten Körper.

f) **Die getüpfelte.** (L. M. punctata.)

<small>Stellio punctatus. *Laurenti* amph. 58. n. 96.
Seba II. T. 2. f. 9.</small>

Mit 6 Reihen von Punkten längs über den Rücken.

g) **Die meergrüne.** (L. M. thalaſſina.)

<small>Stellio thalaſſinus. *Laurenti* amph. 57. n. 95.
Seba I. T. 110. f. 4. 5.</small>

Mit meergrünen Körper, von ſchwärzlichen runden Flecken.

8. **Die zweiklelige Eidechſe.** (L. bicarinata. L.)

<small>Le Silloné. *C. de la Cepede* I. 266. *D'Aubenton* Encycl. methodique. *Bonnaterre* 39! n. 7.</small>

Von grauer Farbe, mit 2 erhabenen Schärfen der Länge nach über den Rücken, und noch beſondere Reihen höckeriger Schuppen zur Seite. Der Bauch iſt mit 24 Querreihen, jede von 6 Schuppen bedekt. Der Schwanz, welcher kaum anderthalbmal länger als der Körper, iſt an den Seiten zuſammengedrukt, glatt, unten geſtreift, und oben mit einer gedoppelten Rückenſchärfe verſehen.

Sie

I. Ordn. Kriech. Amph. 4. Die Eidechse.

Sie ist klein, und findet sich in Südamerika und Indien.

9. **Die stachelschwänzige Eidechse.** (L. Cordylus. L.)

Cordylus verus. *Laurenti* amph. 52. n. 81.
Seba I. T. 84. f. 3. 4. II. T. 62. f. 5.
Le *Cordyle* C. de la Cepede I. 324. *D'Aubenton* Encyclop. methodique. *Bonnaterre* 49. n. 28. Pl. 6. f. 4.

Mit blauen, kastanienbraun gefleckten und banditten Körper; sehr zusammengedrukten, dreiekten, mit großen Schuppen bedekten Kopfe, von denen sich eine gedoppelte Reihe an den Kiefern befindet. Der sehr zusammengedrukte flache Körper, ist am Bauche mit Querbinden von fast 4 ekten Schuppen bedeckt; auf dem Rükken befinden sich noch größere, und an den Seiten sind sie mit Rückenschärfen versehen, welche ihnen eine stacheliche Gestalt geben. Der Schwanz, welcher beinahe so lang als der Körper ist, besteht aus ohngefähr 19 Ringen von Schuppen, deren Rückenschärfe sich in einen Stachel endigt, und die an jeder Seite noch einen kürzern Dorn haben. Die Füße sind ebenfalls mit gekielten Schuppen besezt, und bestehen aus 5 freien mit Nägeln versehenen Zehen.

Ihr Vaterland ist Afrika und Asien, und soll man sie nach Ray auch bei Montpellier gefunden haben.

C. **Spiegel-Eidechsen,** (Stelliones.)
mit gezähnelten oder stachelichen Schuppen besezten Rücken, Schwanz oder auch ganzen Körper.

10. **Die chilische Eidechse.** (L. paluma. *Molina* hist. nat. de Chili. 195.)

Mit rautenförmigen, kleinen, grünen, gelben, blauen und schwarzen Schuppen über den Körper, dessen un-

III. Claſſe. Amphibien.

tere Theile grüngelblich und glatt ſind. Der dreiekte Kopf iſt mit ähnlichen Schuppen wie der Körper beſezt, und die Schnauze ſehr lang. Der Schwanz, welcher ſo lang als der Körper, iſt mit Schuppenringen bekleidet, rund, und mit dem Körper gleichfarbig. Die Füße haben 5 Zehen mit ſtarken Nägeln.

In Chili, wo ſie ſich auf den Feldern und unter der Erde aufhält. Ihre ganze Länge beträgt 22⅔ Zoll. Aus ihrer Haut machen die Landleute Geldbeutel.

11. Die Igeleidechſe. (L. Stellio. L.)

Cordylus Stellio. *Laurenti* amph. 52. n. 80.
Seba II. T. 8. f. 7. Tourneforts Reiſe. I. T. 120.
Le Stellion. *C. de la Cepede* I. 369. D'*Aubenton* Encycl. methodique. *Bonnaterre* 51. n. 33. Pl. 8. f. 4.

Mit weißen, ſchwarz, grau und zuweilen auch grün marmorirten Körper, welcher oben und unten mit kleinen ſpizigen Schuppen, auſſerdem aber ſo wie der Kopf mit ſpizigen Knoten beſezt iſt. Der ziemlich kurze Schwanz iſt mit ſpizigen Schuppen geringelt. Die Füße ſind 5 zehig.

In Afrika, Egypten, am Cap, in Syrien, Arabien, und auch in Sardinien. Bei den egyptiſchen Pyramiden halten ſie ſich häufig in den Löchern des Gemäuers auf, und in Sardinien, wo ſie Tarantola, Piſtilloni und Aſcurpi heißen, in den Häuſern der Städte und Dörfer, wo ſie ſich von Inſekten nähren. Zu Cairo verkauft man nach Belon den an den egyptiſchen Pyramiden geſammleten Dung dieſer Eidechſen als ein ſehr beliebtes Schminkmittel.

Cetti Nat. Geſch. von Sardinien. III. 21.

12. Die mauritaniſche Eidechſe. (L. mauritanica. L.)

Gekko verticillatus u. mucicatus. *Laurenti* 44. n. 56. 58.

Seba

I. Ordn. Kriech. Amph. 4. Die Eidechse.

Seba muſ. I. T. 108. f. 1. 3. 4. 6. 7.
Le Geckotte. C. de la Cepede I. 420. D'Aubenton Encyclop. methodique. Bonnaterre 59. n. 51. Pl. 11. f. 1.

Mit braunen, an den Seiten des Kopfs, auf dem Halſe, dem Rücken und den Schenkeln, mit ſpizigen Warzen beſezten, unten aber glatten und mit kleinen Schuppen bekleideten Körper. Der Schwanz, welcher kürzer als der Körper, iſt in der Jugend ganz mit Schuppen geringelt, im weitern Alter aber vom Grunde an bis in die Mitte mit 6 Reihen von Dornen beſezt, von der Mitte bis an die Spitze aber glatt. Die Füße haben ſämmtlich 5 gelappte, unten mit flachen Schuppen beſezte Zehen, mit kleinen Nägeln.

Zu Amboina, in Indien und in der Barbarei, wahrſcheinlich auch nach dem Grafen von Cepede in Amerika und in der Provence, wo ſie nach Olivier ſehr gemein ſeyn ſoll. Man trift ſie in alten Gemäuern, ſo wie auch in Häuſern an, wo ſie ſich unter den Dächern aufhält, und im Winter in keine vollkommene Erſtarrung geräth. Im Frühjahr verläßt ſie ihre Löcher und geht den Inſekten nach.

13. **Die blaue Eidechſe.** (L. azurea. L.)

Seba II. T. 62. f. 6.
L'Azuré. C. de la Cepede I. 362. D'Aubenton Encyclop. methodique. Bonnaterre 50. n. 30. Pl. 8. f. 1.

Mit himmelblauen Körper, feingeſchuppten, ſchwarz gebänderten und weiß gefleckten Rücken, ſchwarzen Ringen an dem Kopfe und Füßen, und mit ſpizigen Schuppen geringelten kurzen Schwanze.

In Afrika; wahrſcheinlich gehören folgende hieher:

b) Cordylus braſilienſis. *Laurenti* amph. 52. n. 82.
Seba I. T. 97. f. 4.
Le lézard Quetz-Paléo. C. de la Cepede II. 497. Bonnaterre 58. n. 49.

III. Claſſe. Amphibien.

Mit grauen unten weißlichen Körper, welcher chagrinartig mit Schuppen beſezt iſt, von denen die obern kleiner als die am Bauche ſind. Der dunkelbraune Schwanz iſt mit ſehr großen Schuppen geringelt, welche oberwerts eine ſehr ſcharfe, ſtechende Rückenſchärfe bilden.

In Braſilien, wo ſie Quetz=Paleo genennt wird. Sie hat anderthalb Fuß in der ganzen Länge, und der Schwanz beſonders über 8 Zoll.

c) *Seba* I. T. 91. f. 4.?

14. **Die ſechsekte Eidechſe.** (L. angulata. L.)

L' hexagone. C. *de la Cepede* I. 327. L' Exagonal. D' *Aubenton* Encyclop. methodique. Le Lezard Exagonal. *Bonnaterre* 49. n. 27.

Mit braunen Körper, welcher auf den obern Theilen mit Schuppen beſezt iſt, deren Rückenſchärfe ſich in Spitzen endigen, und durch ihren reihenweiſen Stand nach der Länge dem Körper eine eckige Geſtalt geben. Die Schuppen an den untern Theilen ſind nicht geſpizt, der Kopf iſt nakt und runzlich, und am Nacken wie abgeſtumpft. Unter der Kehle befinden ſich 2 große runde Schuppen. Der Schwanz welcher ½mal ſo lang als der Körper, iſt 6 eckig.

Dieſe kleine Art hält ſich in Amerika auf.

15. **Die bauchige Eidechſe.** (L. orbicularis. L.)

Cordylus hiſpidus. *Laurenti* amph. 51. n. 79.
Seba I. T. 109. f. 6.
Le Tapaye. C. *de la Cepede* I. 390. D' *Aubenton* Encyclop. methodique. *Bonnaterre* 53. n. 37. Pl. 9. f. 3.

Mit hellgrauen, mehr oder weniger braun oder gelblich geflekten Körper, welcher krötenartig aufge=
schwols

I. Ordn. Kriech. Amph. 4. Die Eidechse. 103

schwollen, auf dem Rücken mit spitzigen Knoten, und auf dem Scheitel mit 3 Reihen solcher Dornen besezt ist. Unter dem Bauche befinden sich keine Ringe, der Schwanz ist kurz und rund. Die Füße sind oben und unten mit Schuppen besezt, und haben scharfe Nägel.

  b) Cordylus orbicularis. *Laurenti* amph. 51. n. 78.
   Seba I. T. 83. f. 1. 2.

  Diese Abänderung hat nach dem Grafen von Cepede eine Art von Helm auf dem dreiekten Kopfe, und ebenfalls einen rundlichen igelartig gestachelten Körper.

  Sie finden sich in den heißern Gegenden von Amerika, wo man sie Tapayaxin nennt. Sie sind unschuldige Thiere, welche nicht leicht beißen, und besonders empfindlich an der Nase und den Augen sind. Man macht in Amerika von ihnen Gebrauch in der Medicin.

16. **Die Basilisken-Eidechse.** (L. basiliscus. L.)

 Laurenti amph. 50. n. 75.
 Seba I. T. 100. f. 1.
 Le Basilic. *C. de la Cepede* I. 284. *D' Aubenton* Encyclop. methodique. *Bonnaterre* 41. n. 10. Pl. 5. f. 1.

  Mit bläulichgrauen, weißgeflekten, unten blaßern Körper, finnenartigen, aus strahlenförmig stehenden Schuppen zusammengesezten Kamme, vom Nacken bis ans Ende oder nur in der Mitte des Schwanzes, welchen sie aufrichten und zusammenlegen kann. Auf dem Scheitel befindet sich ein hohler Kamm oder eine häutige mit Schuppen besezte, kegelförmige Kappe, welche sie aufblasen und aufrichten kann. Der Schwanz ist rund und lang. Die Füße haben sämmtlich 5 freie Zehen, mit scharfen krummen Nägeln.

III. Claſſe. Amphibien.

Dieſe Art, welche ſich in Südamerika auf den Bäumen findet, hat zu mannichfaltigen Fabeln Anlaß gegeben. Ihre Größe beträgt zuweilen 3 Fuß in der ganzen Länge. Die Kappe auf dem Kopfe, ſo wie der Kamm auf dem Rücken, dient ihr ſowohl zum leichtern Steigen, als auch bei dem Aufenthalte auf dem Waſſer.

17. **Die gliederſchwänzige Eidechſe.** (L. principalis. L. Amoenit. academ. I. 286. T. 14. f. 2.)

<small>Le large-doigt. C. de la Cepede I. 263. D'Aubenton Encyclop. methodique. Bonnaterre 38. n. 5. Pl. 6. n. 2. f. 2.</small>

Mit glatten Rücken, ungezahnten Beutel an der Kehle, und etwas oberwerts geſchärften, unten geſtreiften und aus Gliedern zuſammengeſezten Schwanze, wovon jedes aus 5 Ringen von ſehr kleinen Schuppen beſteht. Der flache Kopf iſt an den Seiten zuſammengedrukt, die Schnauze ſehr fein, ſo wie auch die Haut des Körpers ſehr dünne. Die vorlezten Glieder der Zehen ſind breiter als die übrigen.

In Südamerika.

18. **Die Pocken-Eidechſe.** (L. exanthematica. *Boſc.* Act. de la Societé d' hiſt. nat. de Paris. I. 25. T. 5. f. 3.)

Mit halbgeſchärften Schwanze, mit rundlichen weißen Flecken beſezten Rücken, braunen Binden am Bauche, und 2 ſchwarzen Strichen bei den Augen.

D. Leguane, (Iguanae.)

mit gefranzten, gezahnten oder mit einem Kamme beſezten Rücken, und mit Schwielen bedekten Kopfe.

19. **Die Leguan-Eidechſe.** (L. Iguana. L.)

<small>Iguana delicatiſſima. *Laurenti* amph. 48. n. 71.</small>

<small>Seba</small>

I. Ordn. Kriech. Amph. 4. Die Eidechse.

Seba I. T. 95. f. 1. 2. T. 96. f. 4. T. 97. f. 3. T. 98. f. 1. L' Iguane. C. *de la Cepede* I. 267. Pl. 18. *D' Aubenton* Encyclop. methodique. *Bonnaterre* 39. n. 8. Pl. 4. f. 3.

Mit klein schuppigen grünen, gelb oder blau gemischten Körper, welcher am Bauche, an den Beinen und am Schwanze, besonders aber am leztern mit ringelförmigen Flecken besezt ist. Der flache an den Seiten zusammengedrukte Kopf, hat zwischen den Augen und an den Kiefern große stark gefärbte, glänzende Schuppen, von denen sich 3 große noch unter den Ohren befinden, von welchen die größte wie polirtes Metall glänzt. Ueber den Nasenlöchern, auf dem Scheitel und an den Seiten des Halses befinden sich Knötgen von Diamantglanze. Unter der Kehle geht ein Beutel herab, welchen das Thier aufblasen kann, und über welchen ein Kamm von spizigen Schuppen, von der Spize des Unterkiefers an herabläuft. Ein ähnlicher gezahnter Kamm, läuft vom Scheitel über den Rücken, bis zur Spize des Schwanzes. Lezterer ist rund, und fast noch einmal so lang als der Körper. Die Füße bestehen aus 5 freien, mit starken krummen Nägeln versehenen Zehen, und bestehen von dem innern Zehen gerechnet an den Vorderfüßen aus 1. 2. 3. 4. 5 und an den hintern aus 1. 2. 3. 4. 3 Gliedern. Auf jeden Schenkel befindet sich ausserdem eine Reihe von 15 Warzen.

Im südlichen Amerika, wo man sie von 6—7 Fuß Länge findet, ausserdem auch in Asien und Afrika. Ihre Farbe ist nach dem Alter, dem Geschlecht, und auch der Gegend nach verschieden, und bekommen sie im Zorne, wo sie den Kehlenbeutel aufblasen, einen Goldglanz; sonst sind sie ganz sanft, und lassen sich als Hausthiere angewöhnen. Gewöhnlich sind die Weibgen kleiner und schöner gefärbt; sie kommen einige Monate nach dem Winter aus den Geburgen, um an dem Strande ihre Eier in den Sand zu legen,

III. Claſſe. Amphibien.

legen, deren Zahl 13—25 beträgt, und die etwas länger als Tauben-Eier ſind, und kein Weißes haben. Sie geben den Brühen an den Speiſen einen vortreflichen Geſchmack, und werden den Hühner-Eiern vorgezogen. Der Aufenthalt dieſer Eidechſen iſt mehrentheils auf den Bäumen, wo ſie von Annonen und andern Früchten und Gewächſen leben, von denen ihr Fett eine verſchiedene Farbe annimmt. Auch freſſen ſie Inſekten und Gewürme. Zuweilen gehen ſie auch auf das Waſſer, können ſich im Schwimmen aber nur mit dem Schwanz forthelfen. Ohnerachtet ſie ſehr lebhaft ſind, ſo werden ſie doch wie ſchwerfällig wenn ſie ſich ſatt gefreſſen haben, wo man ſie alsdenn leicht entweder durch einen Schuß, oder mit einer Spitze, ſelbſt mit einem Strohhalme tödten kann, wenn man ihnen ſolchen durch die Naſenlöcher ſtekt, wo das Thier nach dem Hervorkommen einiger Tropfen Blut ſogleich ſtirbt. Auch kann man ſie mit Schlingen an langen Ruthen fangen, und von den Bäumen werfen. Ihr Fleiſch, beſonders von den Weibgen, iſt ſehr zart, fett und vortreflich zu ſpeiſen, ſoll aber denen, welche veneriſch ſind, nicht gar gut bekommen, ſo wie es auch überhaupt etwas ſchwer zu verdauen iſt. Die Einwohner von Bahama bringen ſie lebendig nach Carolina und andere Orte, wo ſie ſie zu ihrem Gebrauch einſalzen laſſen. Auf den Inſeln, wo ſie ſelten ſind, werden ſie nur für große Tafeln aufbewahrt. Dieſe Eidechſen enthalten auch Bzzoare, welche die Indianer Beguan nennen, und ſehr hoch ſchätzen.

20. **Die gehörnte Eidechſe.** (L. cornuta.)

Le Lezard cornu. C. de la Cepede II. 493. Bonnaterre 40. n. 9. Pl. 4. f. 4.

Ohne Kehlbeutel und Kehlenkamm. Zwiſchen den Naſenlöchern und Augen ſitzen 2 große ſchuppenartige Knoten, vor einen knochigen mit einer einzelnen Schuppe

I. Ordn. Kriech. Amph. 4. Die Eidechse.

bedekten Horne. Im übrigen kommt sie mit jener ganz sogar auch in der Größe überein.

Zu St. Domingo, wo sie sich häufig finden soll.

21. Die Kampf-Eidechse. (L. Calotes. L.)

Iguana Calotes. *Laurenti* amph. 49. n. 73.
Seba I. T. 86. f. 6. T. 89. f. 2. T. 93. f. 2. T. 95. f. 3. 4.
Le Galéote. C. *de la Cepede* I. 292. Pl. 19. *D' Aubenton* Encyclop. methodique. *Bonnaterre* 42. n. 13. Pl. 6. f. 1.

Mit hochblauen, unten weißlichen Körper. Vom Hinterkopf bis zur Mitte des Rückens erstrekt sich ein aus spizigen Schuppen bestehender Kamm, übrigens ist der Körper mit spizigen und am Rücken geschärften Schuppen besezt. Der flache Kopf ist hinterwerts sehr breit, die Augen und Ohren sind groß, die Kehle etwas aufgebläht; und die Füße haben sämmtlich 5 lange Zehen mit Nägeln. Der dünne Schwanz ist mehr als 3mal länger als der Körper.

In Asien, besonders zu Zeylon, und nach dem Grafen von Cepede auch in Spanien. Sie läuft in den Häusern und auf den Dächern herum, fängt Spinnen und wie man behauptet auch Ratten, ausserdem beißt sie sich auch mit kleinen Schlangen herum. Ihre ganze Länge beträgt an 1½ Fuß. Wahrscheinlich sind

b) Iguana chalcidica. *Laurenti* amph. 48. n. 69.
Seba II. T. 76. f. 5.

c) Iguana minima. *Laurenti* amph. 48. n. 70. und

d) Iguana tuberculata. ib. 49. n. 72.

Varietäten davon.

III. Claſſe. Amphibien.

22. Die dornaugige Eidechſe. (L. ſuperciliofa. L.)

Seba I. T. 109. f. 4.

Le fourcilleux. C. de la Cepede I. 257. D' *Aubenton* Encycl. methodique. *Bonnaterre* 37. n. 3. Pl. 4. f. 1.

Mit ſchuppigen hellbraunen rothgeflekten Körper; der Vorſprung des Kopfes über den Augen iſt mit augenbraunartigen Schuppen beſezt, und mit einem Kamme vom Hintertheile des Kopfes bis zum Ende des Schwanzes verſehen. Augen und Ohren ſind groß, die Schnauze iſt ſpizig und die Kehle breit. Die kleinen Schuppen des Körpers haben Rückenſchärfen. Die Zehen der Füße ſind frei, und mit ſtarken hakenförmigen Nägeln beſezt. Der flache Schwanz, welcher beträchtlich länger als der Körper iſt, hat eine Rückenſchärfe.

In Südamerika und Indien. Ihre ganze Länge beträgt ohngefähr einen Fuß. Nach Seba ſollen ſie ſich einander locken.

23. Die gabelköpfige Eidechſe. (L. scutata. L.)

Iguana clamofa. *Laurenti* amph. 49. n. 74.

Seba I. T. 109. f. 3.

La tête - fourchue. C. de la Cepede I. 261. *Bonnaterre* 38. n. 4. Pl. 4. f. 2.

L'occiput - fourchu. D' *Aubenton* Encyclop. methodique.

Mit blauen Körper, welcher mit weißen, runden, perlenartigen Erhabenheiten beſezt iſt. Der Kopf iſt ſehr kurz und mit einem erhabenen Schilde bedekt, welches ſich am Hinterkopf in 2 Spitzen endigt. Vom Kopfe bis zur Spitze des Schwanzes erſtrekt ſich ein Kamm von kurzen Dornen, welche entfernter als bei jener Art ſtehen. Der zuſammengedrukte Schwanz iſt höchſtens ſo lang als der Körper. Nach Seba iſt die Schnauze mit einer großen, mit kleinern Knötgen umgebe=

I. Ordn. Kriech. Amph. 4. Die Eidechse.

gebenen Warze besezt, die Kehle kropfig; die Füße haben übrigens 5 freie Zehen.

Zu Amboina. Auch diese Eidechsen sollen sich einander locken.

24. Die amboinische Eidechse. (L. amboinensis. *Schlosser* epist. ad *Dejean* de lacerta amboinensi. Amsterdam. 1778. 4to.

L. jauanica. C. §. Hornstedt in den neuen schweb. Abhandl. VI. 130. T. 5. f. 1. 2.

Le porte-crête. C. *de la Cepede* I. 287. *D' Aubenton* Encyclop. methodique. Le Lezard de Iava. *Bonnaterre* 41. n. 11. Le Lezard Porte-crête. ib. 41. n. 12. Pl. 5. f. 2.

Mit grünlichen Körper von schwarzen und weißen Strichen, braunen Rücken und Schwanze, und weißlichen Bauche; vierekten spitzig zulaufenden Kopfe, mit runder erhabener Schuppe auf der Mitte. Die Kiefern sind gleich, und enthält jeder 32 Zähne. Der zusammengedrukte Hals ist mit rundlichen Schuppen besezt, gezähnt, und an der Kehle befindet sich ein zusammengedrukter Sack. Die Schuppen des Körpers sind vierekt, und die Reihen derselben am Bauche am deutlichsten. Die Schärfe des Rückens ist ohngefähr mit 70 lanzetförmigen Zähnen besezt, welche bei dem Weibgen undeutlich sind. Der Schwanz ist fast 3mal so lang als der Körper, verdünnert sich gegen die 4kantige Spitze, und seine stumpfen Schuppen sind mit Rückenschärfen versehen. Oberwerts hat er 2 gesägte Schärfen, und eine Finne von der Länge des Körpers, von 14 Strahlen, unten ist er eckig. Bei dem Weibgen ist jene Finne kleiner, auch endigt sich der Schwanz mit einer rundlichen Spitze. Die Füße haben sämmtlich 5 freie mit Nägeln versehene Zehen, von gezähnten Rande.

Zu

III. Claſſe. Amphibien.

Zu Amboina und Java an den Flüſſen. Ihre Länge beträgt an 3—4 Fuß. Sie lebt von Inſekten, und auch von Früchten, und klettert auf die Bäume. Sie läßt ſich leicht greifen, und wird häufig geſucht, da ihr Fleiſch ſehr wohlſchmeckend iſt.

25. Die Agam=Eidechſe. (L. Agama. L.)

Iguana cordylina u. ſalamandrina. *Laurenti* amph. 47. n. 67. u. 48. n. 68.

Seba I. T. 107. f. 1—3.

L' Agame. C. de la Cepede I. 295. D' *Aubenton* Encyclop. methodique. *Bonnaterre* 42. n. 14. Pl. 5. f. 3.

Mit hellblauen unterwerts nicht geſtreiften Körper, welcher mit zugeſpizten Schuppen bedekt iſt. Auf dem Halſe und hinten am Kopfe ſind die Schuppen ſtachelich, weiter hinten aber zurückgeſchlagen, und verlängert ſich dieſer Kamm bei den Männgen bis zu dem Rücken. Die Haut an der Kehle hängt ſchlaff herab. Der Schwanz iſt rund und lang.

Sie findet ſich in Amerika.

26. Die gewölkte Eidechſe. (L. Vmbra. L.)

L' Vmbre. C. de la Cepede I. 364. D' *Aubenton* Encyclop. methodique. *Bonnaterre* 43. n. 15.

Mit gewölkten Körper, deſſen Rückenſchärfen der Schuppen in Spitzen auslaufen, daher der Rücken eckig geſtreift erſcheint. Der Kopf iſt vorzüglich ſtumpf und rund, der Hinterkopf mit einer großen nakten Schwiele beſezt, und der Nacken mit einigen Kamm verſehen. Die Kehle hat eine tiefe Falte, und der Schwanz iſt rund und lang.

Im ſüdlichen Amerika.

27. Die

I. Ordn. Kriech. Amph. 4. Die Eidechse.

27. **Die marmorirte Eidechse.** (L. marmorata. L.)
Seba II. T. 76. f. 4. *Edwards* gl. T. 245. f. 2.
Le marbré. C. de la Cepede I. 394. *D' Aubenton* Encyclop. methodique. *Bonnaterre* 53. n. 39. Pl. 6. f. 4.

Mit grünlichen Kopfe von großen Schuppen, der Körper ist graulich, und weiß und schwarz in die Quere gestrahlt, die Schenkel, und die Seiten des Unterleibes sind rothbraun, und weiß und braun marmorirt. Die Kehle hat vornher einen gezähnten Kamm, welcher bis auf die Brust reicht, und deutlicher bei dem Männgen als bei dem Weibgen ist. Der Bauch hat keine Querbinden, die Schenkel sind aber unterwerts mit einer Reihe von 8—10 Knoten, der Länge nach gezeichnet, welche bei den Männgen auch am deutlichsten ist. Der mit braunröthlichen Flecken getiegerte Schwanz, ist 3—4mal so lang als der Körper, und seine Schuppen bilden 9 Schärfen auf ihm. Die Nägel der Zehen sind oberwerts schwarz.

In Spanien und Amerika.

28. **Die Houttuynische Eidechse.** (L. cristata. *Houttoyn* in den Verhandelingen uitgegeven door het Zeeuwsch Genootschap der Wetenschappen te Vlissingen. IX. 333. n. 5. f. 4.)

Mit braunröthlichen bleifarben gefleckten Körper, vom Kopfe bis zum Schwanze läuft ein ungleich gezahnter Kamm, welcher halb durchsichtig, und auf der Mitte des Rückens einen halben Zoll hoch ist. Der lanzetförmige kurze Schwanz ist auf beiden Seiten durch eine gefranzte Haut gefiedert. Der stumpfe sehr dicke Kopf hat eine breite Schnauze. Der Körper ist nakt und mit kleinen Löchern besezt. Die Vorderfüße haben 4, die hintern 5 freie Zehen.

Ihr Aufenthalt ist nicht bekannt.

E.

III. Claſſe. Amphibien.

E. Salamander, (Salamandrae.)
mit nakten Körper, ſämmtlichen Zehen ohne Nägel, und vierzehigen Vorderfüßen.

29. **Die amerikaniſche Eidechſe.** (L. americana. *Houttoyn* in den Verhandelingen te Vliſſingen. IX. 330.)

    Triton americanus. *Laurenti* amph. 40. n. 46.
    Seba I. T. 89. f. 4. 5.

Mit dunkelbläulichen, unten gelben, ſchwarzgeflekten und quergeſtreiften, an den Seiten roſtfarbenen Körper, welcher vom Kopfe bis an das Ende des lanzetförmigen mäßig langen Schwanzes, mit einem Saume beſezt iſt. Die Füße ſind außen bläulich und innen gelb.

In Amerika. Ihre Länge beträgt 4—5 Zoll.

30. **Die Sumpf-Eidechſe.** (L. paluſtris. L.) L. aquatica. L.

    Triton paluſtris. *Laurenti* amph. 39. n. 43. T. 4. f. 2.
    Seba I. T. 14. f. 2. 3.
    Du Fay. Mem. de l'Acad. roy. des Sc. 1729. 135.
    La Salamandre à queue plate. C. *de la Cepede* I. 471. *D'Aubenton* Encycl. methodique.

Mit mehr oder weniger braunen, an den untern Theilen hellgelben Körper, mit kleinen oft rundlichen, bei den Männgen mehr braunen, und bei den Weibgen bläulichern Flecken, welcher mit ſehr kleinen erhabenen weißlichen Warzen beſezt iſt. Bei dem Männgen geht von der Mitte des Kopfs bis zum Ende des Schwanzes ein ungleichförmig gezahnter häutiger Kamm, und unterwerts hat der Schwanz ebenfalls eine ſenkrechte ganz weiße Haut, welche auch dem Weibgen doch ohne jenen Kamm eigen iſt, welches dagegen auf dem Rücken bis zum

zum Anfange des Schwanzes eine Furche hat, und auf dem obern Theil des Schwanzes einen häutigen ungetheilten Kamm.

Sie ist bei uns in Europa in stehenden Wässern gemein, und erreicht nicht über 6—7 Zoll Länge. In Ansehung der Farbe und Stellung der Flecken variirt sie sehr nach dem Alter und dem Geschlechte. Auf dem Troknen haben diese Eidechsen einen langsamen Gang, und lassen bisweilen ein Gezische hören. Sie haben ein zähes Leben, bringen den Winter im Schlamme in einer Erstarrung zu, und frieren selbst im Wasser ein, wo sie aber, wenn man sie aus dem Eise nimmt und in temperirtes Wasser sezt, leicht wieder aufleben. Sie nähren sich von Insekten, Froschlaich, Teichlinsen, und sind gar nicht beißig. Im April und Mai legen sie ihre Eier, mehrentheils 20 in 2 Fäden, aus denen binnen 8 Tagen die Jungen als kleine Fischgen auskriechen. Im Anfang haben sie über den Vorderfüßen kleine federartige Quasten, welche auf jeder Seite an 4 knorpelartigen halben Bögen sitzen, und sich in der Folge verliehren. Wenn sie erwachsen sind, häuten sie sich alle 8—14 Tage, wo sie mit den Vorderfüßen die Haut bei den Kiefern öfnen, und solche nach und nach abstreifen. Nach Du Fay, verliehren sie zuweilen Vorderfüße, oder Zehen, wenn solche von der daran sitzengebliebenen Haut in Fäulniß übergehen. Die Begattung der Männgen mit den Weibgen geschieht, ohnerachtet sie wie die Frösche auch leztere besteigen, doch eigentlich daß sie neben ihnen stehen, und sie mit dem Schweife schlagen. Diese Thiere sind sehr empfindlich gegen Salz, wenn man sie damit bestreut, so daß sie unter Hervortreten einer milchichten Feuchtigkeit aus der Haut, in 3 Minuten sterben. Man kann sie daher auch mit Salzwasser aus den Fischweihern vertreiben. Nach dem Grafen von Cepede ist L. aquatica. des Ritter Linne' das Weibgen von dieser Art.

31. Die Molch=Eidechse. (L. lacuſtris. **Blumenbachs Handbuch der Naturgeſchichte.** 250. n. 10.)

L. vulgaris. L. L. Lacuſtris. L. ſyſt. XIII.

La Salamandre à queue plate. *C. de la Cepede* I. 486. Var. *Bonnaterre* 63. n. 4. Pl. 11. f. 4. a. b.

Mit ſchwarzgrünen Körper, und auſſer dem ſtärkern und dicken Kopfe, viel größer als die vorige Art, mit welcher ſie im übrigen übereinkommt, nur daß die Backen bei ihr herabhängen.

Als Abänderungen gehören zu ihr:

b) Salamandra paluſtris. *Laurenti* amph. 39. β.
Vorzüglich groß, und ſchwarz getüpfelt.

c) Triton zeylanicus. *Laurenti* 39. n. 42.
Weiß und gelb marmorirt und ſchwarz geflekt.

d) Triton carnifex. *Laurenti* 38. n. 41. T. 2. f. 3.
Schwarz, knotig, mit getüpfelter Kehle, geflekten Bauche, und blutrother Schärfe des Schwanzes.

e) Triton vtinenſis. *Laurenti* 38. n. 39.
Mit kugelichen Kopfe, und ſchwarzen Rücken, welcher gelbgeflekt.

f) Triton Wurfbainii. *Laurenti* 38. n. 38.
Schwarz mit weißlichen Binden.

g) Triton alpeſtris. *Laurenti* 38. n. 40. T. 2. f. 4.
Schwarz, knotig, mit ſafrangelben Bauche.

h) Triton Gesneri. *Laurenti* 38. n. 37.
Schwarz, unten weiß getüpfelt.

Les Tritons. 1—6. *Bonnaterre* 65.

I. Ordn. Kriech. Amph. 4. Die Eidechse.

Sie findet sich mit jener in unsern stehenden Wässern, die Abänderung b aber zu Martinique, und c in Zeylon. In der Lebensart und Nahrung ist sie jener Art ähnlich, und steht es noch dahin, ob sie nicht mit mehrern Rechte als eine Varietät derselben zu betrachten ist. Die Türken machen von ihr den Gebrauch wie von der Stincus-Eidechse. Sie hat übrigens starke Reproduktions-Kräfte, von welchen Hr. Hofr. Blumenbach verschiedene Beweise geliefert hat.

32. Die Salamander Eidechse. (L. Salamandra. L.)

Salamandra maculosa. *Laurenti* amph. 33. n. 51.
Wurfbain Salamandrologia. 65. T. 2. f. 2.
Seba II. T. 15. f. 5.
Rösels Titel-Vignette zu seiner natürl. Historie der Frösche.
Le Salamandre terrestre. C. *de la Cepede* I. 455. Pl. 34. II. 499.
Bonnaterre 62. n. 2. Pl. 11. f. 3.
Le sourd. *D' Aubenton* Encycl. methodique.

Mit dicken platten stumpfen Kopfe, kurzen etwas runzlichen Halse, dicken und feistern Körper als bei andern Arten, dessen glatte poröse Haut ohne Schuppen, an den untern Theilen etwas runzlich, an dem Rücken aber mit 2 Reihen Warzen besezt ist, aus denen eine milchige Feuchtigkeit gepreßt werden kann. Der dicke am Ende stumpfe Schwanz, hat die Länge des Rückens. Die Farbe ist verschieden, oben glänzend schwarz, oder auch graulich, unten gelblich, mehr oder weniger hell, bläulich oder auch bräunlich; über den Rücken laufen 2 oder nur eine breite geschlängelte gelbe Binde hin, welche mehrentheils an den Seiten gelappt, zuweilen aber auch unterbrochen ist.

In Ansehung der Farbe, finden sich vorzüglich noch folgende Abänderungen:

b) Sa-

b) Salamandra atra. *Laurenti* amph. 33. n. 50.
T. 1. f. 2.
La Salamandre noire. *Bonnaterre* 65. n. 9.
Mit ganz schwarzen Körper.

c) Salamandra fusca. *Laurenti* 33. n. 52.
La Salamandre brune. *Bonnaterre* 65. n. 10.
Mit braunen Körper.

d) Salam. candida. *Laurenti* 32. n. 49.
Wurfbain Salamandrol. T. 2. f. 1.
La Salamandre blanche. *Bonnaterre* 64. n. 8.
Mit ganz weißen Körper.

e) S. exigua. *Laurenti* 41. n. 48. T. 3. f. 4.
La petite Salamandre. *Bonnaterre* 64. n. 7.
Mit kleinen braunen Körper, und etwas zusammengedrukten Schwanze.

Auch scheint nach dem Grafen von Cepede

f) Lacerta japonica. Thunberg in den neuen schwed. Abhandl. VIII. 116. T. 4. f. 1.
hieher zu gehören.

Sie ist schwarz, an den Seiten dunkler; Hals, Bauch und Schwanz sind grau, mit kleinen weißlichen Flecken besezt. Ueber den Rücken läuft ein weißlicher sehr fein schwarz getüpfelter Streif, welcher am Kopfe gespalten anfängt, wellenförmig bis zur Spitze des Schwanzes. Die untern Theile sind mit weißen Flecken und Querstreifen gezeichnet. Der Schwanz ist fast länger als der Körper, lanzetförmig und zusammengedrükt. In der übrigen Gestalt kommt diese Eidechse ganz mit der Hauptart überein.

g) Sa-

g) Salamandra japonica. *Houttuyn* Verhandelingen te Vlissingen. IX. 329. n. 3. f. 3.

L. japonica. L. syst. XIII.

Weicht von der vorigen nicht so stark ab; der Körper ist braunbläulich, unten gelb, hat vom Hinterkopf bis zum Schwanze eine breite gelbe gezähnte Binde, längs dem Rücken, der Schwanz ist rund, lang, an der Spitze etwas zusammengedrükt. Die Vorderfüße haben 4, die hintern 5 Zehen, und sind mit schwarzen Nägeln versehen.

h) L. punctata. L.

Catesby Car. III. T. 10. f. 1c.
La ponctuée. C. de la Cepede I. 491. *D' Aubenton* Encyclop. methodique. *Bonnaterre* 63. n. 3. Pl. 12. f. 1.

Mit braunen Körper, und gedoppelter Reihe weißer Punkte längs dem Rücken, und einen einzelnen auf dem Schwanze.

In Carolina.

Die Salamander finden sich vorzüglich im südlichen Europa, die leztere Thunbergische Varietät aber zu Japan auf der Insel Nipon. Sie haben, so wie auch die Frösche keine Rippen. Berührt man sie, so wird ihre Haut feucht, und lassen sie vorzüglich aus den Warzen einen sehr scharfen Saft gehen, welche Milch man für ein sicheres Mittel hält, Haare damit zu vertreiben. Bei stärkern Drucke verbreiten sie einen unangenehmen Geruch. Sie halten sich mehrentheils an schattigen kühlen Orten bei Wässern und in Waldungen auf; im Winter verkriechen sich mehrere zusammen in Löcher. Im Sommer kommen sie vorzüglich aus ihren Höhlen, und Aufenthalte, kurz vor einem Regen hervor. Sie kriechen langsam, und wickeln sich wenn sie ruhen zusammen. Ihre Nahrung besteht aus Insekten und

und Gewürmen. Zuweilen gehen sie auch auf das Wasser, wo sie sich häuten. Sie haben keine sichtliche Ohren und geben auch keine Stimme von sich. Giftig sind sie nicht, wie man ehedem glaubte, inzwischen sterben doch andere Eidechsen von ihren scharfen Safte, wie Laurenti fand. Daß sie im Feuer leben könnten, wurde sonst allgemein angenommen; inzwischen schränkt sich dies nur auf eine mäßige Hitze ein, welche sie auf kurze Zeit durch den Saft aus ihren Körper zu vermindern im Stande sind. In der Fortpflanzung weichen diese Thiere von den andern Eidechsen ab, daß sowohl in der Mutter, als in den gelegten 40—50 und mehrern Eiern, die Jungen schon lebendig sind. Wenn sie nachher auskriechen, sind sie mehrentheils ganz schwarz. In unsern Gegenden macht man von den Salamandern keinen Gebrauch, die Thunbergische Varietät wird aber zu Japan in der Hauptstadt Jedo getroknet verkauft, und wie die Stincus-Eidechsen als ein Stärkungsmittel gegessen.

33. **Die Kropfeidechse.** (L. strumosa. L.)

<blockquote>
Salamandra strumosa. <i>Laurenti</i> amph. 33. n. 53.
Seba II. T. 20. f. 4.
Le goitreux. C. de la Cepede I. 402. D'<i>Aubenton</i> Encyclop. methodique. <i>Bonnaterre</i> 55. n. 43. Pl. 10. f. 1.
</blockquote>

Mit hellgrauen, braungeflekten Körper, von dunkelgrauen Binden auf dem Bauche. Gegen die Brust hin hat sie eine Art von Kropf, welcher mit kleinen röthlichen Knörgen besezt ist. Der runde, lange, geringelte Schwanz, ist am Grunde schmuzig grün und undeutlich gestreift.

Sie findet sich in Südamerika, ist lebhaft und munter, und läßt sich gut als ein Hausthier halten, da sie von Fliegen, Spinnen und andern Insekten lebt. Diese Eidechsen klettern auch auf die Bäume, wo oft wahrscheinlich die Männ-

I. Ordn. Kriech. Amph. 4. Die Eidechse.

Männgen so heftig mit einander streiten, daß die stärkern die schwächern verzehren, oder ihnen wenigstens die Schwänze abbeißen.

F. Geck-Eidechsen, (Gekkones.) mit 5zehigen, etwas stumpfen und einigermaßen gelappten Füßen, und warzigen Körper.

34. Die weißbindige Eidechse. (L. vittata. *Houttuyn* Verhandelingen te Vlissingen. IX. 325. T. 2.)

Mit gelblichen etwas warzigen Körper, welcher auf dem Rücken mit einer weißen zweitheiligen Binde gezeichnet ist. Der runde, lange, dünne, mehrentheils bräunliche Schwanz, hat weiße Binden.

In Indien.

35. Die türkische Eidechse. (L. turcica. L.)

Le Grison. C. *de la Cepede* I. 363. *D' Aubenton* Encyclop. methodique. *Bonnaterre* 50. n. 31. Pl. 8. f. 3.

Mit grauen rothbraun getüpfelten Körper, welcher unregelmäßig mit Warzen besezt ist. Der Schwanz, welcher kaum länger als der Körper, ist einigermaßen geringelt.

Sie ist klein, und findet sich im Oriente.

36. Die kegelschwänzige Eidechse. (L. rapicauda. *Houttuyn* Verhandelingen te Vlissingen. IX. 323. n. 2. f. 1.)

Mit weißlichen braungefleckten Körper, kleinen, und gleichförmig gedrängt stehenden Warzen, vertieften Ohren, kegelförmigen Schwanze, und Zehen, welche in der Mitte unterwerts vertieft sind.

Auf amerikanischen Inseln.

H 4   37. Die

37. Die Gecko=Eidechse. (L. Gekko. L.)

Gekko teres. *Laurenti* amph. 44. n. 57.

Seba I. T. 108. f. 1.

Le Gecko. *C. de la Cepede* I. 413. Pl. 29. *D'Aubenton* Encyclop. methodique. *Bonnaterre* 58. n. 50. Pl. 10. f. 6.

Mit hellgrünen rothgefleckten und mit Warzen besezten Körper, großen dreieckten Kopfe; die untern Theile der Schenkel sind mit einer Reihe von Warzen besezt, und die Ballen der Zehen mit ziegelartig übereinander liegenden rundlichen Schuppen. Der 2te bis 5te Zehe jedes Fußes hat einen sehr scharfen, kurzen und stark gekrümmten Nagel. Gewöhnlich ist der Schwanz länger, zuweilen auch kürzer als der Körper, übrigens rund, dünne und geringelt.

In Indien, Arabien, Egypten, und auch im südlichern Europa, wie zu Neapel, und auf den Südseeinseln. Sie hält sich vorzüglich in Löchern fauler Baumstämme, und an feuchten Gegenden auf, so wie sie sich auch zuweilen in Häusern einfindet, besonders in Egypten. Da sie giftig ist, und so wohl ihr Biß, als auch der giftige Saft zwischen ihren blättrigen Fußzehen, welcher sich den Eßwaaren, über welche sie läuft, und besonders den gesalzenen mittheilt, tödtlich ist, und lezterer gefährliche Koliken verursacht, so sucht man sie so viel möglich vorzüglich in den Häusern zu vertilgen. Auch ihr Schaum, den sie aus dem Munde von sich giebt, besizt ähnliche Eigenschaften, und bedient man sich desselben in Java zur Vergiftung der Pfeile. In Indien hält man die Curcuma für ein vorzügliches Mittel wider den Biß dieser Eidechsen. Sie nähren sich von Ameisen und Würmern, geben wenn es regnen will einen Laut wie Gecko, Gecko von sich, und kommen nach dem Regen aus ihren Löchern hervor. Ihr Gang ist sehr langsam. Die Eier, welche sie legen, haben die Größe einer Haselnuß,

selnuß, sie bedecken solche mit Erde, wo sie von der Sonne ausgebrütet werden.

Hasselquists Reise 306.

38. **Die capsche Eidechse.** (L. Geitje. *Sparrmann* Act. Gothenburg. I. 75. T. 5. f. 1.)

Mit gefleckten unten weißlichen Körper, welcher ganz mit Warzen bedekt ist, der Schwanz ist mäßig lang und lanzetförmig, die Vorderfüße sind 4 zehig.

Am Cap. Sie enthält ebenfalls einen sehr giftigen Saft in den Warzen, welcher den Brand und den Tod hervorbringt. Jener soll mit Zitronsaft etwas abgehalten werden können.

G. **Chamäleon-Eidechsen,** (Chamaeleontes.) mit 5 zehigen Füßen, von denen 2—3 Zehen verwachsen sind, und gekrümmten, runden, kurzen Schwanze.

39. **Die Chamäleon Eidechse.** (L. Chamaeleon. L.)

Chamaeleo Parisiensium. *Laurenti* amph. 45. n. 60.
Seba I. T. 82. f. 2. 4. 5.
Miller on various subj. of natur. hist. II. T. XI. A. B.
Le Caméléon. C. de la Cepede I. 337. Pl. 22. D'Aubenton Encyclop. methodique. Bonnaterre 31. n. 1. Pl. 7. f. 2.

Mit stahlblauen Körper, dessen Farbe bei demselben Thiere sich aber gar oft verändert, welches gelb, schwarz, so wie auch geflekt erscheint; der Kopf ist oberwerts und an den Seiten zusammengedrukt, von der Schnauze laufen 2 Schärfen über die Augen-Höhlen, eine über die Mitte der Stirn und auf jeder Seite eine von der Kehle, sämmtlich auf den Scheitel zusammen und bilden eine Art von Kappe. Der untere Theil des Kopfs nebst der Kehle sind etwas aufgetrieben. Der Körper ist mit chagrinartigen Erhabenheiten besezt, von denen die größten, welche mit kleinen andern umgeben sind, sich an dem Kopfe befinden, besonders auf dessen Schärfen, dem Rücken, auf einem Theile des Schwanzes, und von der Schnauze an, bis zum After. Statt eigentlicher Augenlieder ist blos eine Spalte in der Haut, welche mit den Augen verwachsen, vorhanden, und äußere Ohren fehlen. Die Haut, welche die Füße bis an die Zehen bedekt, verbindet leztere in 2 Theile, einen von 2, den andern von 3 Zehen.

Zu den vorzüglichsten Abänderungen gehören:

b) Chamaeleo mexicanus. *Laurenti* amph. 45. n. 59.
Seba I. T. 82. f. 1.

c) Cham. candidus. *Laurenti* 46. n. 63.

d) Cham. capite praegrandi. Parsons Naturf. V. 184.

e) Cham. africanus. *Laurenti* 46. n. 62.
Lacerta africana. L. syst. XIII.

f) Cham. prom. bonae spei. *Laurenti* 46. n. 64.
Seba I. T. 83. f. 5.
Le Caméléon du Cap. *Bonnaterre* 31. n. 2. Pl. 7. f. 3.
Lacerta pumila. L. syst. XIII.

Leztere hat bläuliche Seiten, mit 2 gelblichen Strichen.

Sie findet sich in Ostindien, Egypten, Arabien, Mexiko, zu Zeylon, am Cap, im nördlichen Afrika, und auch in Spanien. Diese Thiere welche schon längst wegen der Veränderlichkeit ihrer Farbe bekannt sind, welche vorzüglich von ihren Affekten, und nicht von den benachbarten Gegenständen abhängt, sind träge, langsam, übrigens aber unschädlich. Sie halten sich auf Bäumen und in Gebüschen auf, und fangen mit ihrer klebrigen Zunge Insekten. Mit ihren Lungen, welche den größten Theil des Leibes anfüllen,

len, können sie sich willkürlich aufblähen, wahrscheinlich um sich dadurch leichter zu machen. Es erstreckt sich dies nicht allein auf den Körper, welcher dabei wohl noch einmal so dick wird, sondern auch auf den Schwanz und die Beine, und geschieht das Aufschwellen plözlich, da hingegen das Einfallen ganz allmählig vor sich geht. In Ansehung der Augen haben sie noch das besondere, daß sie solche nach entgegengesezten Richtungen wenden können. Sie sind wohl im Stande ein Jahr lang ohne sichtliche Nahrung zu leben, und verbergen sich im Winter in Löchern. In etwas kalten Gegenden lassen sie sich nicht fortbringen und sterben bald. Die Weibgen legen an 8 — 10 Eier. Die größte Länge, welche diese Thiere erreichen, beträgt 1½ Fuß.

H. Kupfer-Eidechsen. (Ameiuae f. Sepes.)

Mit gedoppelten Halsbande, und viereckten Bauchschildern.

40. Die Ameiva-Eidechse. (L. Ameiua. L.)

Seps surinamensis. *Laurenti* amph. 59. n. 98.

Seba I. T. 85. f. 2. 3. T. 86. f. 4. 5. T. 88. f. 1. 2. T. 96. f. 2. 3. II. T. 63. f. 4. T. 103. f. 4.

L' Ameiva. *C. de la Cepede* I. 328. Pl. 21. *D' Aubenton* Encyclop. methodique. *Bonnaterre* 47. n. 24. Pl. 6. f. 5.

Mit grünen oder gräulichen, schwarz, roth und weiß geflekten und marmorirten Körper, welcher oben mit kleinen, an den untern Theilen aber mit größern länglichen Schuppen besezt ist, welche oben in engern Ringen, unten am Bauche aber in 30 breitern Ringen stehen, auf deren jeden 3 — 5 der obern Ringe treffen. Der Kopf ist ziemlich lang, an den Seiten zusammengedrukt, und so wie die Kiefern, mit breiten Schuppen besezt. Am Halse befindet sich eine gedoppelte Runzel, aber kein eigentliches Halsband. Der mit Schuppen

III. Claſſe. Amphibien.

geringelte Schwanz iſt wohl 2mal ſo lang als der Körper. Die Füße haben 5 freie Zehen, welche an den hintern Füßen länger als an den vordern ſind, und ſämmtlich ſtarke gekrümmte Nägel haben.

Sie findet ſich in Amerika, von 2 — 3 Fuß in der ganzen Länge.

41. Die graue Eidechſe. (L. agilis. L.)

Seps muralis. *Laurenti* amph. 61. n. 106. T. 1. f. 4.
Seba II. T. 79. f. 5.
Le Lezard gris. C. *de la Cepede* I. 298. II. 491. *D' Aubenton* Encycl. methodique. *Bonnaterre* 44. n. 17. Pl. 6. f. 2.

Mit grauen Körper, welcher mit vielen weißlichen Flecken beſezt, und längs den Rücken mit 3 faſt ſchwarzen Streifen gezeichnet iſt, von welchen der mittelſte am geradeſten. Der Bauch iſt grün, und ſpielt ins blaue, der Körper iſt aber ganz mit Schuppen beſezt, welche am Bauche beträchtlich größer ſind, und in 6 Querbinden ſtehen. Am Halſe befindet ſich eine Binde von 7 großen goldfarbenen Schuppen. Der Kopf iſt dreiekt, flach, und mit großen Schuppen beſezt, ſo wie auch die Kiefern breite Schuppen führen. Die Ohrenöfnungen ſind groß. Die Füße haben ſämmtlich freie mit krummen Nägeln verſehene Zehen, und an den innern Seiten der Schenkel geht eine Reihe von ohngefehr 20 Warzen herab. Der Schwanz iſt mit ſpizigen Schuppen geringelt, und faſt 2mal ſo lang als der Körper.

Sie variirt in Anſehung der Flecken auf mannichfaltige Art, und gehören folgende zu den vorzüglichſten Abänderungen.

b) Seps Argus. *Laurenti* amph. 61. n. 105. T. 1. f. 5.
Le Lezard Argus. *Bonnaterre* 45. n. 19.

Mit augenförmigen rundlichen Flecken.

c) Seps

c) Seps terreſtris. *Laurenti* 61. n. 107. T. 3. f. 1.

Von brauner Farbe, und auf beiden Seiten mit einer Reihe undeutlicher Flecken.

d) Seps ruber. *Laurenti* 62. n. 108. T. 3. f. 3.
Le Lezard rougeatre. *Bonnaterre* 45. n. 20.

Mit braunen Seiten, und rothbraunen Rücken.

e) Seps coerulescens. *Laurenti* 62. n. 109. T. 1. f. 3.
Le Lezard bleuatre. *Bonnaterre* 46. n. 21.

Perlfarben bläulich, auf jeder Seite mit 3 Reihen augenartiger Flecken.

f) Seps coeruleus. *Laurenti* 63. n. 112.
Sebs I. T. 33. f. 9.

Blau mit weißen Kopfe, der Länge nach geſtreiften Körper, und gefleckten Hinterfüßen.

g) Seps murinus. *Laurenti* 63. n. 113.
Seba II. T. 105. f. 2.

Blau, an den Seiten mit weißen runden Flecken.

Sie iſt nebſt der folgenden Art die gemeinſte unſerer Eidechſen, welche ſich überall in Europa, und auch wie die Abänderung f. in Amerika findet. Ihre Länge beträgt 5 — 6 Zoll und iſt ſie nur ½ Zoll breit. In ihren Gange iſt ſie ausnehmend ſchnell, und weniger ſcheu vor den Menſchen, als vor Geräuſch, wo ſie ſich geſchwind verkriecht. Dieſe Eidechſen beißen nicht wenn man ſie fängt, und gewöhnen ſich an Menſchen, beſonders an Kinder. An ihren etwas zerbrechlichen Schwanze nehmen ſie leicht Schaden, und wächſt der verlohrne Theil wohl einigemal wieder nach; auch finden ſich welche mit gedoppelten Schwänzen, welche ohne Zweifel daher entſtehen, wenn der Schwanz geſpalten wor-

worden. Da sie von Fliegen, Heuschrecken und andern Insekten leben, so wie auch von Gewürmen, so sollte man diese nützlichen Thiere nie vertilgen. Zuweilen gehen sie auch an ganz junge Vögel. Sie können übrigens lange ohne Nahrung leben, und pflegt man sie in Flaschen mit etwas Gras zu unterhalten. Im April paaren sie sich, und legen die Weibgen ihre Eier, welche eine Zeitlang im finstern leuchten, an eine gegen Mittag gerichtete Mauer. Inzwischen fand auch Hr. de Sept-Fontaines in einem Weibgen, welches er lebendig aufschnitte, 7 lebendige Jungen, 11—13 Linien lang, welche ganz ausgebildet waren und munter herumliefen. Vor dem Eierlegen pflegen sie sich aber zu häuten, so wie auch vor dem Eintritte des Winters, welchen sie in Baum- oder Mauerhöhlen, und in Löchern unter der Erde zubringen, und nach der Gegend in einer stärkern oder geringern Betäubung liegen. In Spanien, und in dem spanischen Amerika bedient man sich dieser Eidechsen in schweren Krankheiten, besonders in denen der Haut, im Krebse, und andern, welche eine Blutreinigung fordern.

42. Die grüne Eidechse. (L. viridis.)

Lacerta agilis. γ. L. syst. XIII.
Seps viridis. *Laurenti* amph. 62. n. 111.
Seba II. T. 4. f. 4. 5.
Rösel's Titelkupfer zu seiner natürl. Geschichte der Frösche.
Le Lézard verd. C. *de la Cepede* I. 309. Pl. 20. D'*Aubenton* Encyclop. methodique. *Bonnaterre* 46. n. 22. Pl. 6. f. 3.

Mit grünen, mehr oder weniger mit gelb gemischten Körper, welcher auch grau, braun, und bisweilen auch roth geflekt, an den untern Theilen aber immer weißlich ist. Der Rücken ist mit kleinen rundlichen, der Bauch aber mit großen sechsseitigen länglichen Schuppen besezt, welche in 30 Ringen oder Binden stehen. Das Halsband besteht aus 11 großen Schuppen. Längs der

I. Ordn. Kriech. Amph. 4. Die Eidechse.

der innern Seite eines jeden Schenkels stehen 30 Warzen. Die Schuppen des Schwanzes sind länger als die des Rückens und stehen in 90 Ringen.

Zu den vorzüglichsten Abänderungen gehören:

b) Seps varius. *Laurenti* amph. 62. n. 110. T. 3. f. 2.

Grün, mit rothbraunen Punkten, und rothen Halsbande.

c) Lacerta tiliguerta. *Cetti* Naturgeschichte von Sardinien. III. 16.

Tiliguerta. C. *de la Cepede* I. 320. Le Lezard califcertule. *Bonnaterre* 47. n. 23.

Das Männgen ist grün und schwarz gefleckt, das Weibgen braun, der Schwanz noch einmal so lang als der Körper, und am Bauche befinden sich 80 Schuppen in 6 Reihen.

d) Lacertus viridis carolinenſis. *Catesby* Carol. II. 65.

Ray Synopſ. 269.

Rochefort hiſt. des Antilles. Gobe - mouche. C. *de la Cepede* I. 317.

Klein, nur von 4—5 Zoll Länge, und von hochgrüner Farbe von Gold- und Silberglanz, auch verſchiedentlich gefleckt.

e) La tête-rouge. C. *de la Cepede* II. 495.

Dunkelgrün mit braun gemengt. Die Seiten des Körpers, der obere Theil des Kopfs, und die Seiten des Halſes ſind roth, die Kehle iſt weiß, die Bruſt ſchwarz, auf dem Rücken befinden ſich ſchwarze wellenförmige Querbinden, und an den Seiten des Leibes läuft eine, aus ſchwarzen Querſtreifen beſtehende Binde hin.

hin. Längs über den Bauch laufen schwarze, blaue und weißliche Streifen.

Auf der Insel St. Christoph.

Sie findet sich mit jener in Europa, Afrika und Amerika, und unterscheidet sich, außer der Farbe, auch ganz besonders in der Stärke von jener Art, die leztere Carolinische Abänderung d ausgenommen. Ihre Länge beträgt gewöhnlich 1 — 2½ Fuß, auch ist sie nicht so sanft wie jene. und beißt sich mehr mit Schlangen herum. Sie nährt sich zwar auch von Würmern und Insekten, klettert aber ausserdem nach Vögeleiern auf den Bäumen, und lekt den Speichel auf, so wie auch den Harn der Menschen. Ihre Geschwindigkeit ist der vorigen Art ähnlich, ihre Beine sind aber niedriger. Den Hunden pflegt sie nach den Schnauzen zu springen, in welche sie sich mit beträchtlicher Gewalt fest beißt. Ihr Biß ist aber, wie Laurenti an verschiedenen Thieren versucht, gar nicht giftig. In der Lebensart kommt sie übrigens mit der grauen überein, ihre Eier sind aber etwas größer. Die Afrikaner bedienen sich dieser Eidechsen zur Speise, und die Abänderung d wird in Carolina als ein Hausthier zum Wegfangen der Fliegen gehalten, welche sie von den Tafeln, von den Kleidungen der Menschen, und von Geschirren wegfangen, ohne dabei etwas zu verunreinigen. An kalten Tagen verändert sich die schöne grüne Farbe dieser Eidechsen in eine braune. Die Sardinische Abänderung c scheint doch mehr hieher zu gehören, ohnerachtet wegen dem längern Schwanze einige Gründe vorhanden wären, sie für eine eigene Art anzusehen.

43. Die gestreifte Eidechse. (L. velox. Pallas Reise I. 457. n. 12.)

Le Lezard veloce. C. de la Cepede I. 308.

Mit grauen Körper von 5 hellern Längenstreifen, welcher mit braunen Punkten geflekt, an den Seiten

aber

aber mit schwarzen Flecken und bläulichen Punkten besezt ist. Der Schwanz ist ziemlich lang und geringelt, das Halsband besteht aus Schuppen, und die hintern Füße sind mit rundlichen Flecken gezeichnet.

Sie ist viel kleiner als die graue, auch schmahler, aber von ähnlicher Geschwindigkeit und Lebensart. Sie findet sich an dem See Inderskoi, und in den heissesten Steppen, zwischen den Steinen. Der Graf von Cepede rechnet sie als eine Varietät zu der grauen.

44. Die rothschwänzige Eidechse. (L. cruenta. Pallas Reise I. 456. n. 13.)

Le Lezard ensanglanté, ou couleur de Sang. C. de la Cepede I. 368.

Mit braunen Körper, welcher unten weißlich; auf dem Scheitel befinden sich 7 weiße Streifen, von welchen 4 bis zum Schwanz laufen. Am Halse befindet sich eine Querfalte, unterwerts. Die Beine sind mit milchweißen runden Flecken besezt, und an der innern Seite der Schenkel befindet sich keine Warzen=Reihe. Der geringelte Schwanz ist oben grau, unten scharlach=roth und an der Spize weißlich.

Sie hat die Gestalt der vorigen, ist aber dreimal kleiner und von spizigern Kopfe. Selten findet sie sich an den salzigen Seen des südlichen Sibiriens. Der Graf von Cepede rechnet sie zu der barbarischen (46.), wohin sie aber nicht wohl zu gehören scheint.

45. Die schwarzbindige Eidechse. (L. arguta. Pallas Reise II. 718. n. 40.)

Mit bläulichen, unten weißen Körper, welcher mit vielen fast zusammenfließenden schwarzen Querbinden gezeichnet ist, welche am Grunde des Schwanzes am deutlichsten sind. Jede derselben ist noch mit 4—5 rundlichen bläulichen Flecken besezt. Das Halsband besteht aus undeutlichen Schuppen, und zwei beträchtlichen Falten. Der geringelte kurze Schwanz ist am Grunde ziemlich dick.

In den südlichern Gegenden des Irtins, seltner am Caspischen Meere. Sie ist kürzer als die graue, und auch bauchiger, hat einen spitzigern Kopf, und undeutliche Warzen an der innern Seite der Schenkel.

46. Die barbarische Eidechse. (L. Algira. L.)

L' Algire. C. de la Cepede I. 367. D' Aubenton Encyclop. methodique. Bonnaterre 50. n. 32.

Mit braunen unten gelblichen Körper, von 2 gelben Strichen auf jeder Seite, und ziemlich langen geringelten Schwanze.

Zu Algier. Sie ist kaum so lang als ein Finger. Nach dem Grafen von Cepede findet sich in der königl. Sammlung eine ähnliche von Louisiane.

47. Die sardinische Eidechse. (L. Tiligugu. Cetti Naturgeschichte von Sardinien. III. 21.)

Salamandra minima fusca maculis albis notata. *Sloane* II. Pl. 273. f. 7. 8.

Le Mabouya. C. *de la Cepede* I. 378. Pl. 24. *Bonnaterre* 51. n. 35. Pl. 9. f. 1.

Mit rhomboidalischen goldgelben Schuppen des Körpers, welche auf dem Rücken dunkler und mit einem kleinen weißen Striche gezeichnet sind. An den Seiten bilden schwarze Schuppen eine Binde, an deren innern Rande eine hellere, als die Hauptfarbe des Körpers ist, hinläuft. Der Hals ist von gleicher Stärke des dicken Körpers, und dieser verläuft sich in den runden kurzen

Kegel=

I. Ordn. Kriech. Amph. 4. Die Eidechse.

kegelförmigen Schwanz. Die kurzen Füße, von denen die hintern doch länger sind, haben 5 freie mit Rändern versehene Zehen mit Nägeln.

Sie ähnelt der Stincus - Eidechse ziemlich, ist aber durch die gleichlangen Kiefern, die deutlichen äußern Ohren, die sehr kurzen Schenkel, und ihren Aufenthalt im Trofnen von ihr merklich verschieden. Man findet sie auf den Antillen, so wie auch in Sardinien, in welchen leztern Gegenden sie oben mehr braun und unten weißlich ist. Ihre Länge beträgt an 8 Zolle.

Als eine Abänderung gehört zu ihr:

b) Lacerta lateralis. Thunberg in den neuen schwedischen Abhandl. VIII. 118. T. 4. f. 2. 3. welche sich in Java findet. Sie kommt in der Gestalt jener ganz gleich, und variirt nur

α) mit grauen Rücken, über welchen der Länge nach 4 Reihen schwarzer mit weißen gemengter Flecken laufen. Die schwarzen Seitenlinien gehen von den Augen bis zu den Hinterfüßen, und sind unterwerts mit kleinen weißen Flecken eingesprengt.

β) Mit gleichern und schwärzern Seitenstrichen, welche zugleich über die Nase, Augen und Ohren gehen, und grauen Rücken, mit breiten dunklern Streifen bis zum Schwanz.

48. Die uralische Eidechse. (L. vralensis. Lepechins Tagebuch I. 317. T. 22. f. 1.)

Mit graugrünlichen runzlichen und etwas warzigen Rücken, unten weißlichen Körper, rundlichen Kopfe, unterwerts gefalteten Halse, 5 zehigen Füßen, und ziemlich langen runden Schwanze.

132 III. Claſſe. Amphibien.

In den Uraliſchen Wüſten, von 4 Zoll Länge. Sie iſt übrigens ſehr ſchnell.

49. Die Blaſen-Eidechſe. (L. bullaris. L.)

Lacerta viridis Jamaicenſis. *Catesby* Car. II. T. 66.
Le rouge - gorge. C. de la Cepede I. 401. *D' Aubenton* Encyclop. méthodique. *Bonnaterre* 55. n. 42. Pl. 9. f. 6.

Mit grünen Körper, und einer rothen Kugel unter dem Halſe, welche ſie im Zorne aufblähen kann, und dann wieder zurückziehen. Der Schwanz iſt rund und lang.

Zu Jamaika. Sie iſt nur ½ Fuß lang.

50. Die geohrte Eidechſe. (L. aurita. *Pallas* Reiſe III. 702. n. 36. T. U. f. 1.)

Le Lezard à mouſtaches. *Bonnaterre* 54. n. 40.

Mit grau und gelblich genebelten, mit kleinen braunen Flecken gezeichneten, unten weißlichen Körper, an der Bruſt befindet ſich ein ſchwarzer Strich, und die Schwanzſpitze iſt unterwerts ſchwarz. Der Kopf iſt ſtumpf, der Hals hat faſt 2 Querfalten. Der bauchige niedergedrukte Körper iſt nebſt den Füßen von ſcharf hervorſtehenden Knötgen rauh, und der runde mäßig lange Schwanz iſt an beiden Seiten mit dergleichen ſchwieligen Punkten beſezt. Die Mundwinkel erweitern ſich an beiden Seiten in einen halbkreisförmigen, weichen, rauhen gezähnten rothen Kamm, und die Ohrendrüſen ſind geſtachelt. Die Füße haben 5 Zehen mit Nägeln, und von den mittelſten ſind zweie nach beiden, eine Zehe aber nur nach einer Seite hin gezahnt.

Im ſüdlichen Siberien, auf den ſandigen Hügeln bei Naryn, und in den Comaniſchen ſandigen Steppen.

51. Die

51. **Die Nath-Eidechse.** (L. Teguixin. L.)

Seba I. T. 98. f. 3.
Le Téguixin. C. de la Cepede I. 405. D' Aubenton Encyclop. methódique. Bonnaterre 56. n. 44. Pl. 10. f. 2.

Mit weißlichen ins bläuliche fallenden Körper mit vielen dunkelgrauen Binden, welche mit weißen ovalen Punkten besäet sind. An den Seiten läuft vom Kopfe bis zu den Schenkeln eine faltige Nath hin, die Kehle hat 3 Falten; der runde lange Schwanz ist geringelt, oberwerts mit halben, unterwerts mit ganzen Schuppenringen, welche mit einander abwechseln.

In Brasilien.

52. **Die sibirische Eidechse.** (L. helioscopa. Pallas Reisen I. 457. n. 11.)

Helioscope. C. de la Cepede I. 365.

Mit grauen Körper von braunen und bläulichen tropfenartigen Flecken, und untern weißlichen Theilen. Die obern Theile sind mit kleinen Warzen, die untern mit kleinen spizigen Schuppen besezt. Die Seiten des kurzen Körpers sind bauchig. Der sehr stumpfe Kopf, an welchen kaum die Lippen und Nasenlöcher etwas hervorragen, ist mit Schwielen besezt. Der Hals hat unten eine Querfalte. An dem Nacken gegen die Schultern hin, befindet sich ein schiefer igelartig knotiger Höcker, oft mit einem scharlachrothen rundlichen Flecken. Der geringelte am Grunde dicke Schwanz besteht aus gleichförmigen Schuppen, und seine Spitze ist oben braun, unten blaß oder mennigroth.

Sie findet sich häufig in den südlichern heißesten sibirischen Steppen, hat einen schnellen aber weniger schlangenförmigen Lauf, als die graue und grüne, und trägt den Kopf aufwerts gerichtet. Sie ist ohngefähr Fingers lang.

III. Claſſe. Amphibien.

Der Graf von Cepede rechnet ſie zu der folgenden, von der ſie aber doch zu ſehr verſchieden iſt.

53. **Die Falteneidechſe.** (L. Plica. L.)

Le Pliſſé. C. de la Cepede I. 365. D' *Aubenton* Encyclop. methodique. *Bonnaterre* 43. n. 16.

Mit einigermaßen gekerbten, und mit 3 facher Querfurche verſehenen Augenbraunen, 2 igelartigen Warzen bei den Ohren, gedoppelter Falte unten am Halſe und erhabener Runzel, welche von den Seiten des Halſes über die Vorderbeine bis zur Mitte des Unterleibes hinläuft. Ueber den Rücken befindet ſich ein vorwerts gekerbter Strich von größern Schuppen, die übrigen des Körpers ſind kegelförmig. Der Hinterkopf iſt ſchwielig. Der runde Schwanz iſt kaum ſichtlich geringelt, beſteht aus ſehr kleinen Schuppen und iſt noch einmal ſo lang als der Körper. Die langen Zehen haben unten ſpitzigere Schuppen, und zuſammengedrukte Nägel.

In Südamerika und Indien. Sie iſt kaum einen Finger lang.

I. Eigentliche Eidechſen, (Lacerti.)

mit Halſe ohne Binde oder Falte, ſchuppigen geſtrichelten oder geringelten Körper, und zweiſpaltiger Zunge.

54. **Die ſechsſtreifige Eidechſe.** (L. ſexlineata. L.)

Catesby Car. II. T. 68.

Le Lion. C. de la Cepede I. 333. D' *Aubenton* Encyclop. methodique. *Bonnaterre* 48. n. 26.

Mit grauen Rücken, welcher der Länge nach mit 3 ſchmahlen weißen und eben ſo viel ſchwarzen Strichen gezeichnet iſt. Unter dem Halſe befinden ſich 2 Runzeln, und an den Schenkeln ſtehet hinterwerts eine Reihe rauher Warzen. Der geringelte Schwanz iſt lang.

In Carolina.

55. Die

I. Ordn. Kriech. Amph. 4. Die Eidechſe.

55. Die fünfſtreifige Eidechſe. (L. quinquelineata. L.)

Le ſtrié. C. de la Cepede I. 393. D' Aubenton Encyclop. methodique. Bonnaterre 53. n. 38.

Der ſchwärzliche Rücken iſt der Länge nach mit 5 weißlichen Strichen, welche ſich bis auf die Mitte des Schwanzes erſtrecken, gezeichnet. Der Bauch iſt ringförmig geſtreift. An dem Kopfe befinden ſich 6 gelbe Striche, wovon 2 zwiſchen, 2 über und 2 unter den Augen ſtehen. Der runde Schwanz iſt anderthalbmal ſo lang als der Körper.

Ebendaſelbſt.

56. Die vierſtreifige Eidechſe. (L. quadrilineata. L.)

La quatre-raies. C. de la Cepede I. 492. D' Aubenton Encyclop. methodique. La Salamandre à quatre-raies. Bonnaterre 61. n. 1.

Mit 4 gelben Strichen über den Körper, 4 zehigen Vorder- und 5 zehigen Hinterfüßen, welche einigermaßen mit Nägeln beſezt ſind. Der Schwanz iſt lang und rund.

Wahrſcheinlich in Nordamerika.

57. Die Nil-Eidechſe. (L. nilotica. L.)

Le triangulaire. C. de la Cepede I. 407. D' Aubenton Encyclop. methodique. Bonnaterre 56. n. 45.

Mit glatten Körper, deſſen Rücken-Schuppen 4 Striche bilden. Der lange Schwanz iſt am Ende dreikantig.

In Egypten.

58. Die zweiſtreifige Eidechſe. (L. bilineata.)

Lacerta punctata. L. ſyſt. XII. interpunctata. Syſt. XIII.

Stel-

III. Classe. Amphibien.

Stellio punctatus. *Laurenti* amph. 58. n. 96.
Seba II. T. 2. f. 9.
La double-raie. C. de la Cepede I. 408. *D'Aubenton* Encyclop. methodique. *Bonnaterre* 57. n. 46. Pl. 10. f. 3.

Der Rücken ist durch 2 gelbe Streifen der Länge herab, von den Seiten abgeschnitten, in der Mitte mit 6 Reihen brauner Punkte, und auf jeder Seite ebenfalls mit 6 solchen Reihen, der Länge nach durchzogen. Die Füße und der runde lange Schwanz sind auf ähnliche Art punktirt.

Sie ist klein und findet sich in Asien.

59. **Die achtstreifige Eidechse.** (L. lemniscata. L.)

Seps lemniscatus. *Laurenti* amph. 60. n. 103.
Seba I. T. 53. f. 9. T. 92. f. 4. II. T. 9. f. 5.
Le Galonné. C. de la Cepede I. 335. *D'Aubenton* Encyclop. methodique. *Bonnaterre* 48. n. 25.

Mit acht und nach dem Grafen von Cepede auch 9 weißlichen Strichen der Länge nach über den Rücken, weißgetüpfelten Schenkeln, runden langen Schwanze, und grünen Körper.

In Guinea und zu Martinique.

b) Der Graf von Cepede rechnet hieher eine Eidechse, von dunkelgrünen Körper mit 11 hellgelblichen Streifen über den Rücken, welche sich gegen den Hals hin in 7, und gegen den Schwanz in 10 verbinden.

M. D' Antic erhielt solche von St. Domingo. Ihre ganze Länge beträgt 6 Zoll, und der Schwanz $4\frac{1}{12}$ Zoll.

60. **Die blauschwänzige Eidechse.** (L. fasciata. L.)

Catesby Car. II. T. 67.
La queue-bleue. C. de la Cepede I. 360. *D'Aubenton* Encyclop. methodique. *Bonnaterre* 49. n. 29.

Von braunen Körper, dessen Rücken der Länge nach mit 5 gelblichen Streifen gezeichnet ist. Ihr runder ziemlich langer Schwanz ist blau.

In Carolina. Sie ist wider die gemeine Meinung gar nicht giftig.

61. **Die Steppen-Eidechse.** (L. deserti. Lepechins Tagebuch I. 317. T. 22. f. 4. 5.)

Mit schwarzen, unten weißen Körper. Ueber den Rücken laufen der Länge nach 6 weiße Streifen, welche aus länglichen Flecken bestehen; zwischen dem äussersten auf jeder Seite und dem nächstfolgenden befinden sich 5 weiße Punkte. Der Schwanz ist rund und lang, und die Füße sind 5 zehig.

In den Uralischen Steppen. Sie ist etwas über 2 Zoll lang.

62. **Die Sprudel-Eidechse.** (L. Sputator. Sparrmann in den neuen schwed. Abhandlungen. V. 166. T. 4. f. 1 — 3.)

Le Sputateur. C. de la Cepede I. 409. Bonnaterre 57. n. 47. Pl. 10. f. 4.

Mit grauen Körper, welcher oberwerts mit weißen, vorne und hinten mit braunen Rändern eingefaßten Querbinden gezeichnet, übrigens aber, die Spitze der Kiefern und die untere Fläche des Schwanzes ausgenommen, mit kleinen stumpfen Schuppen bekleidet ist. Der rundemäßig lange Schwanz ist unten nur mit einer einzelnen Reihe von Schuppen versehen; gegen die Spitze hin ist er, nebst den Beinen braun gefleckt. Die 5 zehigen Füße haben keine Nägel.

Sie hält sich in Südamerika am Holzwerke und in Häusern auf, wo sie an den Wänden auf und nieder läuft.

III. Claſſe. Amphibien.

Diejenigen, welche ihr zu nahe kommen, ſprudelt ſie mit ihren ſchwarzen Geifer an, welcher in den kleinſten Tropfen, welche auf die Haut kommen, ſogleich eine Geſchwulſt erregt, die man aber durch Kampfer, Brandtewein oder Rum heilen kann. Wird dieſe Eidechſe mehr gereizt, ſo ſammlet ſich dieſer Speichel im Munde an, und ſprudelt ſie dann viel heftiger. Bei Nacht hält ſie ſich in Höhlen auf.

Die Beſchreibung, welche der Graf von Cepede nach einem Exemplar des Hrn. D'Antic liefert, welcher ſolches von St. Domingo bekommen, weicht einigermaßen von der Sparrmanniſchen ab. Die Länge der ganzen Eidechſe iſt 2 Zoll, und der Schwanz 1 Zoll. Die Zehen endigen ſich vorne mit einem kleinen Kiſſen ohne Nägel. Der Körper hat 4 braune Querſtreifen, und der Schwanz 6 derſelben. Auch variirt ſie, mit dunkelgrauen unten etwas röthlich grauen Körper ohne alle Querbinden, und bloß mit einigen ſchwarzbraunen Längen-Strahlen.

63. Die flachköpfige Eidechſe. (L. homalocephala.)

La Tête - plate. C. de la Cepede I. 425. Pl. 30. *Bonnaterre* 59. n. 52. Pl. 11. f. 2.

Mit ſehr flachen langgeſtrekten, dreiekten großen Kopfe, die Kiefern öfnen ſich bis hinter die Augen, die Zunge iſt geſpalten, die Augen ſind ſehr groß und hervorſtehend, die Ohren haben aber eine kleine Oefnung. Die Füße haben 5 gelappte Zehen, welche unten mit 2 Reihen Schuppen beſezt, und mit ſtarken krummen Nägeln verſehen ſind. Der Schwanz iſt kleiner als der Körper, und an beiden Seiten mit einer Haut bekleidet, ſo daß er ganz flach erſcheint. Der Körper iſt ganz mit kleinen Erhabenheiten dicht beſezt, ſo daß er Chagrin ähnlich ſieht. An den Seiten deſſelben läuft von der

Spize

I. Ordn. Kriech. Amph. 4. Die Eidechse. 139

Spitze der Schnauze bis zu dem Anfang des Schwanzes eine gefranzte Haut hin.

In Afrika, besonders gemein zu Madagaskar, so wie auch zu Senegal. Ihre Farbe ist wie die vom Chameleon sehr unbeständig, und verändert sich in roth, gelb, grün und blau. Die ganze Länge dieser Eidechse beträgt mit dem $2\frac{1}{3}$ Zoll langen Schwanze $8\frac{1}{2}$ Zoll. Sie hält sich auf Bäumen auf, lebt von Insekten und kommt vorzüglich des Nachts und bei Regenwetter aus ihren Löchern. Die Neger sollen sie verabscheuen, inzwischen haben sie gar nichts giftiges, und sind nichts weniger als beißig.

64. Die Sarroubé-Eidechse. (L. Sarroubea.)

Le Sarroubé. C. de la Cepede I. 493. Bonnaterre 64. n. 5.

Mit gelben, grün getiegerten, chagrinartigen Körper, welcher größer als bei jener, im übrigen aber der vorigen Art ganz ähnlich ist. Nur fehlt ihr die gefranzte Haut an den Seiten des Körpers, auch haben die Vorderfüße nur 4 Zehen, und sämmtliche Zehen sind wie bei jener gelappt.

Sie lebt zu Madagaskar, und ist ebenfalls ein unschädliches Thier, welches mehr zur Regenzeit zum Vorschein kommt. In ihrer ganzen Länge erreicht sie einen Fuß; ihr Schwanz ist auch dem von jener ähnlich.

65. Die martinikische Eidechse. (L. martinicensis.)

Le Roquet. C. de la Cepede I. 397. Pl. 27. Bonnaterre 54. n. 41. Pl. 9. f. 5.

Mit hellbraunen, gelb und schwärzlich geflekten Körper, dessen untere Schuppen nicht größer als die obern sind. Die Zehen haben lange und gekrümmte Nägel.

Sie

III. Classe. Amphibien.

Sie hält sich in Martinike besonders in Gärten auf, welche sie von Insekten und Gewürmen reinigt. Sie hat sehr viel Aehnlichkeit mit der grauen, von der sie sich inzwischen genug unterscheidet, da die Schuppen des Unterleibes keine Ringe bilden, und auch nicht größer als die obern sind. Mit dem Schwanze, welcher noch einmal so lang als der Körper ist, beträgt ihre Länge 7½ Zoll. Sie läuft sehr geschwind, legt dabei den Schwanz auf den Rükken, und wenn sie ermüdet ist, athmet sie mit hervorgestrekter Zunge, welche gespalten ist, wie ein Hund. Auch trägt sie den Kopf gewöhnlich in der Höhe.

66. Die dreifingerige Eidechse. (L. tridactyla.)

La trois-doigts. C. *de la Cepede* I. 496. Pl. 36. La Salamandre à trois doigts. *Bonnaterre* 64. n. 6. Pl. 12. f. 2.

Mit dunkelbraunen Körper, welcher am Kopfe, den Füßen, dem Schwanze und den untern Theilen mit roth gemischt ist. Der Körper hat deutliche Rippen; der Kopf ist flach und vornher rundlich. Die Vorderfüße haben 3, die hintern aber 4 Zehen, und der dünne Schwanz ist länger als der Körper, und hat (nach der Abbildung des Grafen von Cepede) 2—3 gezähnte Rückenschärfen.

Sie ist von dem Marquis von Nesle am Vesuv gefunden worden, und von dem Grafen von Cepede nach getrokneten Exemplaren beschrieben. Der Kopf ist 3, der Körper 9 und der Schwanz 16½ Linie lang.

K. Stincus-Eidechsen, (Stinci.)

mit Schuppenringen über den Bauch und ungetheilter Zunge.

67. Die Stincus-Eidechse. (L. Stincus. L.)

Scincus officinalis, *Laurenti* amph. 55. n. 87.

Seba

I. Ordn. Kriech. Amph. 4. Die Eidechse. 141

Seba II. 112. T. 105. f. 3.
Le Scinque. C. de la Cepede I. 373. Pl. 23. D'Aubenton Encyclop.methodique. Bonnaterre 51. n. 34. Pl. 8. f. 5.

Von mehr oder weniger rothbraunen, unten weißlichen Körper, mit braunen Querbinden über dem Rükken, welche Farbe aber bei den getrokneten Stücken strohgelb mit einigem Silberglanze bleibt. Der ganze Körper nebst Kopf und Schwanze ist mit ziegelförmig übereinander liegenden gestrahlten Schuppen bedekt, und der untere Kiefer kürzer als der obere. Eine Oefnung der Ohren ist nicht sichtlich. Der kurze Schwanz ist am Ende zusammengedrukt. Die Füße haben 5 Zehen, welche am Rande mit Schuppen gezähnelt sind, und schwache Nägel besitzen.

In Afrika, Egypten, Arabien, Libien, in Indien und den heißern Gegenden von Europa. Sie lebt sowohl im Wasser als auch auf dem Lande. Nach Plinius Zeugnisse (XXVIII. 30.) war sie schon ehedem gegen Wunden von vergifteten Pfeilen im Gebrauch, in den Morgenländern bedient man sich aber ihrer als eines vorzüglichen Stärkungs-Mittels bei Entkräftungen. Die Landleute in Egypten bringen sie in Menge nach Cairo und Alexandrien, von welchen Orten sie weiter in Asien, so wie auch nach Hasselquist nach Venedig und Marseille verschikt werden. Man gebraucht sie entweder frisch, oder getroknet zu Suppen.

Hasselquist's Reise 309. n. 58.

b) Scincus stellio. *Laurenti* amph. 55. n. 88.
Seba II. T. 10. f. 4. 5.

Mit sehr langen Schwanze und runden Zehen.

68. Die Augeneidechse. (L. ocellata. *Forskahl* Fauna Arab. 13. n. 4.)

Mit graugrünlichen unten weißen Körper, mit rundlichen im Umfang braunen, und in der Mitte mit
einem

einem weißen Viereck versehenen Flecken. Der Körper ist zusammengedrukt, die kurzen warzenlosen Füße sind 5zehig, und der runde Schwanz ist kurz.

Eine sehr schöne Art, von der Länge einer Spanne, welche sich in Egypten bei den Häusern aufhält.

69. Die Goldeidechse. (L. aurata. L.)

Seps zeylanicus. *Laurenti* amph. 59. n. 99.
Seba I. T. 8. f. 3.
Le Doré. C. de la Cepede I. 384. Pl. 25. D'*Aubenton* Encycl. methodique. *Bonnaterre* 52. n. 36. Pl. 9. f. 2.

Mit silbergrauen, orangefarb gefleckten, an den Seiten blaßern Körper, dessen Glanz aber bei lebenden Thieren goldfarben ist. Der Körper ist ganz mit ziegelförmig übereinander liegenden, gestrahlten runden Schuppen bedekt. Die Kiefern sind fast von gleicher Länge, die Oefnung der Ohren ist mit Schuppen an dem Rande besezt, und der runde Schwanz viel länger als der Körper. Ihre Füße haben 5 Zehen.

Auf der Insel Cypern, besonders aber in Amerika und auf den Antillen. Ihre Beine sind sehr kurz, ihre Länge beträgt aber $1\frac{1}{4}$ — 2 Fuß. Bei Tage bleibt sie mehrentheils in Löchern und Höhlen versteckt, und kommt gegen Abend zum Vorschein. Des Nachts machen sie ein überaus lautes Geschrei. Sie gehen nach Krabben, welche sie fressen. Die Einwohner der Antillen halten diese Eidechsen für sehr giftig.

70. Die getropfte Eidechse. (L. guttata. Lepechins Tagebuch I. 317. T. 22. f. 2. 3.)

Mit grauen, weißlich getüpfelten glatten Körper, welcher an den untern Theilen weißlich. Der runde

I. Ordn. Kriech. Amph. 4. Die Eidechse.

lange Schwanz hat 4 schwarze Querflecken, und eine schwarze Spitze, die Füße haben 5 mit Nägeln versehene Zehen.

In den Uralischen Steppen. Sie ist über 3 Zoll lang.

L. Schlangenartige Eidechsen, (Chalcidae.)
mit sehr kurzen Füßen.

71. Die Schlangeneidechse. (L. Seps L.)
Cetti Nat. Gesch. von Sardinien. III. 29.
Le Seps. C. de la Cepede I. 433. Pl. 31. D'*Aubenton* Encycl. methodique. Bonnaterre 66. n. 1. Pl. 12. f. 3.

Mit schlangenförmigen Körper, welcher oben braun, und unten bläulich grau, an dem ganzen obern Theile aber mit grünlichen, kupferfarbenen und schwärzlichen längshin laufenden Linien gezeichnet, übrigens aber mit stumpfen rhomboidalischen Schuppen bekleidet ist, welche in 8 Längenreihen stehen. An den Seiten des Körpers läuft eine hellere zurückgeschlagene Nath, welche mit einem schwarzen Strich oben und unten eingefaßt ist, herab. Die Ohrenöfnung ist klein, die Kiefern haben Zähne, und die Vorderfüße stehen sehr weit von den Hinterfüßen, beide sind sehr klein und 3zehig. Der geringelte Schwanz ist so lang als der Körper.

In dem südlichern Europa, besonders häufig in Sardinien. Ihre Länge beträgt an $12\frac{1}{4}$ Zoll, und die Beine, von denen die vordern sehr nahe am Kopfe sitzen, sind mit den Füßen 2 Linien lang. Bei ihren schlangenartigen Gang bedient sie sich dieser kleinen Beine, und in der Ruhe wickelt sie sich wie die Schlangen auf abwechselnde Weise zusammen. Diese Eidechse ist inzwischen nicht mit dem Seps der Alten zu verwechseln, welchen man allgemein für giftig hielt. Nach Cetti hat sich noch gar nichts von einer giftigen Eigenschaft dieser Schlangeneidechse bestätigt,

außer

III. Claſſe. Amphibien.

auſſer daß dem Rindvieh und Pferden, wenn ſie dieſe Thiere mit dem Futter verſchlucken, der Bauch ſehr heftig aufſchwellen ſoll, wo man mit einem Trank von Oel, Eſſig und Schwefel zu Hülfe zu kommen pflegt. Dieſe Thiere ſcheuen die Kälte, und verbergen ſich ſchon im October in der Erde, wo ſie im Frühjahre wieder auf den Grasplätzen zum Vorſchein kommen.

Wahrſcheinlich gehören auch folgende als Abänderungen hieher.

b) Seps variegatus. *Laurenti* amph. 59. n. 100.

Mit hellbraun gefleckten Körper, und weiß und ſchwarzgefleckten Kopfe.

c) Seps marmoratus. *Laurenti* amph. 59. n. 101.

Schwarzblau, mit zuſammenfließenden weißen Binden, und untermiſchten rundlichen Flecken.

d) Seps ſcinciformis. *Laurenti* amph. 58. n. 97.

L. ſepiformis. L. ſyſt. XIII.

Mit ſchwarzgrünlichen Körper, deſſen Rücken flach, der Kopf mit Schildern bedekt, der Schwanz kurz, und die Hinterſchenkel hinterwärts mit ſchwieligen Punkten beſezt ſind.

e) L. Chalcides. L.

Chalcides tridactyla Columnae. *Laurenti* 65. n. 114.

Mit 5 zehigen ſehr kurzen Füßen.

f) L. Serpens. Bloch in den Beſchäftigungen der naturforſch. Freunde zu Berlin. II. 28. T. 2.

Anguis quadrupes. L.

Mit oben grauen oder bräunlichen, unten ſilberfarbenen oder grauen Körper, und 14, 15 — 20 braunen

nen Längenstreifen. Die Füße haben 5 Zehen mit Nägeln.

g) L. abdominalis. **Thunberg** in den neuen schwed. Abhandl. VIII. 119. T. 4. f. 4.

Le Lezard abdominal. *Bonnaterre* 57. n. 48.

Mit sehr kurzen Schwanze, und 5zehigen Füßen. Nebst der vorigen in Java, und zu Amboina.

72. **Die broncefarbene Eidechse.** (L. chalcides.)

Le chalcide. C. de la Cepede I. 443. Pl. 32. *Bonnaterre* 67. n. 2. Pl. 12. f. 4.

Mit schlangenartigen broncefarbenen Körper, auf welchen die Schuppen, so wie auch auf dem ganzen Schwanze in abgesonderten Ringen stehen, und an dem Körper allein auf 48 betragen. An dem Kopfe befindet sich keine Ohren=Oefnung. Die Beine welche nur eine Linie lang sind, haben die Stellung wie bei jener Art, und an den Füßen nur 3 Zehen.

Nach dem Grafen von Cepede soll diese aus heißen Gegenden stammen; das Exemplar befindet sich in dem Pariser Kabinette. Von der Schlangeneidechse ist sie wesentlich durch den Stand der Schuppen unterschieden, und rechnet der Graf mit Recht, Linne's L. chalcides, als eine Varietät zu der vorigen.

73. **Die einzehige Eidechse.** (L. anguina. L.)

Chalcides pinnata. *Laurenti* 64. n. 115.
Seba II. T. 68. f. 7. 8.

Mit runden, sehr langen, geringelten, graugelben unten bläulichen Körper, dessen Schuppen mit einer Linie der Länge nach gestreift sind, und ebenfalls geringelten am Ende etwas rauhen sehr spitzen Schwanz,

III. Claſſe. Amphibien.

welcher noch einmal ſo lang als der Körper. Der Kopf iſt etwas zuſammengedrukt, die Ohren ſtehen in die Quere. Die 6 Füße ſind pfriemenförmig, und bilden nur einen Zehen, die vordern Füße ſtehen am nächſten beiſammen, und ſind mit etwas ſpitzigen Schuppen bedekt.

Am Cap. Sie verdient noch weitere Unterſuchung.

74. **Die zweifüßige Eidechſe.** (L. bipes. L. ſyſt. XIII.)

Anguis bipes. L. ſyſt. XII. *Laurenti* 67. n. 123.
Seba I. T. 53. f. 8. T. 86. f. 3.

Mit blaßen ziemlich gleichförmig runden Körper, deſſen ziegelartig übereinander liegende Schuppen ſämmtlich einen braunen Fleck haben. Unter dem Bauche finden ſich 100, und unter dem Schwanze 60 Schuppen. Von Vorderfüßen iſt keine Spur vorhanden, die Hinterfüße ſind aber zweizehig und ſtumpf.

Im ſüdlichen Amerika und Indien. Das eine Exemplar von Seba aus Mauritanien, war grün mit roth, ein anderes aus Oſtindien, oben braun, unten gelb, mit ſchwarzen Flecken geſprengt.

75. **Die Sheltopuſik-Eidechſe.** (L. Apus. Pallas Reiſen III. 702. Noui Comment. Petrop. XIX. 435. T. 9.)

Le Sheltopuſik. *C. de la Cepede* I. 617. *Bonnaterre* 68. n. 2. Pl. 12. f. 7.

Mit hellgelben, ſchuppigen, geringelten, ſchlangenartigen Körper, von viel längern, zerbrechlichen, ſteifen, vielkantigen Schwanze, deſſen Schuppen eine Rückenſchärfe haben. Der Kopf iſt dicker als der Körper, die Schnauze ſtumpf, die Kiefern ſind mit großen Schuppen beſezt, ſo wie der obere Theil des Kopfes,

die

die Nasenlöcher und Ohren = Oefnungen deutlich, so wie auch die Zähne in dem Munde. An beiden Seiten des Körpers läuft eine Furche hin, an deren Ende bei dem After, auf jeder Seite sich ein kleiner mit 4 Schuppen bedekter Hinterfuß mit 2 etwas spitzigen Zehen zeigt.

In den Kräuterreichen Thälern vom südlichen Sibirien, zu Naryn, und an den Flüssen Sarpa, Kuma und dem Terek. Sie erreicht eine Länge von 3 Fuß, hält sich vorzüglich unter Gesträuch auf, ist sehr scheu, und beißt sich besonders mit den grauen Eidechsen herum. Der Gestalt nach ähnelt sie ganz einer Schlange, im übrigen Baue gehört sie aber zu den Eidechsen.

76. **Die zweihandige Eidechse.** (L. sulcata.)
Le cannelé. C. de la Cepede I. 613. Pl. 41. Donnaterre 68. n. 1. Pl. 12. f. 6.

Mit schlangenförmigen, schuppigen, geringelten Körper, an dessen Seiten eine Furche bis zu dem Anfang des Schwanzes läuft. Die fast 4ekten Schuppen bilden nur halbe Ringe, welche von dem obern und untern Theile des Körpers auf der Seitenfurche zusammentreffen. Der sehr kurze Schwanz ist hingegen mit ganzen Ringen ähnlicher Schuppen besezt, übrigens dick, und endigt sich rundlich. Der runde Kopf ist von der Dicke des Körpers, vornher rundlich, oben mit einer großen, und an der Schnauze mit 3 Schuppen bekleidet. Auch der Unterkiefer ist mit Schuppen besezt, die Zähne sind sehr klein, die Augen kaum sichtlich, und ein äusseres Ohr ist nicht bemerkbar. Nahe am Kopfe befinden sich bloß 2 Vorderfüße, mit schuppigen Ringen, und 4 abgesonderten Zehen mit langen krummen Nägeln, und an der Seite des äussern Zehen zeigt sich noch eine Spur von einem 5ten. An dem obern Rande des Afters befinden sich 6 Warzen.

148　　　III. Claſſe. Amphibien.

Sie findet ſich in Mexiko, von welcher Gegend ſie durch den Hrn. Velasques an das pariſer Kabinet geſchickt wurde. Das Exemplar, welches ſehr wohl erhalten war, zeigte bei den ganz vollſtändigen Ringen des Körpers gar keine Spur von Hinterfüßen. Die ganze Länge des Thiers beträgt $8\frac{1}{2}$ Zoll, der kurze Schwanz aber 1 Zoll, die Dicke $\frac{1}{2}$ Zoll. Unter dem Bauche befanden ſich 150 halbe Ringe, und 31 ganze Ringe am Schwanze.

II. Ord=

II. Ordnung.
Schlangen.

Sie athmen vermittelst Lungen durch den Mund, haben weder Füße noch Schwimmflossen, sondern einen walzenförmigen langgestrekten, durch keinen Hals von dem Kopfe abgesonderten Körper, welchen sie wellenförmig, und durch Mithülfe der Schilder und Schuppen bewegen. Ihre Kiefern sind nicht fest eingelenkt, sondern lassen sich so weit ausdehnen, daß sie Stücke verschlucken können, welche weit dicker als der Körper sind. Aeußere Ohren fehlen ihnen.

1. Die Klapperschlange. (Crotalus.)

Mit Schildern unter dem Bauche, Schildern und Schuppen unter dem Schwanze, an dessen Ende sich eine Klapper befindet.

1. Die schreckliche Klapperschlange. (C. horridus. L.)

Crotalus maculis trigonis fuscis. *Boddaert* nou. Acta Acad. Caes. nat. Curios. VII. 16. n. 1.
Caudisona terrifica. *Laurenti* amph. 93. n. 203.
Seba II. T. 95. f. 1.
Le Boiquira. Histoire naturelle des Serpens par M. le Comte de la Cepede II. 390. Pl. 18. f. 1. M. N. O. *D'Aubenton* Encyclop. methodique. *Bonnaterre* Ophiologie. I. n. 2. Pl. 2. f. 3.
Michaelis in dem göttingischen Magazin. IV. 90.

150　　III. Claſſe. Amphibien.

Mit graugelblichen Körper und dreiekten braunen Flecken, mit 167 Schildern unter dem Bauche und 23 unter dem Schwanze.

Nach dem Grafen von Cepede hat ſie ſchwarze, weiß eingefaßte Flecken, (welches aber gleichwohl nicht mit der Abbildung übereinſtimmt, wo die rhomboidaliſchen Flecke in der Mitte weiß ſind;) auſſerdem fand der Graf 142 Bauch- und 27 Schwanzſchilder. Die Rücken-Schuppen ſind eirund, und in der Mitte durch eine Rückenſchärfe erhaben. Der flache Kopf iſt mit 6 größern Schuppen in 3 Reihen, gegen die Schnauze hin bekleidet.

2. **Die gemeine Klapperſchlange.** (C. Duriſſus. L.)

 Crotalus albus maculis rhombeis. *Boddaert* l. c. 16. n. 2.
 Caudiſona Duriſſus. *Laurenti* 93. n. 204.
 Caudiſona Gronouii. *Laurenti* 94. n. 205.
 Catesby Car. II. T. 41. *Seba* II. T. 95. f. 2.
 Kalm's Nachricht von der Klapperſchlange. In den ſchweb. Abhandl. XIV. 316. XV. 54. 189.
 Weigel in den Abhandl. der balliſchen naturf. Geſellſchaft. I. 7.
 Le Duriſſus. C. *de la Cepede* II. 423. Pl. 18. f. 3. *Bonnaterre* 2. n. 4. Pl. 3. f. 4. Muet.
 Le Teuthlaco. *D' Aubenton* Encyclop. methodique.

Mit weiß und gelb gemiſchten Körper, von rhomboidaliſchen ſchwarzen, in der Mitte weißen Flecken. Von Bauch- und Schwanzſchildern fanden Linné 172.—21. Boddaert, 168.—18. Gronov, 174.—22. Kalm, 173.—26. Weigel, 170.—30.

b) Mit 2 ſchwarzen Kopf- und Halsbinden, die Bauch- und Schwanzſchilder 163—20. auch 170—29.
 Voſmaer deſcr. 1767.

3. **Die gelbgeflekte Klapperſchange.** (C. Dryinas. L.)

 Crotalus exalbidus maculis flaueſcentibus. *Boddaert* l. c. 16. n. 3.
                 Cau-

II. Ordn. Schlangen. 1. Die Klapperschlange.

Caudisona Dryinas. *Laurenti* 94. n. 206.
Le Dryinas. C. *de la Cepede* II. 422. *Bonnaterre* 2. n. 3. Pl. 1. f. 2. Teuthlaco.
Le Serpent à Sonnette. *D'Aubenton* Encyclop. methodique.

Mit weißlichen gelblichgeflekten Körper, 165 Bauch= und 30 Schwanzschildern.

b) Crotalus orientalis. *Laurenti* amph. 94. n. 207.
Seba II. T. 95. f. 3. T. 96. f. 1.
Mit 164 Bauch= und 28 Schwanzschildern.

4. Die rothgeflekte Klapperschlange. (C. miliarius. L.)

Catesby Car. II. T. 42.
Le Millet. C. *de la Cepede* I. 421. Pl. 18. f. 2. *D'Aubenton* Encyclop. methodique. *Bonnaterre* 1. n. 1. Pl. 1. f. 1.

Mit grauen Körper, über dessen Länge 3 Streifen schwarzer Flecken laufen, von denen die Flecken an den mittlern Streifen roth in der Mitte, und durch einen rothen Flecken von einander abgesondert sind. Der Kopf ist mit 9 größern Schuppen bedekt, und der Oberkiefer mit zwei sehr langen beweglichen Haken versehen. Die Schuppen auf dem Rücken sind oval und haben eine Rückenschärfe. Nach Linne' befinden sich 113 Schilder unter dem Bauche, und 31 unter dem Schwanze, nach dem Grafen von Cepede betragen aber jene 132, und diese 32. Nach leztern besteht die Klapper aus 11 Gelenken, welche von den Schildern durch kleine Schuppen abgesondert war.

Sie findet sich besonders in Carolina, und besizt an 1½ Fuß Länge.

Die Klapperschlangen, welche sich überhaupt in Amerika innerhalb 44—45° nördlicher und südlicher Breite, aufhalten, gehören ohnstreitig zu den giftigsten Thieren in Ansehung ihres Bisses. Inzwischen ist unter jenen Arten vorzüglich die 2te von Kalm umständlicher in ihren Eigenschaften untersucht worden, welches der Graf von Cepede aber alles auf die erstere Art beziehet, welche aber der Abbildung nach doch mehr mit der 2ten übereinkommt. Wahrscheinlich mögen wohl jene 4 Arten in der Lebensart, so wie in ihren giftigen Eigenschaften sämmtlich einander ähnlich seyn, so wie sie es in ihrer so besonders merkwürdigen Klapper sind. Sie erreichen eine Länge von $1\frac{1}{2}$ — 6 Fuß, und die Dicke eines Armes nach Verhältniß ihrer Länge.

Die Klapper, welche der Graf von Cepede bei M. N. O. auf der 18ten Tafel abgebildet hat, besteht aus 6—30, nach Kalm bis 41 halbdurchsichtigen, leicht zerbrechlichen, elastischen Gliedern, deren Substanz der der Schuppen ähnelt. Jedes Glied bildet gleichsam einen Kegel von 3 Ringen, von welchen der oberste am stärksten. Mit den 2 untern Ringen stecken nun diese hohlen Glieder in einander, so daß nur die obern breitern Ringe die Glieder der Klapper ausmachen. Der Graf von Cepede leitet ihre Entstehung von der besondern Häutung des Schwanzes her. Inzwischen läßt sich aber aus der Anzahl der Glieder doch nicht auf das Alter der Schlangen schließen, da weder die allgemeinern Häutungen des Körpers, noch die besondern des Schwanzes auf die Jahre zeigen, auch Nahrung und Klima hierin vieles ändern kann. Sind diese Klappern trocken, so geben sie, wenn die Schlangen solche bewegen, einen Schall als wenn man Pergament reibt, welchen Kalm auch mit dem Knarren mancher Spinnräder vergleicht.

In dem untern Kiefer befinden sich viele hinterwerts gekrümmte Zähne, im obern Kiefer haben sie aber nicht wie andere Schlangen nur 2 Seitenzähne, sondern 2 an jeder Seite, welche ausnehmend spitzig und scharf sind, und die sie hervorschießen und zurückziehen können. Bei diesen
sitzen

sitzen auf jeder Seite noch 5 — 6 kleine gegen den Gaumen hin, wie Kalm sagt von einerlei Gestalt mit den großen, sie sind aber meistens das unterste zu oberst gekehrt, als ob sie in einer Scheide stäken. Drückt man an die Wurzeln der größern Zähne, so fließt durch ihre Enden ein grüner Saft in Menge heraus. Diese Flüssigkeit ist ihr Gift, das sie bei dem Beißen in die Wunde bringen; Leinewand erhält davon eine grüne Farbe, welche von der Lauge noch dunkler wird.

Im Winter liegen diese Schlangen in einer Betäubung unter der Erde, und kriechen im Herbste haufenweis zusammen in solche Löcher, welche sie sich wühlen. Im Anfang des Frühjahrs kommen sie des Tages auf einige Zeit hervor, sonnen sich, und gehen so lange des Nachts wieder in ihre Löcher, als sich Fröste zeigen. Zu dieser Zeit, wo sie noch nicht ganz munter sind, und sich haufenweis sonnen, kann man sie auf einmal in Menge vertilgen, indem man sie schießt, oder mit Gerten todt schlägt. Weiterhin gegen den Sommer, gehen sie aber in die Waldungen, und gebürgigen Gegenden, wo sie besonders an den Seiten alter umgefallener Bäume, oder an den südlichen Seiten der Bergrücken, bei Quellen und kleinen Bächen anzutreffen sind, wo man sich vor ihnen hüten muß. Ihre Gegenwart geben sie durch das Geklapper zu erkennen, besonders bei heitern und warmen Wetter, nicht aber zur Regenzeit, wahrscheinlich weil die Klappern alsdenn feucht sind. Das Geräusch mit den Klappern mag wohl zum Theil aus Furcht, zum Theil aber auch wohl im Zorne von ihnen geschehen. Bei Reisen durch Waldungen muß man sich daher bei umgefallenen Bäumen in Acht nehmen, und in einiger Entfernung auf solche springen, auch so herabsteigen, daß man diese Schlangen nicht trift; auch bleibt man am sichersten bei Regenwetter aus den Waldungen.

III. Classe. Amphibien.

Die Klapperschlangen kriechen sehr langsam, und hat man keinen heftigen Sprung von ihnen zu befürchten. Sie fliehen auch nicht vor den Menschen, sondern stellen sich bald zur Wehre, wobei sie sich in einen Kreis legen, Kopf und Schwanz in die Luft halten, mit der Klapper lermen, und mit feurigen Augen den Menschen anblicken, und schnell auf ihn los schießen und beißen. Besonders heftig sind sie, wenn sie lange nichts gefressen haben, so wie auch bei Regenwetter. Sie haben einen widerwärtigen Geruch, vorzüglich wenn sie sich sonnen oder zornig sind. Pferde und Rindvieh spühren sie daher bald in der Entfernung, und werden leicht scheu, wenn sie den Schlangen näher kommen, oft riechen sie aber auch nichts, wenn der Wind ihnen nicht entgegen kommt. Werden diese Schlangen nicht gereizt, und sind jene Umstände nicht vorhanden, in denen sie besonders beißig sind, so hat man oft wenig oder gar nichts von ihnen zu befürchten. Kalm berichtet Fälle, wo man mit bloßen Füßen auf sie getreten, indem sie im Kreise gelegen, oder daß man nahe an ihren Kopfe gestanden, daß man sie mit trokenen Blättern aufgeraft und fortgetragen, ohne daß sie gebissen hätten, auch sollen sie Schlafenden über den Leib gehen ohne sie zu beschädigen.

Der Biß dieser Schlange selbst ist nicht sonderlich schmerzhaft, und ähnelt dem Stiche von einem Dorne. An den Stellen, wo der Hieb der Schlange geschehen ist, finden sich 2 kleine Löcher wie von Nadeln. Bald nach dem Bisse werden die Personen ängstlich, matt, bekommen einen schweren Athem, die gebissene Stelle schwillt auf, es findet sich ein unersättlicher Durst ein, nebst großen Schmerzen um das Herz. Läßt man die Personen in diesem Zustande trinken, so erfolgt auf diesen Durst mehrentheils ein schneller Tod. Die Zunge fängt hiebei dermaßen zu schwellen an, daß sie den Mund verschließt, und schwarz wird, wo endlich der Kranke die Empfindungen verliehrt, und stirbt.

Ohn-

Ohnerachtet bei dem Durſte und der Geſchwulſt der Zunge die Vergiftung ſchon ſehr weit gekommen iſt, ſo hat man doch auch Beiſpiele, daß ſolchen Perſonen geholfen worden, ob ſie gleich nie ihre vorige Geſundheit wieder erhalten haben. In Anſehung der Kleidungen ſichern lange und weite Matelots Beinkleider, beſſer als anliegende von Leder; beſonders ſind Stiefeln von Leder in dieſen Fällen nicht gut, da die Schlangen ihre Zähne darin ſtecken laſſen, und man Beiſpiele hat, daß ſich Perſonen an dieſen geriſſen und tödlich verwundet haben. Rindvieh, ſo wie auch Pferde ſterben oft auf der Stelle nach erfolgten Biſſe; Hunde können ihn zuweilen 4—5mal aushalten.

Die Nahrung der Klapperſchlangen beſteht eigentlich aus kleinen Vögeln, aus Fröſchen, beſonders dem Ochſenfroſche, (Rana ocellata.) Eichhörngen von verſchiedener Art, und aus Minkettern, ſo wie amerikaniſchen Haſen. Sie bleiben auf einer Stelle mit ihren Raube liegen, welchen ſie halb verſchlungen im Rachen halten, bis ſie nach Verzehrung des einen Theils den andern nachhohlen. Es iſt eine ziemlich allgemeine Behauptung, daß ſie beſonders Vögel und Eichhörngen durch ihren feurigen Blick gleichſam betäuben, ſo daß dieſe Thiere nach öftern Auf- und Abſteigen an den Bäumen, den Schlangen endlich in den Rachen fallen. Wahrſcheinlich kommt dies aber nach Barton[*]) bei den Vögeln von ihrer großen Liebe gegen ihre Jungen her, in welcher ſie ſich ſo weit in Gefahr ſetzen, ſelbſt auf Raubvögel loszugehen. Vielleicht könnte dies auch bei den Eichhörngen der Fall ſeyn.

---

*) A memoir concerning the faſcinating faculty, which has been aſcribed to the rattle ſnake and other american ſerpents. By *Benj. Smith Barton*. Philadelphia. 1796. 8. Deſſen Abhandl. über die vermeinte Zauberkraft der Klapperſchlange ꝛc. Leipz. 1797. 8.

Die vorzüglichsten Feinde der Klapperschlangen sind die Schweine, und fliehen sie sogleich vor diesen. Die Schweine riechen solche in der Entfernung, und sträuben bei Ansicht derselben die Borsten, hauen sie, und fressen solche alsdenn ohne Schaden, wobei sie immer den Kopf zurücklassen. Unter allen Schlangen gehen sie vorzüglich nach diesen, und versieht man sich in Nordamerika beim Anbau wüster Gegenden immer mit Schweinen, welche diese Schlangen am sichersten vertilgen, und wenig von ihren Bissen leiden. Außerdem lassen sie sich auch leicht durch einen mäßigen Schlag mit einer Gerte auf den Rücken tödten, und zeigen sie fast gar keine Reizbarkeit nach dem Tode.

Auf dem Wasser können die Klapperschlangen sehr gut schwimmen, wo sie wie eine Blase liegen. Nicht selten werfen sie sich von dem Wasser auch in Fahrzeuge. Werden gefangene Klapperschlangen in Behältern eingesperrt, so sollen sie nicht mehr fressen, demohnerachtet aber wohl ein halbes Jahr lang lebendig bleiben.

Zu den vorzüglichsten Mitteln, welche wider den Biß der Klapperschlangen empfohlen worden sind, gehören das Kraut der Collinsonia canadensis, welches nach Kalm bei schon geschwollener Zunge Hülfe leistete, die Wurzel der Sanicula marylandica, äusserlich auf den gebissenen Theil gelegt, das Kraut der Actaea spicata, die Wurzel der Sanguinaria canadensis, welche gekaut auf den Theil gelegt wird, so wie die vom Ranunculus acris, die Blätter vom Thymus virginicus, die Wurzel der Polygala Senega, der Serratula squarrosa, das Kraut von der Solidago canadensis, und der Aristolochia Serpentaria, und auch die innere Rinde der Kastanien-Schößlinge. Ausserdem sind alle Fettigkeiten auf den gebissenen Theil gestrichen von guten Wirkungen, so wie auch Salz, und gekauter Tabak, mit Schießpulver.

Wenn

II. Ordn. Schlangen. 1. Die Klapperschlange. 157

Wenn man die Schlangen so schnell tödtet, daß sie sich nicht selbst beißen können, so soll ihr Fleisch und Fett wohlschmeckend seyn, und von Amerikanern gegessen werden. Ihr Fett sammlet man besonders, und hebt es zu medicinischen Gebrauch, so wie auch wider den Biß dieser Schlangen auf. Die Häute der Klapperschlangen, so wie das Rückgrat derselben, werden zu allerhand Amuleten gebraucht, ausserdem aber zum Ueberziehen der Degen und Hirschfänger Scheiden. Der scharfen spitzigen Zähne der Klapperschlangen bedient man sich, wenn sie vom Gifte gereinigt, statt Lanzetten zum Aderlassen.

5. **Die stumme Klapperschlange.** (C. mutus. L.)

Le Muet. C. de la Cepede II. 389.
Le Boa muet. Boa mutus. Bonnaterre 9. n. 13.

Mit großen Körper, dessen Rücken mit rautenförmigen an einander hängenden Flecken gezeichnet ist. Hinter den Augen befindet sich ein schwarzer Strich, und in dem Oberkiefer sind die Zähne besonders groß. Am Bauche liegen 217, und am Schwanze 34 Schilder. Eine eigentliche Klapper ist nicht vorhanden, statt derselben befinden sich aber am Schwanze 4 Reihen sehr kleiner zugespizter Schuppen.

Sie findet sich in Surinam. Da sie keine eigentliche Klapper besizt, so läßt sie sich auch nicht wohl für eine wahre Klapperschlange erklären, und verdient sie noch genauere Untersuchungen.

6. **Die Fischklapperschlange.** (C. piscivorus.)

The Water Viper. Catesby Car. II. T. 43.
Le piscivore. C. de la Cepede II. 424. Bonnaterre 3. n. 5.
Pl. 36. f. 1.

Mit dicken Kopfe, dünnen Halse, langen beweglichen Haken im Oberkiefer, braunen obern Theilen

des

des Körpers, schwarzen Bauche und Seiten des Halses, mit gelben unregelmäßigen Querbinden. Am Schwanze befindet sich auch keine Klapper, sondern eine halbzöllige hornartige Spitze.

In Carolina. Sie ist sehr lebhaft, wird an 5—6 Fuß lang, und lebt von Vögeln und Fischen, welche leztern sie mit besonderer Geschicklichkeit fängt, stürzt aber auch von den Bäumen auf Menschen herab, bei welchen ihr Biß tödtlich seyn soll.

2. Die Schilderschlange. (Boa.)
Mit Schildern sowohl unter dem Bauche als unter dem Schwanze.

A. Mit Schuppen auf dem Kopfe.

1. Die Rüssel = Schilderschlange. (B. contortrix. L.)

Boa corpore dorsato cinereo maculis fuscis lateralibus rotundis. *Boddaert* l. c. 18. n. 6.

Catesby Car. II. T. 56.

Le Groin. *C. de la Cepede* II. 383. D' *Aubenton* Encyclop. methodique. Le Tortu. *Bonnaterre* 4. n. 1. Pl. 4. f. 3.

Mit erhabenen scharfen Rücken, grauen oder braunen Körper von regelmäßigen schwarzen Flecken, welche an den Seiten rundlich sind. Gegen den Schwanz hin befinden sich gelbe Querstreifen. Unten ist der Körper graulich, mit viel kleinern schwarzen Flecken. Von ihren 190 Schildern befinden sich 150 am Bauche und 40 am Schwanze. Der sehr breite und erhabene Kopf läuft in eine Schnauze aus, welche vorne mit einer aufgerichteten Schuppe bekleidet ist. Sie hat keine beweglichen Zähne im Oberkiefer, Linné will aber doch Giftbläsgen bemerkt haben.

Sie

II. Ordn. Schlangen. 2. Die Schilderschlange. 159

Sie findet sich in Carolina, und soll sich den Menschen um die Beine schlingen, ohne weitern Schaden zuzufügen. Ihre Länge beträgt nur 1—2 Fuß, und der Schwanz beinahe ⅓ davon.

2. **Die weißgeringelte Schilderschlange.** (B. canina. L.)

>Boa viridis. *Beddaert* l. c. 17. n. 3. Boa thalassina. *Laurenti* 89. n. 193.
>*Gronov.* zooph. 125. n. 136.
>*Seba* II. 101. T. 96. f. 2.
>Le Bojobi. C. *de la Cepede* II. 378. Pl. 17. f. 1. *Bonnaterre* 4. n. 2. Pl. 2. f. 2.

Mit meergrünen Körper, welcher mit weißen rautenförmigen Flecken, welche Ringe bilden, besezt ist. Nach Linné betragen die Schilder $\frac{280}{203-77}$ nach Bodaert $\frac{285}{208-77}$ und nach Gronov $\frac{284}{205-79}$. Der Kopf ist gestrekt und hundsartig, der Oberkiefer enthält eine gedoppelte Reihe von festen, langen, rückwerts gekrümmten Zähnen.

In Amerika.

b) Boa aurantiaca. *Laurenti* 89. n. 194.

>*Seba* II. T. 81. f. 1.

Mit orangefarbenen Körper, dessen gelbliche Flekken hochroth eingefaßt sind.

In Ostindien, besonders zu Ceylon. Beide haben sehr glatte Schuppen, und spielt jene in der Sonne mit Silber- und Smaragd-, diese aber mit feurigen Goldglanze. Der Graf von Cepede gedenkt eines Exemplars von fast 3 Fuß, sie sollen aber in der Größe der Königsschlange beikommen. Sie halten sich mehrentheils auf Bäumen auf,

und

160   III. Claſſe.   Amphibien.

und ſollen übrigens nicht giftig ſeyn, auch ungereizt nicht ſo leicht beißen. Daß aber die Wunden von ihnen gefährlich werden können, kommt von ihren ſtarken und ſcharfen Gebiße.

3. **Die zahnloſe Schilderſchlange.** (B. Hipnale. L.)

  Boa flaueſcens. *Boddaert* l. c. 17. n. 4.
  Boa exigua. *Laurenti* 89. n. 195.
  Seba II. T. 34. f. 2.
  L' Hipnale. C. *de la Cepede* II. 375. Pl. 16. p. 338. f. 2.
   Bonnaterre 5. n. 3. Pl. 4. f. 4.

Mit gelblichen, etwas ins röthliche fallenden Körper, welcher unterwerts heller iſt; auf dem Rücken befinden ſich weißliche ſchwarzbraun eingefaßte Flecken. Die Kiefern ſind mit vertieften Schuppen eingefaßt, welche eine Art von Rinne um jeden der Kiefer bilden, welche beide ganz zahnlos ſind. Auf der Schnauze befinden ſich 14 Schuppen, welche etwas größer als die am Leibe ſind. Die Schilder betragen $\frac{299}{179-120}$.

Zu Siam. Sie erreicht 2 — 3 Fuß in der Länge, iſt ganz unſchädlich und nährt ſich bloß von Raupen, Spinnen und andern Inſekten.

4. **Die König-Schilderſchlange. Die Abgottsſchlange.** (B. Conſtrictor. L. Amoen. acad. I. 497. T. 17. f. 3.)

  Cenchris. *Gronov.* zooph. 26. n. 134.
  Boa maculis variegatis rhombeis. *Boddaert* l. c. 18. n. 5.
  Conſtrictor formoſiſſimus. *Laurenti* 107. n. 235. rex ſerpentum. 107. n. 236. auſpex. 108. n. 237. diuiniloquus. 108. n. 238.
  Seba I. T. 36. f. 5.   T. 101. f. 1.   T. 53. f. 1.   II. T. 99. f. 1.   T. 104. f. 1.   T. 100. f. 1.
  Le Devin. C. *de la Cepede* II. 338. Pl. 16. f. 1. *D'Aubenton* Encyclop. methodique. *Bonnaterre* 5. n. 4. Pl. 5. f. 4.

               Mit

II. Ordn. Schlangen. 2. Die Schilderschlange.

Mit hundsartigen oben breiten Kopfe, erhabener Stirn, welche in der Mitte durch eine Furche getheilt ist, großen Augen, hervorstehenden Augenhöhlen, verlängerter, am Ende mit einer großen weißlichen Schuppe bekleideten Schnauze, ungeheuern Rachen mit sehr langen festen Zähnen, Oberlippe mit 44, und unterer mit 53 großen Schuppen besezt. Der Körper ist sehr schön mit eirunden, und rautenförmigen Flecken gezeichnet. Die Anzahl der Schuppen beträgt nach Linné $\frac{300}{240-60}$ nach Gronov $\frac{308}{248-60}$ nach Boddaert $\frac{272}{242-30}$.

Diese Schlange, welche sich in Ostindien und Afrika findet, ist ohnstreitig wegen ihrer Größe und Stärke die fürchterlichste, in Ansehung der Farben und Zeichnung ihres Körpers aber die schönste. Sie erreicht eine Länge von 24—30 und nach Adanson (Reise 227.) an 40—50 Fuß, und nach Verhältniß derselben eine Dicke von 1—1½ Fuß im Durchmesser. Ihre Farben und Zeichnungen auf dem Körper sind nach der Gegend, nach ihren Alter und dem Geschlechte sehr verschieden, und verändern sich solche noch sehr nach dem Tode der Thiere in den aufgetrokneten Häuten. Gewöhnlich läuft aber über den Rücken eine Reihe gestrekter ovaler Flecken hin, welche an den Enden eingeschnitten, und in ihren Zwischenräumen mit zwei parallelen Strichen gleichsam verbunden sind. An diese stossen ähnliche bogige Flecken von den Seiten des Körpers, welche mit andern rautenförmigen von hellerer Mitte und Einfassung, nebst noch kleinern ähnlichen Flecken zwischen diesen besezt sind. Jene ovalen Flecken haben eine goldbraune, schwarze, oder rothe Farbe und sind weiß eingefaßt, die kleinern sind kastanienbraun oder hochroth, und geben dem Körper einen pfauenartigen Glanz. Der untere Theil des Leibes ist graugelblich und schwarz geflekt und marmorirt. Auf dem Kopfe befindet sich mehrentheils ein schwarzer oder dunkelrothbrauner kreuzförmiger Fleck, an welchen aber zuweilen der Querstrich fehlt. In Ansehung der Länge muß es aber ehedem noch viel beträchtlichere gegeben haben, da Plinius (XXVIII. 14.) einer von 120 Fuß gedenkt, welche in den punischen Kriegen ein römisches Heer an den nördlichen Küsten von Afrika aufhielt, und deren Haut nachher in dem Tempel aufbewahrt wurde.

Diese Schlangen leben sowohl von großen und kleinen säugenden Thieren, als auch Vögeln, Fischen und Amphibien. Von erstern können sie Tieger und wilde Ochsen bezwingen, indem sie sich ihnen um den Leib schlingen, und solchen so stark zusammenziehen, daß die Rippen davon zerbrechen. Sie ziehen alsdenn ein solches Thier nach einem Baum, brechen ihm die übrigen Knochen, und zerlegen es indem sie sich um solches und den Baum winden, und fressen die Stücke nachdem sie selbige mit einem gallertartigen Geifer überzogen haben. Sie halten sich auf Bäumen auf, von denen sie so wie auch aus Gebüsche auf Thiere, und Menschen herabschießen; ausserdem liegen sie auch auf dem Boden mit 3 bis 4 Windungen zusammengewickelt, so daß sie in der Ferne einem gemauerten Brunnen ähnlich sehen, in welcher Lage sie ebenfalls schnell aufzuschießen, und kleinere Thiere sogleich zu verschlingen pflegen. Es bleibt kein anderes Mittel übrig sie zu entfernen, als daß man dürren Grasboden in Brand steckt, wo sie vor dem um sich greifenden Feuer flieht. Sie zu zerhauen ist in den wenigsten Fällen der eigentlichen Gefahr thunlich und sicher, indem sie wegen ihrer langdauernden Reizbarkeit noch in den Stücken sehr viel Unglück anrichten können, und eben so fürchterlich als zuvor beißen. Die schicklichste Zeit ihnen fast ohne alle Gefahr beizukommen, ist die, wenn sie sich völlig an einer Beute gesättigt haben, wo sie 5—6 Tage in einer Art von Betäubung liegen. Die Neger und Indianer pflegen ihnen daher auch wohl ein großes Stück
Vieh

Vieh preis zu geben, und nachher die darauf folgende Betäubung zu benutzen, wo sie solche dann mit einer bloßen
Schlinge erwürgen, und mit Baumästen erschlagen. In
dieser Zeit kann man sicher auf ihnen herumtreten, sich auf
sie setzen, welches oft geschehen seyn mag, da diese Schlangen in dieser Lage einem umgefallenen Baume ähnlich sehen.

Die Mexikaner beteten ehedem diese Schlange an,
und bei andern Völkern stund sie auch in großer Verehrung.
Die Einwohner zu Java, die Neger an der Goldküste, und
zu Senegal, pflegen diese Schlangen zu essen, und ihr
Fleisch mehr als das von Geflügel zu schätzen. Die Haut
wird von den Mexikanern zum Staat zur Kleidung gebraucht,
und war schon in den ältern Zeiten als ein Siegeszeichen
gebräuchlich.

Nach der Regenzeit in den heißen Erdstrichen häuten
sich diese Schlangen, und halten sich während dieser Veränderung verborgen. Hierauf paaren sie sich, in welcher
Zeit sie besonders gefährlich sind. Die weiblichen Schlangen legen Eier, welche nur 2 — 3 Zoll im Durchmesser haben, und überlassen sie bloß der natürlichen Wärme. Wie
viel sie aber Eier legen, und in welcher Zeit solche auskriechen, ist noch nicht bekannt.

5. **Die Friesel-Schilderschlange.** (B. Cenchris, L.)

Boa flauescens. *Boddaert* l. c. 18. n. 7.
Le Cenchris. *C. de la Cepede* II. 385. *D'Aubenton* Encyclop.
methodique. *Bonnaterre* 7. n. 6.

Mit gelblichen Körper, dessen weißliche Flecken in
der Mitte grau sind. Sie hat $\frac{322}{265-57}$ Schilder.

Zu Surinam.

6. Die braune Schilderschlange. (B. Ophrias. L.)

Conſtrictor Orophias. *Laurenti* 109. n. 239.

L' Ophrie. C. *de la Cepede* II. 387. *D' Aubenton* Encycl. methodique. *Bonnaterre* 8. n. 8.

Von braunen Körper, und $\frac{345}{281-84}$ Schildern.

Ein Exemplar davon befindet ſich in der de Geeriſchen Sammlung, und ähnelt ſie der Königs-Schilderſchlange. Ihr Vaterland iſt nicht bekannt.

7. Die Waſſerſchilderſchlange. (B. Enydris. L.)

Boa colore griſeo variegata. *Boddaert* l. c. 18. n. 8.

L' Enydre. C. *de la Cepede* II. 388. *D' Aubenton* Encyclop. methodique. *Bonnaterre* 8. n. 9. Pl. 8. f. 8.

Mit verſchiedentlich grau gefärbten Körper, beſonders langen Zähnen im Unterkiefer, und $\frac{375}{270-105}$ Schildern.

In Amerika.

B. Mit Schildern auf dem Kopfe, und ſtumpfer Schnauze.

8. Die fünfſtreifige Schilderſchlange. (B. murina. L.)

Cenchris. *Gronov.* muſ. II. 70. n. 44.

Boa glauca. *Boddaert* l. c. 17. n. 2.

Seba II. T. 29. f. 1.

Le rativore. C. *de la Cepede* II. 383.

Le mangeur de rats. *D' Aubenton* Encyclop. methodique. *Bonnaterre* 6. n. 5. Pl. 6. f. 6.

Mit weißlichen ins meergrüne fallenden Körper, welcher der Länge nach mit 5 Reihen von Flecken gezeichnet iſt, von welchen die mittelſte aus rothbraunen

im

im Mittelpunkte weißen, unregelmäßigen, an verschiedenen Orten zusammenfließenden, die beiden Reihen zur Seite aber, aus röthlich braunen, an dem innern Rande mit einem weißen Halbkreis umgebenen Flecken; die 2 äussersten Reihen aber aus rothbraunen Flecken bestehen, welche auf die Zwischenräume der vorigen augenartigen Flecke treffen. Am Hintertheile des Kopfs befinden sich 5 längliche rothbraune Flecken, von denen sich die beiden äussersten bis zu den Augen erstrecken. Die Schilder betragen nach Linné und dem Grafen von Cepede $\frac{319}{254-65}$ nach Gronov aber $\frac{323}{254-69}$.

In Amerika, und zu Ternate. Nach dem Grafen von Cepede ist sie 2½ Fuß lang. Sie soll sich von Ratten und andern kleinen Thieren nähren.

9. **Die Stock Schilderschlange. (B. Scytale. L.)**

Boa albida, fasciis atris. - *Boddaert* l. c. 17. n. 1.

Gronov. mus. II. 55. n. 10.

Le Schytale. *C. de la Cepede* II. 386. *D'Aubenton* Encyclop. methodique. Mangeur de Chèvres. *Bonnaterre* 7. n. 7. Pl. 6. f. 7.

Mit bläulich grauen, auf dem Rücken mit runden schwarzen Flecken gezeichneten Körper, dessen Seiten mit runden schwarzen in der Mitte weißen Flecken besezt sind. Am Bauche befinden sich längliche aus schwarzen Punkten zusammengesezte Flecken. Die Schilder bestehen nach Linné aus $\frac{323}{250-70}$, nach Boddaert aus $\frac{276}{250-26}$.

In Amerika, wo sie von den Einwohnern gegessen wird. Sie hat fast eine gleiche Dicke, frißt Frösche, Eidechsen und dergleichen, soll aber auch Ziegen und Schaafe zusammendrücken und verschlingen.

10. Die Feuerschilderschlange. (B. hortulana. L.)

Seba II. T. 74. f. 1. T. 84. f. 1.
La Broderie. C. *de la Cepede* II. 381. Pl. 17. f. 2.
Le Parterre. D'*Aubenton* Encyclop. methodique. *Bonnaterre* 8. n. 10. Pl. 3. f. 2.

Mit wahrscheinlich bläulichen Körper, welcher auf dem Rücken mit unregelmäßigen mehrentheils keilförmigen, dunkelbraun, rothbraun und grau gewölkten Flekken besezt ist, unten scheint er weißlich und mehr oder weniger rothbraungeflekt. Auf dem Kopfe befinden sich kleine gelbe Flecken. Nach *Linne'* bestehen die Schilder aus $\frac{418}{290-128}$.

Im südlichen Amerika und zu Mexiko, in welchen leztern Gegenden sie Tlehua, oder Tleoa, oder so viel als Feuerschlange, vermuthlich von ihren Farben heißt, welche aber bei aufgetrokneten Exemplaren vieles verliehren. Bewegliche Zähne hat sie nicht, und scheint daher auch nicht giftig zu seyn.

11. Die gelbliche Schilderschlange. (B. flauicans.)

Le Jaunatre. *Bonnaterre* 8. n. 11.
Gronovii zooph. 19. n. 89.

Mit gelblichen, unten weißlichen Körper, dessen Schuppen auf dem Rücken am Ende einen rothbräunlichen Fleck haben. Der fast walzenförmige Kopf ist vornher rundlich und oberwerts mit großen Schuppen bedekt. Die Schilder betragen $\frac{252}{180-72}$.

Sie ähnelt der 8ten Art, und findet sich zu Guinea. Sie erreicht 3 Fuß an Länge.

12. Die stuzköpfige Schilderschlange. (B. Ilebequenus.)

L'Ilebeck. *Bonnaterre* 9. n. 12.

Gro-

II. Ordn. Schlangen. 3. Die Natter. 167

Gronovii zooph. 25. n. 135.
Scheuchzer phyſ. ſacr. T. 628. f. E.

Mit gelbröthlichen Körper, von länglichen abgeſonderten, zickzackartig geſtellten, weißlichen, ſchwarz eingefaßten Flecken; der herzförmige Kopf iſt vorwerts aufgeſtuzt, und hat einen ſpizigen untern Kiefer. Die Lippen haben treppenartige Vertiefungen. Die Schilder betragen $\frac{283}{209-74}$.

In Nordamerika. Gronovs Exemplar war 20 Zoll lang.

3. Die Natter. (Coluber.)

Mit Bauchſchildern und Schuppen unter dem Schwanze.

1. Die Viper-Natter. (C. Vipera. L.)

Aſpis Cleopatrae. *Laurenti* 105. n. 231.
Haſſelquiſts Reiſe 340. n. 60. Acta Vpſal. 1750. 24.
La vipère d' Egypte. C. de la Cepede. II. 63. D' *Aubenton* Encycl. methodique.

Mit dicken Kopfe, runden dünnern Halſe, und viel dickern faſt vierkantigen Körper, runden, dünnen, etwas gekrümmten Schwanze, welcher an der Spize mit einem ſcharfen Dorn verſehen. Der eiſengraue Körper iſt braun geflekt, unten blaß, und hat 3 ſchwarze Ringe an der Schwanzſpize. Die Schnauze iſt ſtumpf, die Kiefern ſind mit kleinen Zähnen verſehen, und in dem obern befinden ſich in beſondern Scheiden 2 längere Gift- oder Seitenzähne. Ueber die Länge des Bauches läuft eine Nath, und bei der Kehle befindet ſich eine tiefe Grube in der Länge. Der Schuppen und Schilder ſind $\frac{140}{118-22}$.

Sie findet ſich in Egypten, und iſt diejenige Schlange, mit welcher ſich die Cleopatra vergiftete. Ihre Länge beträgt

trägt 2—3 Fuß, am Körper ist sie 2 Zoll, am Halse ½ dick, und am Schwanze wie eine Federspuhle. Ohnerachtet ihr Biß giftig ist, und sie von den mehresten Thieren gefürchtet wird, so können doch nach Hasselquist die Schlangenfänger zu Kairo ohne Schaden mit ihr umgehen. Man gebraucht sie zu den Viper-Curen, nimmt ihr Fleisch zu dem Theriak, und gewinnt auch aus ihnen das flüchtige Vipernsalz, worzu man jährlich aus Egypten eine große Menge nach Venedig schift.

2. Die gescheckte Natter. (C. variegatus. L. syst. XIII.)

Aspis variegata. *Laurenti* 106. n. 223.
Seba II. T. 2. f. 8.

Mit braunlich, grau und weiß marmorirten Körper, welcher unten und an den Seiten gelb ist.

In Amerika. Sie ist in der äußern Gestalt jener ähnlich, so wie auch die folgende.

3. Die geaderte Natter. (C. venosus. L. syst. XIII.)

Aspis Cobella. *Laurenti* amph. 106. n. 232.
Seba II. T. 2. f. 5.

Mit grauen ins rothbraune fallenden Körper, mit weißen Queradern, und verlängerten Kopfe.

Ebenfalls in Amerika.

4. Die wurmartige Natter. (C. intestinalis. L. syst. XIII.)

Aspis intestinalis. *Laurenti* 106. n. 234.
Seba II. T. 2. f. 7.

Mit dünnen Körper von gleicher Dicke, mit einem Striche längs den Seiten, und einem über den Rücken, wel-

II. Ordn. Schlangen. 3. Die Natter.

welcher leztere sich gegen die Augen hin in 2 Theile spaltet.

In Afrika.

5. **Die Parcen-Natter.** (C. Lachesis. L. syst. XIII.)

Cobra Lachesis. *Laurenti* 104. n. 229.
Seba II. T. 94. f. 2.

Mit schwarzer Querbinde über den Augen, geschuppten Kopfe von gleicher Dicke des Körpers, und durch keinen Hals abgesondert, und hochstehenden Augen. Die Schuppen und Schilder stehen locker, sind rundlich, mit Rückenschärfe versehen, haben weiße Ränder, die dichtern sind schwärzlich, die übrigen grau.

Sie ist nebst den beiden folgenden giftig, und pflegt gereizt, durch in die Höhe Sträuben der Schuppen ein Geräusch hervorzubringen.

6. **Die Clotho-Natter.** (C. Clotho. L. syst. XIII.)

Cobra Clotho. *Laurenti* 104. n. 228.
Seba II. T. 93.

Mit Kopfe, welcher in der Dicke nicht von dem Körper unterschieden ist; die Kehlschilder haben Rückenschärfen und einen weißen Fleck. Schuppen und Schilder des Körpers sind groß und rundlich, die dichten braun, die lockerern gelb. Der Schwanz ist sehr dünne.

Zu Zeylon und Cuba.

7. **Die Atropen-Natter.** (C. Atropos. L. Muf. Ad. Friderici. I. 22. T. 13. f. 1.)

Cobra Atropos. *Laurenti* 104. n. 230.
L' Atropos. C. de la Cepede II. 134. D' *Aubenton* Encyclop. methodique. *Bonnaterre* 16. n. 27. Pl. 8. f. 4.

Mit grauen Körper, welcher mit 4 Reihen brauner augenförmiger in der Mitte weißer Flecken, gezeichnet ist. Der herzförmige, höckerige Kopf, hat 4 und mehrere schwarze Flecken. Von Schildern und Schuppen, von welchen leztere lanzetförmig sind, besizt sie $\frac{153}{131-22}$.

In Amerika. Sie ist wie jene giftig.

8. **Die bandirte Natter.** (C. Leberis. L.)

    Le Léberis. C. *de la Cepede* II. 135. *D'Aubenton* Encyclop. methodique. *Bonnaterre* 63. n. 176.

Mit schwarzen Querbinden, und $\frac{160}{110-50}$ Schuppen und Schildern.

    Sie ist von Kalm in Canada gefunden und ebenfalls giftig.

9. **Die gelbe Natter.** (C. Lutrix. L.)

    Le Lutrix. C. *de la Cepede* II. 175. *D'Aubenton* Encyclop. methodique. *Bonnaterre* 63. n. 177.

Mit gelben an den Seiten bläulichen Körper, und $\frac{161}{134-27}$ Schildern und Schuppen.

    In Südamerika und Indien. Sie soll nicht giftig seyn.

10. **Die Rohrnatter.** (C. calamarius. L. Muſ. Adolph. Frider. I. 23. T. 6. f. 3.)

    Le Calemar. *Bonnaterre* 43. n. 110. Pl. 8. f. 5.

Mit braunbläulichen Körper, von braunen gestrichelten und punktirten Streifen, und untern braungewürfelten Theilen. Der Schilder und Schuppen sind $\frac{162}{140-22}$.

    In Amerika.

                                              11. Die

II. Ordn. Schlangen. 3. Die Natter. 171

11. **Die gronovische Natter.** (C. dubius. L. syst. XIII.)

<small>Gronovii muf. II. 24.
Seba II. T. 98. f. 1.
Le Bitin. Bonnaterre 22. n. 43.</small>

Sie hat $\frac{165}{141-24}$ Schilder und Schuppen, und gelb und braungefleckten, unten weißlichen Körper.

Zu Zeylon. Ihre Länge beträgt an 4 Fuß 5 Zoll.

12. **Die Kreuznatter.** (C. simus. L.)

<small>La camuse. C. de la Cepede II. 284. Le Camus. D' Aubenton Encyclop. methodique. Bonnaterre 17. n. 28.</small>

Mit rundlichen, höckerigen, aufwerts gebogenen Kopfe, und kleiner schwarzer gekrümmter Binde zwischen den Augen. Auf dem Nacken befindet sich ein weißes Kreuz, in der Mitte mit einem schwarzen Punkte. Der Körper ist weiß und schwarz marmorirt, und gleichsam mit weißen Streifen gezeichnet, unten ist er aber schwarz, und führt $\frac{170}{124-46}$ Schilder und Schuppen.

In Carolina.

13. **Die gestreifte Natter.** (C. striatulus. L.)

<small>La striée. C. de la Cepede II. 285. Le strié D' Aubenton Encyclop. methodique. Bonnaterre 14. n. 18.</small>

Mit glatten Kopfe, und braunen oberwerts gestreiften unten blaßen Körper, von $\frac{173}{126-45}$ Schildern und Schuppen.

Sie findet sich in Carolina, und ist klein. Der Graf von Cepede rechnet zu dieser:

b) The

b) **The Copper Belly Snake.** *Catesby* carol. II. 46.

Sie hat 9 Schuppen auf dem Kopfe, welche größer als die andern, einen braunen Körper, dessen Schuppen über den Rücken eine Schärfe haben, und auf solche Art gestreift erscheinen, unten ist der Körper kupferroth.

Nach Catesby hält sie sich im Wasser auf, wo sie von Fischen lebt, ausserdem aber auch nach Vögeln geht, und zu dem Hausgeflügel auf die Höfe kommt, und die Eier aussäuft. Sie ist übrigens nicht giftig.

14. Die Sandnatter. (C. Ammodytes. L.)

Vipera illyrica. *Laurenti* 101. n. 220.
L'Ammodyte. C. *de la Cepede* II. 67. Bonnaterre 56. n. 151. Pl. 7. f. 1.

Mit aufrechter hornartiger Warze auf der Nase, welche beweglich und mit kleinen Schuppen besezt, an jeder Seite aber mit 2 hervorstehenden Knoten bei den Nasenlöchern versehen ist. Der Kopf ist gegen den Körper sehr breit, und lezterer braun, oder hellbläulich und mit einer schwarzen gezahnten Rückenbinde gezeichnet. Sie hat $\frac{174}{142-32}$ Schilder und Schuppen.

Sie hält sich vorzüglich im Sande auf, und findet sich in Lybien, und überhaupt im Oriente, zu Guinea, wo sie nach Boßmann schwarz, weiß und gelb geflekt sind, und an den Küsten von Afrika. Ihr Biß ist sehr gefährlich und tödtet schnell.

15. Die gehörnte Natter. (C. Cerastes. L.)

Hasselquist's Reise 315. n. 61. Acta Vpsal. 1750. 27.
Ellis Philos. Transact. LVI. T. 14.
Le Ceraste. C. *de la Cepede* II. 72. Pl. 1. f. 2. D' *Aubenton* Encyclop. methodique. Le Serpens cornu. *Bonnaterre* 20. n. 39. Pl. 35. f. 1.
Bruce Reise nach den Quellen des Nils. Anhang. T. 40.

Mit gelblichem Körper von irregulairen dunklern Flecken, welche kleine Querbinden bilden, der Unterleib ist heller. Der flache Kopf hat eine dicke kurze Schnauze, ist übrigens schmäler als der Körper und mit kleinen Schuppen besezt. Ueber jedem Auge befindet sich ein zurückgekrümmtes kleines Horn, wie eine 4ekte Pyramide, welches durch Schuppen mit der Haut verbunden ist. Die Schuppen und Schilder betragen nach Linné $\frac{175}{150-25}$, nach Hasselquist $\frac{200}{150-50}$, nach dem Grafen von Cepede $\frac{210}{147-63}$, nach Bruce $\frac{189}{145-44}$.

Sie ist giftig, findet sich im Oriente, und ist in vielen Skulptur-Arbeiten der Egyptier abgebildet. Ihre Größe beträgt fast an 3 Fuß in der Länge, sie hat aber einen kurzen Schwanz. Manche gehörnte Schlangen sind aber Kunstprodukte, indem die Araber sie dadurch nachmachen, daß sie andern Schlangen Vögelklauen unter die Haut des Kopfs stecken, welche nachher damit verwachsen. Diese Schlangen sollen übrigens viel länger als andere ohne Nahrung leben können. Belon und Ray behaupten zwar, daß sie lebendige Junge brächten, aber nach dem Grafen von Cepede legen sie wahre Eier.

16. **Die vielfarbige Natter.** (C. versicolor. L. syst. XIII.)

Gronovii mus. II. n. 39.
Le panaché. *Bonnaterre* 21. n. 41.

Mit rostbraunen, braun und weiß marmorirten Körper. Der Schilder und Schuppen sind $\frac{175}{136-39}$.

Ihr Vaterland ist unbekannt.

17. **Die ſchwarze Natter.** (C. Melanis. Pallas
Reiſen. I. 460. n. 19.)

<small>Le melanis. C. de la Cepede II. 60. Bonnaterre 38. n. 93.</small>

Mit ſchwarzen unten glatten Körper von dunklern
Flecken, welcher an den Seiten und gegen die Kehle hin
bläulich genebelt iſt. Der kegelförmige Schwanz iſt
kurz. Die Augenſterne ſind braun, die ſenkrechte lan=
zetförmige Pupille hat einen ſilberweißen Rand. Die
Schilder und Schuppen betragen $\frac{175}{148-27}$.

An der Wolga und Samarga, an Dungſtäten, und
dumpfigen Orten. Der Geſtalt nach iſt ſie der europäiſchen
Natter ähnlich. Sie iſt übrigens giftig, und hat bewegliche Zähne im Oberkiefer.

18. **Die weißliche Natter.** (C. exalbidus. *Boddaert*
l. c. 23. n. 24.)

<small>Gronovii muſ. II. n. 39. zooph. I. n. 129.
Scheuchzer phyſ. ſacr. T. 660. f. 7.
Le Gninéen. Bonnaterre 20. n. 38.</small>

Mit weißlichen Körper, welcher mit breiten ſchwarz
und weißgeflekten Querbinden gezeichnet iſt. Nach
Gronov betragen die Schilder und Schuppen $\frac{177}{135-42}$.

Zu Guinea. Ihre Länge betrug 8 Zoll 7 Linien.

19. **Die Wickelnatter.** (C. plicatilis. L.)

<small>Ceraſtes plicatilis. *Laurenti* 81. n. 168.
Seba I. T. 57. f. 5.
Le Bali. C. de la Cepede II. 176. Pl. 9. f. 1. D'Aubenton En-
cyclop. methodique. Bonnaterre 53. n. 143. Pl. 9. f. 7.</small>

Mit blaßgelben, am Rande weißen Schuppen des
Körpers, von denen an jeder Seite eine Reihe rother
hin-

hinläuft, welche ebenfalls weiß eingefaßt sind. Die Schilder unter dem Leibe haben an beiden Enden einen gelben Fleck, so wie auch die Schuppen, welche solche berühren, daher der Unterleib mit 4 punktirten gelben Linien bezeichnet ist. Auch sind die Schwanzschuppen mit gelben Flecken versehen, welche 2 solche Linien bilden. Der Schilder und Schuppen sind $\frac{177}{131-46}$.
Der zusammengedrukte Kopf ist mit 9 breiten Schuppen bedekt, verdünnert sich gegen den Hals, und hat eine stumpfe rundliche Schnauze. Der Schwanz ist dick und spitzig.

Auf der Insel Ternate. Nach dem Grafen von Cepede 6½ Fuß lang.

20. **Die schiefgestreifte Natter.** (C. Nouae Hispaniae. L. syst. XIII.)

Cerastes mexicanus. *Laurenti* 83. n. 176.
Seba II. T. 20. f. 1.

Mit schwarzen, unten weißen Körper, welcher auf dem Rücken mit schiefen Streifen, und hinterwerts mit schiefen Binden gezeichnet ist.

In Mexiko. Sie ist in der Gestalt jener ähnlich.

21. **Die gekrönte Natter.** (C. coronatus. L. syst. XIII.)

Cerastes coronatus. *Laurenti* 83. n. 177. ?
Seba II. T. 105. f. 3.

Dunkelschwarz mit ungleichförmigen weißen Punkten und Flecken.

Ebendaselbst; in der Gestalt auch der Wickelnatter ähnlich.

22. **Die Damen-Natter.** (C. Domicella. L.)

Seba II. T. 54. f. 1.

III. Claſſe. Amphibien.

La couleuvre des Dames. C. *de la Cepede* II. 178.
Le Serpent des Dames. D'*Aubenton* Encyclop. methodique.
Bonnaterre 38. n. 94. Pl. 9. f. 8.

Mit weißen Körper, deſſen ſchwarze Querbinden ſich gegen den Bauch verſchmälern, und in einen ſchwarzen Strahl zuſammenlaufen. Der Schuppen und Schilder ſind $\frac{178}{118-60}$.

In Aſien. Sie iſt klein, gar nicht ſcheu und beißig, und wird von den Frauenzimmern im Buſen getragen.

23. **Die weiße Natter.** (C. Alidras. L.)

L' Alidre. C. *de la Cepede* II. 203. D'*Aubenton* Encycl. methodique. *Bonnaterre* 10. n. 2.

Ganz weiß, mit $\frac{179}{121-58}$ Schildern und Schuppen.

In Südamerika und Indien.

24. **Die ungefärbte Natter.** (C. albus. L. Muſ. Ad. Friderici. I. 24. T. 14. f. 2.)

La Couleuvre blanche. C. *de la Cepede* II. 183. *Bonnaterre* 10. n. 1. Pl. 11. f. 13.

Ganz weiß, mit $\frac{190}{170-20}$ Schildern und Schuppen.

Ebendaſelbſt.

25. **Die Milchnatter.** (C. lacteus. L. Muſ. Ad. Frider. I. 28. T. 18. f. 1.)

Ceraſtes lacteus. *Laurenti* 83. n. 173.
Le lacté. C. *de la Cepede* II. 109. D'*Aubenton* Encyclop. methodique. *Bonnaterre* 16. n. 26. Pl. 16. f. 27.

Mit milchweißen Körper, von dunkelſchwarzen Flecken, welche paarweis beiſammen ſtehen, der ſchwarze Scheitel hat nach der Länge eine weiße Binde. Die Schilder und Schuppen betragen $\frac{235}{203-32}$.

Ebendaſelbſt. Dieſe iſt giftig.

26. Die

II. Ordn. Schlangen. 3. Die Natter. 177

26. **Die helle Natter.** (C. candidus. L. Muſ. Adolph. Frid. I. 33. T. 7. f. 1.)

Le blanchâtre. C. de la Cepede II. 197. D'Aubenton Encyclop. methodique. Bonnaterre 39. n. 98. Pl. 21. f. 41.

Weißlich mit braunen Binden, und $\frac{270}{220-50}$ Schuppen und Schildern.

Ebendaſelbſt.

b) Weißlich, mit etwas großen Flecken, und $\frac{270}{183-87}$ Schildern und Schuppen.

Dieſe wird vom Grafen von Cepede hieher gerechnet.

27. **Die Schnee-Natter.** (C. niveus. L.)

Cerastes candidus. *Laurenti* 83. n. 175.
Seba II. T. 15. f. 1.
La tres-blanche. C. de la Cepede II. 118. Le sans-tâche. D'Aubenton Encycl. methodique. Bonnaterre 16. n. 26. Pl. 22. f. 42.

Ganz weiß, mit $\frac{271}{209-62}$ Schildern und Schuppen.

In Afrika. Sie iſt giftig.

28. **Die getüpfelte Natter.** (C. punctatus. L.)

La ponctuée. C. de la Cepede II. 287. D'Aubenton Encyclop. methodique. Bonnaterre 10. n. 3.

Mit grauen unten gelben Körper, mit 3 Reihen ſchwarzer Punkte am Bauche, wovon jede aus 3 andern Reihen beſteht. Sie hat $\frac{180}{136-43}$ Schilder und Schuppen.

In Carolina.

29. **Die Backen-Natter.** (C. buccatus. L. Muſ. Ad. Frid. 29. T. 19. f. 3.)

Laurenti 95. n. 209.

La Jouflue. *C. de la Cepede* II. 182. Le Triangle. *D' Aubenton* Encyclop. methodique. Le triangulaire. *Bonnaterre* 46. n. 119.

Mit hinterwerts breiten, an den Seiten zuſammengedrukten mit Schildern beſezten Kopfe, und hinterwerts aufgetriebenen Kiefern. Der Körper iſt weiß, auf der Naſe befindet ſich ein dreickter brauner Fleck, auf dem Scheitel ſtehen 2 braune Punkte, und auf dem Rücken zwei ſehr breite braune Flecken. Sie hat $\frac{181}{107-72}$ Schilder und Schuppen.

In Indien. Sie iſt giftig.

30. **Die ſchöne Natter.** (C. elegantiſſimus. *Laurenti* 96. n. 211.)

Seba I. T. 81. f. 9.

Mit weißen Körper, rothen Kreuze auf der Stirn, welches mit rothen Flecken umzogen iſt; über den Rücken laufen 3 Reihen rother Augen, von denen die mittelſte Reihe ſehr zart iſt, und an jeder Seite befindet ſich eine einzelne Reihe rother Flecken.

Wahrſcheinlich ebendaſelbſt. Sie iſt auch giftig.

31. **Die javaiſche Natter.** (C. javanus. *Laurenti* 96. n. 212.)

Seba I. T. 10. f. 2.

Le Javanois. *Bonnaterre* 60. n. 166.

Mit weißen Körper, rothbraunen Querfleck vor den Augen, und weißen über ſelbige; vom Scheitel geht zu dem Rücken eine Binde, welche von der Mitte des Rük-

II. Ordn. Schlangen. 3. Die Natter.

Rückens an, mit rautenförmigen in der Mitte weißlichen Flecken gezeichnet ist.

Zu Java. Auch giftig.

32. **Die schmutzige Natter.** (C. ignobilis. *Laurenti* 96. n. 213.)

Seba I. T. 72. f. 6.

Graugelb, mit rundlichen Flecken auf dem Rücken, und einer Reihe von Punkten auf jeder Seite, welche in eine Binde zusammenlaufen.

In Amerika. Auch giftig. Sämmtliche 3 leztere Arten kommen in der Gestalt der Backen-Natter nahe.

33. **Die Gitternatter.** (C. Nexa. *Laurenti* 97. n. 215.)

Seba I. T. 19. f. 7.

Rothbraun, mit gedoppelter eckiger Binde auf dem Rücken, deren Ecken sich durchkreuzen.

In Afrika, der Backennatter ähnlich, und giftig.

34. **Die europäische Natter. Die italienische Viper.** (C. Berus. L.)

Laurenti 97. n 216. T. 2. f. 1.
Weigel in den Abhandl. der hallischen naturf. Gesellschaft. I. 8.
Scopoli ann. hist. nat. II. 39.
J. D. Meyers Vorstellung allerhand Thiere. II. T. 15—18.
La vipère commune. C. de la Cepede II. 1. Pl. 1. f. 1.
La vipère. D'*Aubenton* Encyclop. methodique. *Bonnaterre* 56. n. 152.

Mit silbergrauen, rothbraunen oder schwärzlichen Körper, über dessen Rücken eine Binde oder, vielmehr Kette unregelmäßiger dunklerer Flecken in einem Zickzack lauft, auf deren einspringende Winkel eine Linie von kleinen schwarzen Flecken an jeder Seite trift. Die

III. Claſſe. Amphibien.

Schnauze und der Raum zwiſchen den Augen ſind ſchwärzlich, und auf dem Scheitel befinden ſich 2 ſchiefe Flecken, welche in einem Winkel zuſammenſtoßen. In dem Oberkiefer befinden ſich 28 Zähne, nebſt 2 beweglichen ſehr ſcharfen, langen, gebogenen Seiten=Zähnen; im untern Kiefer ſind nur 24. Der Körper iſt etwas zuſammengedrückt, und die Schuppen auf dem Rücken ſind mit einer Schärfe verſehen. Nach Linné und dem Grafen von Cepede hat ſie $\frac{183}{146-39}$, nach Weigel $\frac{190}{148-42}$ und nach Scopoli $\frac{245}{177-68}$ Schilder und Schuppen.

Sie iſt häufig in Europa und Sibirien, erreicht eine Länge von 2 Fußen, und der Schwanz, welcher bei den männlichen Schlangen gewöhnlich länger und dicker als bei den weiblichen iſt, beträgt 3 — 4 Zoll. Sie ſind giftig in ihren Biß, wie dies ſchon die beweglichen Seiten=Zähne im Oberkiefer anzeigen. Bei dieſen befinden ſich am Grunde kleinere ähnliche, welche wahrſcheinlich die größern wieder erſetzen, wenn ſolche bei dem Beißen verlohren gehen. Dieſe Zähne haben nach Fontana inwendig 2 Höhlungen, eine gegen den erhabenen, die andere gegen den vertieften Theil des Zahnes; jene öfnet ſich auswerts mit 2 kleinen Löchern, wovon das eine am Grunde, das andere an der Spitze des Zahnes ſteht; die andere hat ihren Ausgang am Grunde des Zahnes. Dieſe Zähne ſtecken nun auf $\frac{2}{3}$ ihrer Länge in einer Haut, welche gegen die Spitze hin, wo ſie einen Saum bildet, offen iſt. Unter dem Muſkel des obern Kiefers lieget auf jeder Seite eine Giftblaſe, und werden dieſe durch den Muſkel gedrukt, ſo ergießt ſich das Gift in die offene Haut am Zahne, fließt in das untere Loch des Zahnes, und bei dem Biſſe durch das obere Loch deſſelben in die Wunde. Ihr Biß iſt nach Beſchaffenheit der Jahreszeit und der Stärke von gar verſchiedener Wirkung,

aber

aber doch immer giftig, und verursacht heftige Entzündungen, welche auch zuweilen in den Brand übergehen. Ist aber der Biß stark, oft wiederhohlt, und trift er größere Blutgefäße, so kann er allerdings tödlich werden. In jenen weniger gefährlichen Fällen fand Fontana das ätzende Kali als das vorzüglichste Mittel, welches auch selbst in schwerern Fällen nicht ganz ohne Wirkung bleibt. Die gewöhnliche Nahrung dieser Nattern besteht in Insekten, Scorpionen, Eidechsen, Fröschen, Ratten, Maulwürfen und dergleichen. Sie können aber auch eine beträchtliche Zeit ohne Nahrung zubringen. Im Winter trift man sie unter Steinen oder in Mauerlöchern, mehrere zusammengewickelt an. Im Frühjahre häuten sie sich, so wie auch im Herbste, auch paaren sie sich zweimal im Jahre, und die Weibgen legen eben so oft 12—25 Eier, aus welchen die Jungen mit einer Art von Mutterkuchen auskriechen, von welchen sie die Mutter befreit. In 6—7 Jahren sind sie völlig ausgewachsen, im 3ten aber paaren sie sich schon. Ihre Reizbarkeit ist stark, indem der abgeschnittene Kopf noch gefährlich beißen kann, auch haben sie ein zähes Leben, und können sie sich Stundenlang im Weingeiste mit einander herumbeißen. Tabak und wesentliche Oele scheinen ihnen nach Fontana vorzüglich tödlich zu seyn. Ehedem waren sie sehr zu Suppen und andern Speisen gebräuchlich, welche Viperncur man häufig zur Wiederherstellung der Kräfte und in Hautkrankheiten verordnete. Man fängt sie zu dieser Absicht mit hölzernen Beißzangen und verschikt sie in mit Moos oder Kleien ausgefüllten Schachteln. In Afrika werden sie auch von den Negern gegessen.

L.' Abbé *Fontana* sur les poisons et particulierement sur celui de la vipère. à Florence. 1781. I. II.

Zu den vorzüglichsten Abänderungen gehören folgende:

b) Mit rundlichen in eine Binde zusammenfließenden Flecken, und Querflecken am äußern Theile des Schwanzes.

III. Claſſe. Amphibien.

Seba II. T. 9. f. 8.

In Indien.

c) Mit röthlichbraunen Körper, geflekten Kopfe und dünnen Halſe.

Seba II. T. 36. f. 2.

Zu St. Euſtach.

d) Mit einem Bogen auf dem Hinterkopfe, welcher einen weißen Flecken einſchließt.

Seba I. T. 33. f. 5.

In Indien.

e) Mit vieltheiligen Flecke auf dem Kopfe.

Seba II. T. 59. f. 1.

Auf den Celebiſchen Inſeln.

35. Die ſchwarzfleckige Natter. (C. leucomelas. L. ſyſt. XIII.)

Gronovii muſ. 65. n. 39. zooph. I. 21. n. 129.
Coluber albus. Boddaert l. c. 22. n. 20.

Weiß mit ſchwarzen Flecken. Die Schilder und Schuppen betragen $\frac{183}{135-48}$.

Ihr Vaterland iſt unbekannt.

36. Die nordiſche Natter. (C. Cherſea. L. Schwed. Abhandl. XI. 255. T. 6. f. 1. 2.)

Laurenti 97. n. 214.
Weigel Abhandl. der halliſch. naturf. Geſellſch. I. 12.
La vipère Cherſea. C. de la Cepede II. 49. *La Cherſée. Bonnaterre* 35. n. 82. Pl. 10. f. 10.

Mit mattröthlichen Körper, und rußfarbenen zackigen Streif über den Rücken bis an den Schwanz, ſehr niedergedrukten Kopfe, mit rußfarbenen herzförmigen

Flek=

Flecken, und 6 weißlichen Flecken in einem halben Kreise vorne bei der Nase. Die Oberlippe ist wie mit einer weißen Säge gezeichnet. Die Schilder und Schuppen betragen $\frac{184}{150-34}$ nach Linné, nach Weigel aber $\frac{179}{140-39}$.

Sie findet sich vorzüglich in Smoland, so wie auch in Schweden, in Erlengebüschen und in niedrigen Gegenden. Sie ist sehr giftig und hat bewegliche Zähne im Oberkiefer. Nach Linné sind viele Personen durch diese Natter in Smoland verunglückt, und schwellen den Gebißenen die Theile unter grausamer Angst. Man pflegt sich zwar damit zu helfen, daß man den gebissenen Theil in die Erde steckt, die getödtete Natter zerquetscht auflegt, auch den Platz des Bisses aufschneidet, und ausbluten läßt; demohnerachtet sollen aber die mehresten sterben, daher die Bauern, wenn sie von einer solchen Natter in die Zehe gebissen worden, solche sogleich abhauen. Sie ist übrigens kleiner als die europäische, etwas über einen Fuß lang, und von der Dicke einer Schwanenfeder. Nach Wulfe soll sie sich auch im Preußischen finden.

37. **Die sibirische Natter.** (C. Scytha. Pallas Reisen. II. 717. n. 37.)

La Schythe. C. de la Cepede II. 62. Bonnaterre 15. n. 22.

Mit fast herzförmigen Kopfe, und dunkelschwarzen, unten glatten milchweißen Körper. Die Schilder und Schuppen betragen $\frac{184}{153-31}$.

In den Wäldern des gebürgigen, selbst nördlichen Sibiriens, nicht so sehr giftig als die vorige, ohngefähr $1\frac{1}{2}$ Fuß lang, Fingers dick und von kurzen Schwanz, welcher $\frac{1}{10}$ der ganzen Länge beträgt.

38. Die englische Natter. (C. Prester L.)

Coluber vipera anglorum. *Laurenti* 98. n. 217.
La vipère noire. C. *de la Cepede* II. 56.
La Dipsade. D' *Aubenton* Encyclop. methodique. *Bonnaterre* 15. n. 24.

Mit ganz schwarzen Körper, und schwarz und weiß geflekten Lippen, die Schuppen sind lanzetförmig und mit Rückenschärfe versehen. Die Schilder und Schuppen betragen $\frac{185}{152-32}$.

Im nördlichen Asien, und in Europa besonders in England, auch in Oestreich. Sie ist giftig, doch in leztern Gegenden weniger. In England gebraucht man sie statt der gemeinen in Officinen.

39. Die Redische Natter. (C. Redi. L. syst. XIII.)

Vipera Francisci Redi. *Laurenti* 99. n. 218.
Meyers Thiere. II. 5. T. 16—18.
La Vipère commune. C. *de la Cepede* II. 1. Var.

Mit rothbraunen ganz mit kleinen Schuppen besezten Kopfe, auf dem Körper befinden sich der Länge hin 4 Streifen von kurzen wechselsweis stehenden Querstrichen, welche in den beiden mittelsten Streifen vorwerts zusammenfließen. Der Unterleib nebst der Schwanzspitze sind roth. Die Schilder und Schuppen betragen $\frac{185}{152-33}$.

Sie findet sich an den österreichischen und italienischen Küsten; ihr Biß ist sehr giftig, und schnell tödlich, wenn man nicht mit der schleimigen Auflösung von Queckfilber und dem Gentianen-Decocte bald zu Hülfe kommt.

40. Die Cobra-Natter. (C. Cobra. L. syst. XIII.)

Laurenti 103. n. 227.
Le Cobra. *Bonnaterre* 59. n. 157.

II. Ordn. Schlangen. 3. Die Natter.

Mit braunen zusammengedrukten auf dem Rücken mit einer Schärfe versehenen Körper, die größern Schuppen haben Rückenschärfen, der Kopf ist länglich und rundlich. In den Kiefern befinden sich auf jeder Seite, oben und unten 2 Giftzähne.

Von unbekannten Vaterlande.

41. Die weißbackige Natter. (C. maculatus. L. syst. XIII.)

Vipera maculata. *Laurenti* 102. n. 222.

Mit grauen Körper, über deſſen Rücken 3 Reihen elliptischer Flecken laufen, von denen die mittelsten am größten sind, sie haben einen braunen Rand und sind in der Mitte gelb. Der graue zusammengedrukte Kopf ist an den Seiten weiß, mit bräunlicher, vor den etwas hervorstehenden Nasenlöchern zusammenlaufender Binde. Am Hinterkopf befinden sich 2 dreiekte Flecken.

Ebenfalls von unbekannten Wohnorte.

42. Die bläuliche Natter. (C. glaucus. L. syst. XIII.)

Vipera coerulescens. *Laurenti* 101. n. 221.

Weißbläulich und an beiden Seiten mit großen undeutlichen Flecken genebelt, bei den Augen befindet sich eine oben mit einem weißen, unten mit einem schwarzen Strich sich endigende weiße Binde, und auf dem Nacken eine rostfarbene.

Zu Martinique.

43. Die Neßnatter. (C. maderensis. L. syst. XIII.)

Vipera maderensis. *Laurenti* 102. n. 224.
Seba I. T. 54. f. 2.

Mit grauen von gelblichen Linien netzartig durchzogenen Körper.

Zu Madera.

III. Claſſe. Amphibien.

44. Die Bitis-Natter. (C. Bitis. L. ſyſt. XIII.)

    Vipera Bitis. *Laurenti* 102. n. 223.
    Seba II. T. 16. f. 1.

Mit grauen, gelb, weiß oder roth marmorirten Körper, mit braunen Querſtreifen, welcher unten gelb, und mit einer Reihe weißer ſehr kleiner Schuppen verſehen iſt.

    In Braſilien.

45. Die Kupfernatter. (C. acontia. L. ſyſt. XIII.)

    Vipera acontia. *Laurenti* 102. n. 225.
    Seba II. T. 64. f. 1.

Kupferroth, mit weißlichen Rückenſchärfen der Schuppen, unten gelb und rothgefleckt.

    Auf der Kreuz-Inſel, wo ſie ſich auf Bäumen aufhält.

46. Die eckige Natter. (C. angulatus. L. Muſ. Ad. Frider. I. 23. T. 15. f. 1. Amoen. acad. I. 119. n. 7.)

    Weigel Abh. der halliſch. naturf. Geſellſch. I. 14. n. 4. 5.
    Seba II. T. 73. f. 1.
    L' Anguleuſe. *C. de la Cepede* II. 204. D' *Aubenton* Encyclop. méthodique. Bonnaterre 41. n. 105. Pl. 10. f. 11.

Mit weißlichen Körper, von braunen ſchwarzeingefaßten Querbinden, welche in der Mitte des Körpers am dickſten, und ſämmtlich eckig ſind. Sie hat nach Linné $\frac{187}{117-70}$ und $\frac{180}{120-60}$ Schilder und Schuppen.

    In Aſien. Sie iſt 1—2 Fuß lang.

47. Die blaue Natter. (C. coeruleus. L.)

    Seba II. T. 13. f. 3.

II. Ordn. Schlangen. 3. Die Natter.

Le Bluet. C. de la Cepede II. 288. D' Aubenton Encyclop. methodique. Bonnaterre 30. n. 66. Pl. 10. f. 12.

Mit weißen Körper, und halb weißen und halb blauen Rückenschuppen, der Kopf ist bläulich, und der Schwanz gegen das Ende hin dunkler blau. Der Schuppen und Schilder sind $\frac{189}{165-24}$.

In Amerika.

48. **Die Aspis-Natter.** (C. Aspis. L.)

Vipera Mosis Charas. Laurenti 100. n. 219.
L' Aspic. C. de la Cepede II. 53. Pl. 2. f. 1. D' Aubenton Encyclop. methodique. Bonnaterre 32. n. 71. Pl. 37. f. 1.

Mit 3 Reihen länglicher rothbrauner Flecken, welche schwarz eingefaßt sind, und sich gegen den Schwanz hin in eine geschlängelte Binde vereinigen. Unten ist der Körper bräunlich und gelblich marmorirt. Die Schilder und Schuppen betragen $\frac{192}{146-46}$, und nach dem Graf von Cepede $\frac{192}{155-37}$.

In den nördlichern Provinzen Frankreichs. Der Graf von Cepede beschreibt sie nach einem Exemplar von 3 Fuß. Laurentis angeführte Synonymie rechnet er aber zur europäischen. Sie ist übrigens mit Giftzähnen versehen.

49. **Die Blindnatter.** (C. Typhlus. L.)

Weigel Abhandl. der hallisch. naturf. Gesellsch. I. 15. n. 6.
Le typhle. C. de la Cepede II. 185. D' Aubenton Encyclop. methodique. Bonnaterre 12. n. 9.

Mit etwas bläulichem Körper, und nach Linne' mit $\frac{193}{140-53}$, nach Weigel $\frac{193}{154-38}$ Schildern und Schuppen.

In Indien. An 1½ Fuß und darüber lang.

III. Claſſe. Amphibien.

b) Mit dunkelgrünen Körper, welcher unten gelblich, und an jeden Schilde mit 2 ſchwärzlichen Flecken gezeichnet iſt, welche 2 Reihen bilden und mit $\frac{191}{141-50}$ Schildern und Schuppen.

Der Graf von Cepede rechnet dieſe, als eine Varietät hieher, welche ſich in dem Pariſer Kabinette befindet. In der Länge kommt ſie jener bei.

50. **Die Wampum Natter.** (C. fasciatus. L.)

Catesby Car. II. T. 58.
Le Vampum. C. *de la Cepede* II. 289. D'*Aubenton* Encyclop. methodique. *Bonnaterre* 31. n. 69. Pl. 11. f. 14.

Mit blauen, oder auch ſchwarzblauen Körper, mit weißen gegen die Seiten in 2 Theile geſpaltenen Querbinden. Die untern Theile ſind hellblau, und über jedes Schild läuft eine kleine braune Querbinde. Sie hat $\frac{194}{128-67}$ Schilder und Schuppen.

In Carolina und Virginien. Sie iſt nicht giftig, aber ſehr gefräßig, und wird an 5 Fuß lang.

51. **Die bräunliche Natter.** (C. subfuscus. *Boddaert* l. c. 23. n. 25.)

Gronovii zooph. n. 123.
Le gros-nez. *Bonnaterre* 36. n. 87.

Mit bräunlichen an den Seiten ſchwarzgeflekten Körper, und nach Gronov mit $\frac{192}{149-43}$ nach Boddaert mit $\frac{197}{154-43}$ und $\frac{204}{149-55}$ Schildern und Schuppen. Die Schnauze iſt mit einem häutigen Vorſprung verſehen.

Von unbekannten Vaterlande. Sie erreicht etwas über einen Fuß an Länge.

52. Die

II. Ordn. Schlangen. 3. Die Natter.

52. **Die Klapper-Natter.** (C. crotalinus. L. Maut. plant. altera. 528.)

Mit herzförmigen Kopfe, hervorstehenden Augenliedern, grauen Körper, mit großen wechselsweis stehenden schwärzlichen Flecken, welcher unten gelblich und braun überlaufen. Sie hat $\frac{197}{154-43}$ Schilder und Schuppen.

Von ebenfalls unbekannter Heimath. Sie kommt in der Größe den Klapperschlangen bei.

53. **Die astrachanische Natter.** (C. Halys. Pallas Reisen III. 703. n. 38.)

Mit hellbraunen Körper, von olivenbraunen Querflecken, welche gegen die Seiten hin kleiner sind, unten ist sie blaß. Ihre Schuppen stehen gedrängt und haben einige Rückenschärfe. Sie hat $\frac{198}{164-34}$ Schilder und Schuppen.

Sie findet sich etwas selten in den südlichen Astrachanischen Steppen, und ist dicker, kürzer und wilder, als die europäische.

54. **Die röthlichbraune Natter.** (C. rufescens. L. syst. XIII.)

Gronovii muf. II. n. 29.
Seba I. T. 33. f. 6.

Mit hellröthlich braunen Körper, und $\frac{201}{159-42}$ Schildern und Schuppen.

Von unbekannten Aufenthalte.

55. Die

55. Die Forskalische Natter. (L. Lebetinus. L.)

Forskahl fauna Arabiae. 13. n. 6.
Le Lébetin. *C. de la Cepede* II. 105. *D' Aubenton* Encyclop. methodique. *Bonnaterre* 40. n. 101.

Mit grauen Körper von 4facher Reihe von Querstreifen, welche wechselweise stehen, und von denen die beiden mittelsten gelblich, die zur Seite aber braun, oder schwarz sind; unten ist der Körper heller, und dicht mit braunen oder schwarzen Punkten besezt. Die Rückenschuppen haben eine Schärfe, und der breite niedergedrukte Kopf ist fast herzförmig. Sie hat $\frac{201}{155-46}$ und auch $\frac{197}{152-43}$ Schilder und Schuppen.

Im Oriente. Ihr Stich bringt einen unbezwinglichen und tödlichen Schlaf hervor.

56. Die schwarzköpfige Natter. (C. melanocephalus. L. Musf. Adolph. Frider. I. 24. T. 15. f. 2.)

Weigel in den Schriften der ballisch. naturf. Gesellsch. I. 15. n. 7 – 10.
La tête-noire. *C. de la Cepede* II. 293. *D' Aubenton* Encycl. methodique. *Bonnaterre* 34. n. 80. Pl. 12. f. 15.

Mit sehr glatten, bräunlichen, unten weißlichen Körper, braunschwarzen Kopfe, und Rückenbinde beim Kopfe. Zuweilen hat sie auch Schilder unter dem Schwanze. Ihre Schuppen und Schilder betragen $\frac{202}{140-62}$ nach Linné, nach Weigel aber $\frac{200}{151-49}$ $\frac{198}{156-42}$, $\frac{276}{197-79}$, $\frac{263}{180-83}$.

In Amerika; ihre Länge beträgt von $1\frac{1}{2} - 2$ Fuß.

57. Die

II. Ordn. Schlangen. 3. Die Natter.

57. **Die panamische Natter.** (C. panamensis. Boddaert l. c. 19. n. 7.)

Seba II. T. 66. f. 10.

Bläulich, mit gerändelten Schuppen, und $\frac{202}{164-38}$ Schildern und Schuppen.

Zu Panama.

58. **Die dickschwänzige Natter.** (C. crassicaudus. L. syst. XIII.)

Gronovii mus. II. 67. n. 36. Zooph. n. 126.
Coluber coeruleus. Boddaert l. c. 21. n. 19.
Seba II. 35. T. 35. f. 4.
L' Africain. Bonnaterre 49. n. 127.

Blau, unten weißlich mit schwarzen Querflecken, dicken Schwanze, und $\frac{202}{142-60}$ Schildern und Schuppen.

In Afrika. Ohngefähr von 2 Fuß Länge.

59. **Die gefleckte Natter.** (C. naevius. L. syst. XIII.)

Gronov. mus. II. n. 34.
Le Bariole. Bonnaterre 39. n. 96. Le grenouiller. 51. n. 133.

Weiß, mit schwarzen Flecken und Linien, und $\frac{203}{153-50}$ und $\frac{212}{149-63}$ Schildern und Schuppen.

Zu Surinam. Ohngefähr 19 Zoll lang.

60. **Die weißstrahlige Natter.** (C. Cobella. L.)

Cerastes Cobella. Laurenti 82. n. 172.
Coluber ater. Boddaert l. c. 19. n. 9.
Gronovii mus. II. 65. n. 32.
Weigel Abhandl. der hall. naturf. Gesellsch. l. 17. n. 12—23.

Seba

III. Classe. Amphibien.

Seba II. T. 2. f. 6.
Le Cobel. C. de la Cepede II. 291. D' *Aubenton* Encyclop. methodique. *Bonnaterre* 49. n. 128. Pl. 12. f. 16.

Mit grauen oder braunen Körper, welcher mit vielen kleinen schiefen weißen Strahlen, zuweilen auch mit weißlichen Querbinden gezeichnet ist; unten ist er weiß, mit vielen braunen Binden am Bauche. Zuweilen sind die Strahlen auch schwarz, und laufen in Winkel zusammen, die Binden auch weiß und braun gewürfelt. Ueber jedem Auge befindet sich ein schiefer bleifarbener Fleck. Der Schwanz wird gleich von Anfang plötzlich dünner.

Die Schilder und Schuppen sind gar sehr verschieden, nach Linné $\frac{204}{150-54}$, nach Gronov $\frac{202}{151-51}$, nach Boddaert $\frac{213}{155-58}$, nach Weigel $\frac{194}{154-40}$, $\frac{205}{151-54}$, $\frac{205}{152-53}$, $\frac{200}{150-50}$, $\frac{204}{150-54}$, $\frac{204}{154-50}$, $\frac{202}{152-50}$, $\frac{212}{157-55}$, $\frac{203}{153-50}$, $\frac{202}{150-52}$.

Sehr häufig in Amerika, und nicht giftig. Von $\frac{2}{3}$ bis $2\frac{1}{4}$ Fuß und darüber in der Länge.

61. Die Rosennatter. (C. purpurans. L. syst. XIII.)

Gronov. mus. II. 66. n. 35. Zooph. n. 124.
Coluber purpurascens. *Boddaert* l. c. 21. n. 18.

Purpurröthlich, mit schwarzen Flecken, nach Gronov mit $\frac{206}{144-72}$ Schildern und Schuppen.

Von unbekannten Wohnorte.

62. Die Königs-Natter. (C. reginae. L. Mus. Ad. Frider. 24. T. 13. f. 3.)

Weigel Abh. der hallisch. naturf. Gesellsch. I. 22. n. 24.
La régine. C. *de la Cepede* II. 187. D' *Aubenton* Encyclop. methodique. *Bonnaterre* 14. n. 19. Pl. 12. f. 17.

Mit

II. Ordn. Schlangen. 3. Die Natter.

Mit violetbraunen Körper, unten weißen Kinn und Schwanze, wechselsweis weißen und zur Helfte schwarzbraunen Bauchschildern. Die Schilder und Schuppen betragen nach Linné $\frac{207}{137-70}$ nach Weigel $\frac{217}{143-74}$.

In Südamerika und Indien.

63. **Die Reifnatter.** (C. doliatus. L.)

<small>C. albidus. *Boddaert* l. c. 22. n. 22.

L' Annelée. C. *de la Cepede* II. 294. D' *Aubenton* Encycl. methodique. *Bonnaterre* 38. n. 95.</small>

Mit weißen Körper, welcher mit paarweisen schwarzen Ringen gezeichnet ist, welche sich mehr oder weniger vollkommen bis an den Bauch erstrecken. Zuweilen geht auch längs über den Rücken ein schwärzlicher Streif. Der Hals ist weiß, der Kopf oberwerts schwarz, und finden sich keine Giftzähne im Oberkiefer. Nach Linné betragen die Schilder und Schuppen $\frac{208}{164-43}$, nach Boddaert $\frac{206}{166-40}$.

In Carolina; nach dem Grafen von Cepede ist sie $7\frac{1}{4}$ Zoll lang.

64. **Die Ibiboca-Natter.** (C. ordinatus. L.)

<small>*Gronov.* muf. II. n. 37.

C. coerulescens. *Boddaert* l. c. 22. n. 21.

Seba. II. T. 20. f. 2. Catesby Car. II. T. 53.

L' Ibibe. C. *de la Cepede* II. 322. D' *Aubenton* Encyclop. methodique.</small>

Mit bläulichen oder grünlichen, schwarz gefleckten und genebelten Körper, welcher an den Seiten mit einer Reihe schwarzer Punkte gezeichnet ist. Nach Lin-

Linné betragen die Schilder und Schuppen $\frac{210}{138-72}$, nach Gronov $\frac{212}{138-74}$.

In Carolina, wo sie auf die Höfe kömmt, und nach den Hühner-Eiern geht, welche sie aussäuft. Sie wird an 2 Fuß lang, ist aber nicht giftig.

65. **Die Carmoisin=Natter.** (C. coccineus. Blumenbach's Handbuch der Naturgesch. 4te Auflage. 255. n. 5.)

Lichtenbergs Magazin. V. 1. St. T. 1.

Mit 23 scharlachrothen ovalen querstehenden, oder stumpfvierseitigen Flecken längs den Rücken herab, welche mit schwarzen, an den Seiten mehrentheils unterbrochenen Rändern umgeben, und durch gelbe schwarzgeflekte Striche abgesondert sind. Der Bauch ist weißlich, das Gesicht des etwas kleinen Kopfes ist scharlachroth, die Augenlieder sind schwarz, und die Stirn gelb. Der Schilder und Schuppen sind $\frac{210}{175-35}$.

In Mexiko und zu Neuflorida. Sie wird ohngefähr 2 Fuß lang, und ist Fingersdick. Wegen ihrer Schönheit wird sie in Florida von den Mädgen zum Putz als Halsband, so wie auch in die Haare geflochten getragen.

66. **Die mexikanische Natter.** (C. mexicanus. L.)

La mexicaine. C. de la Cepede II. 303. Bonnaterre 63. n. 178.

Mit $\frac{211}{134-77}$ Schildern und Schuppen.

Linné sagt nichts mehr von ihr, als daß sie sich in Amerika finde, und auch kein Wort mehr sagt der Graf von Cepedo auf 2 Seiten.

II. Ordn. Schlangen. 3. Die Natter.

67. Die japanische Natter. (C. feuerus. L. Muf. Ad. Frider. I. 25. T. 8. f. 1.)

Weigel Abh. der hallisch. naturf. Gesellsch. I. 22. n. 25. 26.
Cerastes feuerus. *Laurenti* 81. n. 167.
Seba II. T. 54. f. 4.
L' hebraïque. C. *de la Cepede* II. 106. *D' Aubenton* Encyclop. methodique. *Bonnaterre* 40. n. 100. Pl. 13. f. 19.

Mit grauen Körper, auf deffen Rücken 10 weiße Binden zufammenlaufen, welche mit schwärzlichen Querstreifen durchschnitten sind, unten ist der Körper weißlich, und die obern Binden gehen nur zur Helfte herab. Zuweilen ist der Körper auch braun, die Querstreifen sind schmal, grau und weiß eingefaßt, und die untern hellern Theile gegen den Schwanz hin braungefleckt. Der Hinterkopf ist braun, zwischen den Augen befindet sich eine braune Binde, und eine andere bei solchen. Nach Linné betragen die Schilder und Schuppen $\frac{212}{170-42}$, nach Weigel $\frac{180}{143-37}$, und $\frac{169}{133-36}$.

In Asien, besonders zu Japan. Sie ist mit Giftzähnen versehen.

68. Die Auror-Natter. (C. Aurora. L. Muf. Ad. Frider. 25. T. 19. f. 1.)

Carastes Aurora. *Laurenti* 82. n. 169.
Seba II. T. 78. f. 3.
L' Aurore. C. *de la Cepede* II. 296. *D' Aubenton* Encyclop. methodique. *Bonnaterre* 53. n. 142. Pl. 14. f. 20.

Mit graulichen Körper, mit hochgelben Streif der Länge nach über den Rücken, in welchen die Schuppen oft orangefarben eingefaßt sind; der Kopf ist gelb und rothgetüpfelt. Der Hals und der Schweif sind etwas dick-

III. Claſſe. Amphibien.

dicklich. Von Schildern und Schuppen ſind $\frac{216}{179-37}$ vorhanden.

In Amerika.

69. **Die Kalmiſche Natter.** (C. Sipedon. L.)

Le ſipède. C. de la Cepede II. 305. D' Aubenton Encyclop. methodique. Bonnaterre 63. n. 179.

Braun, mit $\frac{217}{144-73}$ Schildern und Schuppen.

Sie iſt unſchädlich, und von Kalm in Nordamerika gefunden.

70. **Die barbariſche Natter.** (C. maurus. L.)

La Maure. C. de la Cepede II. 250. D' Aubenton Encyclop. methodique. Bonnaterre 58. n. 156.

Braun, unten ſchwarz, der Länge nach mit 2 Rükkenſtreifen gezeichnet, von welchen viele ſchwarze Streifen nach den Bauch hingehen. Die Schilder und Schuppen betragen $\frac{218}{152-66}$.

Zu Algier.

71. **Die Schleppennatter.** (C. ſtolatus. L. Muſ. Ad. Frid. I. 26. T. 22. f. 1.)

Coluber ſtolatus. Laurenti 95. n. 208.
Seba II. T. 9. f. 1.
Le Chayque. C. de la Cepede II. 107. D' Aubenton Encyclop. methodique. Bonnaterre 52. n. 137. Pl. 14. f. 21.

Mit grauen Körper, und zwei weißlichen oder gelben Binden vom Kopfe bis zum Schwanze. An den Seiten des Halſes ſtehen 9 ſchwärzliche runde Flecken, welche dem Weibgen fehlen ſollen. An jeder Seite der Schil=

II. Ordn. Schlangen. 3. Die Natter.

Schilder befindet sich ein schwarzer Punkt. Diese nebst den Schuppen betragen $\frac{219}{143-76}$.

In Asien. Sie ist giftig, und wird von den Portugiesen Chayquarona genennt.

72. **Die Schleiernatter.** (C. vittatus. L. Muf. Ad. Frider. 26. T. 18. f. 2.)

<small>Natrix vittata. *Laurenti* 74. n. 147.
Gronovii muf. II. 65. n. 31. Zooph. I. 23. n. 119.
Coluber dorfo albo. *Boddaert* l. c. 21. n. 17.
Seba I. T. 35. f. 4. II. T. 45. f. 5. T. 60. f. 2. 3.
La rubannée. C. *de la Cepede* II. 301. Le Moqueur. *D'Aubenton* Encyclop. methodique. *Bonnaterre* 50. n. 131. Pl. 15. f. 22.</small>

Mit 2 breiten schwarzen Flecken auf jeder Seite des Hinterkopfes, welche mit einer weißen Einfassung umgeben, von welcher auf jeder Seite eine weiße Binde über den Körper herabläuft, eine andere gezahnte sich aber unter dem Schwanze befindet. Die Schilder sind am Rande braun. Von diesen so wie von Schuppen, sind $\frac{220}{142-78}$, und nach Gronov $\frac{217}{155-62}$ vorhanden.

In Amerika. Sie soll stark zischen.

73. **Die Griesnatter.** (C. miliaris. L.)

<small>La Miliaire. C. *de la Cepede* II. 221. *D'Aubenton* Encyclop. methodique. Le miliaire. *Bonnaterre* 36. n. 88.</small>

Mit braunen unten weißen Körper, dessen Schuppen sämmtlich mit einem weißen Fleck gezeichnet sind. Sie hat $\frac{221}{162-59}$ Schilder und Schuppen.

In Indien, und Südamerika.

74. Die

III. Claſſe. Amphibien.

74. **Die ſchwarzbindige Natter.** (C. Aeſculapii. L. Muſ. Adolph. Frider. I. 29. T. 11. f. 2.)

    Natrix Aeſculapii. *Laurenti* 76. n. 151.
    Coluber albus. *Boddaert* l. c. 19. n. 6.
    Gronovii muſ. II. 59. n. 18.
    Weigel Abhandl. der halliſch. naturf. Geſellſch. I. 24. n. 27. 28.
    Molina hiſt. nat. de Chili. 197.
    La bande-noire. C. *de la Cepede* II. 188. *D' Aubenton* Encyclop. methodique. *Bonnaterre* 40. n. 99. Pl. 15. f. 23.

Mit braunen unten weißlichen Körper, mit weißen und ſchwarzen Ringen, von welchen leztere nicht ganz um den Bauch reichen, und von jenen unterbrochen werden. Der breite Kopf hat eine gedoppelte ſchwarze Binde. Nach Linne' betragen die Schuppen und Schilder $\frac{223}{180-43}$, $\frac{211}{174-47}$, nach Gronov $\frac{233}{189-44}$, nach Weigel $\frac{222}{181-42}$, $\frac{216}{176-40}$, nach Molina $\frac{218}{176-42}$.

Sie iſt unſchädlich und erreicht eine Länge von $1\frac{1}{2} - 3$ Fuß. Man findet ſie in Indien, beſonders auch häufig in Chili, und dem ſüdlichen Amerika.

75. **Die Aesculap-Natter.** (C. romanus.)

    Le Serpent d' Eſculape. C. *de la Cepede* II. 165. Pl. 7. f. 2.
    La Couleuvre d' Eſculape. *Bonnaterre* 43. n. 109. Pl. 39. f. 2.

Mit rothbraunen Körper, an deſſen Seiten eine ſchwärzliche Längenbinde herabläuft, welche beſonders gegen den Bauch hin ſchwarz iſt. Die Schuppen, welche die Bauchſchilder berühren, ſind weiß und haben ſchwarze Ränder, aus welcher Zeichnung eine Reihe kleiner weißer Dreiecke auf beiden Seiten entſteht. Der Kopf iſt ziemlich dick. Von Schildern und Schuppen, welche weißlich und ſchwärzlich geflekt ſind, enthält ſie $\frac{239}{175-64}$.

II. Ordn. Schlangen. 3. Die Natter. 199

Sie findet sich in den wärmern europäischen Gegenden, wie in Spanien, Italien, besonders um Rom, so wie auch in Frankreich. Ihre Länge beträgt $3\frac{1}{2}-4\frac{1}{2}$ Fuß. Sie ist ganz unschädlich, kriecht in die Häuser, auch wohl unter Betten, und pflegen die Zahnärzte sie mit sich herumzuführen. Wahrscheinlich ist sie auch nach dem Grafen von Cepede diejenige Schlange, welche ehedem dem Aeskulap geheiligt war.

76. **Die Würfelnatter.** (C. rhombeatus. L. Muſ. Ad. Fridr. 27. T. 24. f. 2.)

<small>Ceraſtes rhombeatus. *Laurenti* 82. n. 170.
Coluber coeruleſcens. *Boddaert* l. c. 19. n. 10.
Gronovii zooph. 24. n. 127.
La rhomboïdale. C. de la Cepede II. 212. D' *Aubenton* Encyclop. methodique. *Bonnaterre* 29. n. 64. Pl. 16. f. 24. Le Reſeau noir. 29. n. 62.</small>

Bläulich, mit 3 Reihen schwarzer fast rautenartiger in der Mitte blauer Flecken, welche längs den Körper herablaufen. Ihre Schilder und Schuppen betragen $\frac{227}{157-70}$, nach Gronov $\frac{197}{141-56}$, und nach Boddaert $\frac{195}{140-75}$.

In Südamerika und Indien. Sie ist unschädlich.

77. **Die blaugrüne Natter.** (C. cyaneus. L.)

<small>Seba II. T. 43. f. 2.
La verte et bleue. C. de la Cepede II. 306. D' *Aubenton* Encyclop. methodique. *Bonnaterre* 12. n. 12. Pl. 16. f. 25.</small>

Mit oben hochblauen und unten grünlichen Körper. Die Schilder und Schuppen betragen $\frac{229}{119-110}$.

In Amerika. Sie ist nicht giftig.

III. Claſſe. Amphibien.

78. **Die gemeine Natter.** (C. Natrix. L.)

    Gronov. muſ. II. 63. n. 27. Zooph. n. 113.
    Natrix vulgaris. *Laurenti* 75. n. 149.
    Coluber vnicolor. *Boddaert* l. c. 24. n. 30.
    Weigel Abhandl. der hall. naturf. Geſellſch. 1. 25. n. 29—38.
    Meyers Thiere. I. 52—54. T. 89—90.
    Seba II. T. 4. f. 1—3. T. 10. f. 1—3.
    La couleuvre à collier. *C. de la Cepede* II. 147. Pl. 6. f. 2.
    Le Serpent à collier. *D'Aubenton* Encyclop. methodique.
    Bonnaterre 44. n. 113. Pl. 35. f. 3.

Mit oberwerts ſchwärzlichen Körper, und weißen Fleck auf beiden Seiten des Halſes. Der Rücken hat einige Schärfe, und von den Rückenſchuppen, welche in 19 Reihen ſtehen, haben die mittelſten Rückenſchärfen. Unten iſt der Körper weiß, gelblich oder rothbräunlich, und hat vom 15ten Schilde an eine etwas breite undeutliche ſchwarze Binde. Der Schwanz iſt ganz ſchwarz. Die Kiefern haben gedoppelte Reihen von Zähnen. Von Schildern und Schuppen hat ſie nach Linné $\frac{230}{170-60}$, nach Gronov $\frac{202}{144-58}$, und nach Weigel $\frac{230}{172-58}$, $\frac{236}{174-62}$, $\frac{238}{175-63}$, $\frac{228}{174-54}$, $\frac{234}{170-64}$, $\frac{222}{170-52}$, $\frac{216}{168-48}$, $\frac{230}{172-58}$, $\frac{238}{170-68}$.

Sie variirt übrigens mannichfaltig, und gehören folgende zu den vorzüglichſten Abänderungen.

b) Natrix longiſſima. *Laurenti* 74. n. 145.
    Le très long. *Bonnaterre* 59. n. 159.

Mit ſehr langen braunſchwarzen Körper, welcher mit ſparſamen gelben Punkten beſezt, und unten grau iſt.

c) N. gemonenſis. *Laurenti* 76. n. 153.
    La Gemone. *Bonnaterre* 59. n. 158.

Mit vorwerts geflekten Kopfe, kurzer schwarzer Binde zwischen den Augen, und sehr langer am Hinterkopfe; im Nacken befinden sich 2 große Flecken, auf welche kleinere folgen, welche reihenweis längs dem Rücken herablaufen, und in der Mitte gelb sind.

d) Mit flammenartigen Flecken am Hinterkopfe.
Meyers Thiere. I. T. 87. 88.

e) Blau mit schwarzen Punkten, und wellenförmigen Querstrichen.

f) Ebenfalls blau, mit weißen Strich auf beiden Seiten, und zerstreuten schwarzen, auf der Rückenschärfe weißen Flecken. Der weiße Bauch hat auf beiden Seiten einen schwarzen Fleck.

Diese Natter ist in Europa sehr gemein, und trift man sie an Hecken und Zäunen, in Ställen, Gärten und Gebäuden an, und da sie unschädlich ist, pflegt man sie auch wohl in Häusern zu halten, wo sie sich leicht an die Menschen gewöhnt. Ihre Eier zu 14—20, welche durch einen Schleim in Haufen oder Arten Trauben verbunden, legt sie am liebsten in Dung, sonst aber auch an faule Baumstämme, und in morastige Gegenden. Mehrentheils hält sie sich auf der Erde, bisweilen aber auch auf Bäumen auf, und sucht im Sommer so viel möglich im Sonnenschein zu seyn. Selten hält sie sich auch auf dem Wasser auf, kann aber nicht gar gut schwimmen. Im Herbst kriechen sie unter die Erde, oder suchen Wiesel- oder Maulwurfslöcher und andere auf, in welchen sie den Winter in einer Betäubung zubringen, doch wählen sie etwas hohe, vor Ueberschwemmungen gesicherte Plätze darzu. Im Sommer leben sie von Gewächsen, ausserdem aber von Insekten, Eidechsen, Fröschen, kleinen Mäusen, und gehen auch jungen Vögeln, ingleichen der Milch sehr nach, und schleichen sich in Keller und Kammern, wo solche aufbewahrt wird; auch will man sie in den

Ställen, um die Beine der Kühe gewickelt gefunden haben, wo sie die Euter derselben aussaugten. Schlafenden Menschen sollen sie durch den Mund in den Körper gekrochen seyn, wo man sie durch den Dampf von warmer Milch wieder herausgebracht hat. Gewöhnlich findet man sie von 2—3 Fuß Länge; doch sollen sie auch von viel beträchtlicherer bis zu 10 Fuß angetroffen worden seyn. Sie haben ein zähes Leben, und dauern lange in verdünnter Luft, im Stickgas, und in Kohlensäure aus. Am Diemermeere bei Amsterdam, wird eine bläuliche Abänderung, mit schwarzen Bauche und Schwanze, von 2½ Länge unter dem Namen der Aale gegessen. Auch hält man in Italien diese Natter für eine Arzenei, welche man selbst bei Viehkrankheiten zu gebrauchen pflegt.

79. **Die Bogennatter.** (C. Gronovianus. *Laurenti* 75. n. 150.)

Seba II. T. 33. f. 1.
La Gronovienne. *Bonnaterre* 46. n. 118.

Grau, blau, unten schwärzlich, auf beiden Seiten des Hinterkopfes mit einem weißen und schwarzen bogenförmigen Flecken, und schwarz gewellten Rücken.

Wahrscheinlich nur eine Varietät von jener.

80. **Die schlüpfrige Natter.** (C. lubricus. *Laurenti* 80. n. 164.)

Mit ganz dünnen, glänzenden, schlüpfrigen, und weißen Körper mit schwarzen Binden.

b) Mit ähnlichen Körper, und rothen Binden.

Seba II. T. 43. f. 3.

Jene in Surinam, diese in Afrika.

II. Ordn. Schlangen. 3. Die Natter.

81. **Die Hausnatter.** (C. humanus. L. syst. XIII.)

Natrix humana. *Laurenti* 80. n. 165.

Schwarz und weiß geflekt, mit wechselsweis schwarzen und weißen Binden auf dem Schwanze.

Zu Amboina und Mexiko, wo sie sich gerne zu den Menschen hält.

82. **Die punktirte Natter.** (C. punctulatus. L. syst. XIII.)

Natrix punctata. *Laurenti* 80. n. 166.
Le farineux. *Bonnaterre* 36. n. 86.

Braun, mit sehr kleinen weißen Flecken; mit niedergedrukten, hinterwerts breiten, dreiekten Kopfe, glatten, glänzenden, bei dem Kopfe dünnern, in der Mitte sehr dicken Körper, und kegelförmigen sehr dünne zulaufenden Schwanze. Die Schilder und Schuppen betragen $\frac{177}{142-35}$.

Von unbekannten Wohnorte.

83. **Die Boddaertische Natter.** (C. varius. L. syst. XIII.)

C. nigricans. *Boddaert* l. c. 21. n. 16.
Gronovii musf. II. 64. n. 28. zooph. I. 23. n. 116.
La grivelée. *Bonnaterre* 49. n. 129.

Schwärzlich, von schwarzbraun und weißgeflekten Seiten. Die Schilder und Schuppen betragen $\frac{230}{160-70}$.

Ihr Vaterland ist unbekannt.

84. **Die Tyroler Natter.** (C. tyrolensis. *Scopoli* ann. hist. nat. II. 39.)

Mit $\frac{230}{178-60}$ Schildern und Schuppen.

In

III. Claſſe. Amphibien.

In Tyrol. Sie legt 14 zuſammenhängende, weiße, leberartige Eier, deren Dotter seitwerts ſizt, und die einen trüben weißen Theil haben, zwiſchen Steine.

85. Die arabiſche Natter. (C. arabicus. L. ſyſt. XIII.)

Gronov. muſ. II. 61. n. 22. Zooph. I. 22. n. 108.
C. vnicolor. *Boddaert* l. c. 24. n. 28.
Seba II. 32. T. 33. f. 1.
L' Arabe. *Bonnaterre* 13. n. 15.

Einfärbig braun, unten ſchwärzlich, mit $\frac{234}{174-60}$ Schildern und Schuppen.

In Arabien.

86. Die lebhafte Natter. (C. agilis. L. Muſ. Ad. Frid. I. 27. T. 21. f. 2.)

Ceraſtes agilis. *Laurenti* 82. n. 171.
L' Agile. C. *de la Cepede* II. 190. *D' Aubenton* Encyclop. methodique. *Bonnaterre* 48. n. 126. Pl. 16. f. 26.

Mit wechſelsweis braunen und weißen ſchwarzgetüpfelten Binden, und kleinen Kopfe. Von Schildern und Schuppen beſizt ſie $\frac{234}{184-50}$, nach dem Grafen von Cepede $\frac{234}{174-60}$.

Sie hat eine Länge von 1½ Fuß, und findet ſich zu Zeylon, wo ſie ſich beſonders von Raupen nährt.

87. Die Pfeil Natter. (C. jaculatrix. L.)

C. cinereo-coerulescens. *Boddaert.* 21. n. 15.
Gronovii muſ. II. 63. n. 26. Zooph. n. 114.
Seba II 3. T. 1. f. 9.
Le Dard. C. *de la Cepede* II. 297. *D' Aubenton* Encyclop. methodique. *Bonnaterre* 52. n. 136.

Mit grau = bläulichen Körper, welcher mit schwarzen Strichen der Länge nach gezeichnet ist. Nach Linne' und Gronov hat sie $\frac{240}{163-77}$, nach Boddaert aber $\frac{251}{173-78}$ Schilder und Schuppen.

Zu Surinam.

88. **Die Schildnatter.** (C. fcutatus. Pallas Reisen I. 459. n. 17.)

<small>La Cuiraſſée. C. de la Cepede II. 242. Bonnaterre 15. n. 21.</small>

Mit oben und unten schwarzen Körper, dessen Schilder paarweis an dem einen Ende wechselweis gelblich sind. Auf dem einigermaßen 3 ekten Schwanze befinden sich einige weiße Schuppen. Die nadelförmigen Zähne stehen hervor, und der Gaumen hat einen gedoppelten Kamm. An Schildern und Schuppen hat sie $\frac{240}{190-50}$.

Sie hält sich mehrentheils im Ural auf, kommt aber auch aufs Trokene. Man findet sie von 4 Fuß Länge.

89. **Die vierzigrinkige Natter.** (C. ſubalbidus. Boddaert 20. n. 14.)

<small>Gronovii muſ. II. 25. Zooph. n. 111. Seba II. T. 21. f. 3.
La couleuvre à tête rayée. Bonnaterre 50. n. 132.</small>

Mit weißlichen Körper von 40 braunen Binden, stumpflicher Schnauze, Längen = Streifen über dem Scheitel, und $\frac{240}{165-75}$ Schildern und Schuppen.

In Amerika. Sie wird ohngefähr einen Fuß lang.

90. **Die dunkle Natter.** (C. atratus. L. ſyſt. XIII.)

<small>Gronovii muſ. II. n. 26. Seba II. T. 1. f. 9. T. 9. f. 2.
Le Xéquipèle. Bonnaterre 52. n. 138.</small>

Mit ſchwarzer Binde, welche von der Schnauze an, bis ans Ende des Schwanzes über den Rücken des grauen Körpers geht, und $\frac{240}{163-77}$, oder $\frac{251}{172-79}$ Schildern und Schuppen.

In Surinam. Von 16 Zoll Länge.

91. **Die einfarbige Natter.** (C. vnicolor. *Boddaert* 24. n. 27.)

Gronovii zooph. I. 22. n. 107. muſ. 60. n. 21.
Seba I. T. 109. f. 1. *Scheuchzer* phyſ. ſacr. T. 629. f. 6.
Le Gliricapa. *Bonnaterre* 29. n. 63.

Mit graublauen, unten weißlichen, an den Seiten bis zum After mit zwei ſchwarzblauen Binden gezeichneten Körper, und ſpitziger Schnauze. Nach Gronov hat ſie $\frac{242}{176-66}$ Schilder und Schuppen. Der Schwanz iſt fünfeckt.

92. **Die Laphiat-Natter.** (C. aulicus. L. Muſ. Ad. Friderici. I. 29. T. 12. f. 2.)

Natrix aulica. *Laurenti* 74. n. 148.
Seba I. T. 91. f. 5.
La Laphiati. C. *de la Cepede* II. 298. La Loſange. D' *Aubenton* Encycl. methodique. *Bonnaterre* 40. n. 102. Pl. 16. f. 28.

Mit grauen, (nach Seba rothbraunen) Körper, mit weißen (nach Seba gelblichen) gleichbreiten Querbinden, welche ſich an den Seiten gabelförmig ſpalten. An den beiden Seiten des Hinterkopfs befinden ſich 2 weiße dreieckte Flecke, welche im Nacken faſt zuſammenfließen. Der Schilder und Schuppen ſind $\frac{244}{184-60}$.

In Amerika.

93. Die

II. Ordn. Schlangen. 3. Die Natter.

93. **Die Kokura=Natter.** (L. monilis. L.)

Le Demicollier. C. *de la Cepede* II. 173. Pl. 8. f. 2.
Le Collier. *D' Aubenton* Encyclop. methodique. *Bonnaterre*
47. n. 121.

Mit braunen Körper, mit weißlichen dunkelbraun eingefaßten Querbinden. Oben ist der Kopf weiß, braun eingefaßt, und mit 3 länglichen braunen Flecken gezeichnet. Auf dem Halse befinden sich 3 runde weiße Flecken. Nach Linné betragen die Schilder und Schuppen $\frac{246}{164-82}$, nach dem Grafen von Cepede aber $\frac{255}{170-85}$.

In Amerika. Man findet sie über 1½ Fuß lang.

94. **Die Wassernatter.** (C. Hydrus. Pallas Reisen I. 459. n. 18.)

L' Hydre. C. *de la Cepede* II. 240. *Bonnaterre* 45. n. 114.

Mit olivengrauen Körper, auf welchen 4 Reihen im Quincunx stehender rundlicher schwarzer Flecken herablaufen. Die Nackenbinde läuft gegen den Hinterkopf in einen Winkel zusammen, welcher 2 längliche schwärzliche Flecken einschließt. Der Bauch ist gelblich und schwärzlich gewürfelt. Der Schwanz ist fast ganz schwärzlich, und endigt sich in eine sehr kleine doppelte Spitze, von der die eine über der andern sitzt. Von Schildern und Schuppen sind $\frac{246}{180-66}$ vorhanden.

Sie erreicht fast 3 Fuß, und hält sich immer im Wasser, besonders im Caspischen Meere auf.

95. **Die carolinische Natter.** (C. fuluus. L.)

La noire et fauve. C. *de la Cepede* II. 299. *D' Aubenton* Encyclop. methodique. *Bonnaterre* 47. n. 122.

Mit

III. Claſſe. Amphibien.

Mit 44 Ringen, welche abwechſelnd ſchwarz und orangebraun, leztere aber ſchwarzgefleckt und weiß eingefaßt ſind. Die Schilder und Schuppen betragen $\frac{249}{218-31}$. Der Schwanz beträgt $\frac{1}{12}$ der ganzen Länge.

96. **Die blaſſe Natter.** (C. pallidus. L. Muſ. Ad. Frider. I. 31. T. 7. f. 2.)

Weigel Abhandl. der halliſch. naturf. Geſellſch. I. 30. n. 39. 40. La pâle. C. de la Cepede II. 214. D' Aubenton Encyclop. methodique. Bonnaterre 33. n. 75. Pl. 16. f. 29.

Weißlich mit zerſtreuten grauen Flecken und braunen Punkten, und 2 unterbrochenen ſchwärzlichen Seitenlinien. Die Schilder und Schuppen betragen nach Linné $\frac{251}{156-96}$, nach Weigel $\frac{224}{140-84}$ und $\frac{238}{148-90}$.

Im ſüdlichen Amerika und Indien, ohngefähr $1\frac{1}{2}$ Fuß lang.

97. **Die geſtrahlte Natter.** (C. lineatus. L. Muſ. Ad. Frid. I. 30. T. 12. f. 1. T. 20. f. 1.)

Weigel a. a. O. l. 31. n. 41. 42.
Seba II. T. 12. f. 3.
La rayée. C. de la Cepede II. 215. D' Aubenton Encyclop. methodique. Bonnaterre 58. n. 153. Pl. 17. f. 30.

Bläulich mit 4 gleichbreiten braunen Binden, nach Linné mit $\frac{252}{169-84}$, nach Weigel mit $\frac{236}{162-74}$ und $\frac{248}{165-83}$ Schildern und Schuppen.

In Aſien. $\frac{1}{2}-\frac{3}{4}$ Fuß lang, und ſo wie die vorhergehenden unſchädlich.

98. **Die Weigeliſche Natter.** (C. ambiguus. Weigel in den Abhandl. der halliſch. naturf. Geſellſch. I. 55.)

Grau,

II. Ordn. Schlangen. 3. Die Natter.

Grau, mit breiten rundlichen braunen Binden, unten heller und schwarzbraun gefleckt. Die Schilder und Schuppen betragen $\frac{253}{189-64}$.

In Amerika; 4½ Fuß und darüber lang. Sie ist giftig.

99. **Die gefiederte Natter.** (C. Padera L.)

Le Padère. C. de la Cepede II. 192. Bonnaterre 17. n. 29.

Weiß, mit vielen paarweis stehenden braunen Flecken auf dem Rücken, welche durch eine Linie verbunden sind, und eben so viel einzelnen an den Seiten. Die Schilder und Schuppen betragen $\frac{254}{198-56}$.

In Indien und Südamerika.

100. **Die Brillen-Natter. Brillen-Schlange.** (C. Naja. L. Muf. Ad. Frider. I. 30. T. 21. f. 1.)

Naja lutescens. *Laurenti* 91. n. 197.
Kaempfer amoen. exot. 565. T. 567.
Seba I. T. 44. f. 1. II. T. 94. f. 1. T. 97. f. 1—3.
Le Serpent à lunettes des Indes orientales, ou le Naja. C. de la Cepede II. 83. Pl 3. f. 1. D' *Aubenton* Encyclop. methodique. Bonnaterre 23. n. 46. Pl. 17. f. 31.

Mit gelbbräunlichen oder graugelben, unten hellern Körper, breiten dunkler braunen Halsbande, und einem Halse, dessen Haut das Thier vom 6ten bis 12ten Schilde an im Zorne weit ausdehnen kann, und auf deren obern Fläche sich ein schwärzlicher brillenartiger Fleck, mit einem Bogen, welcher sich in 2 runde in der Mitte weiße Flecke endigt, befindet. Nach Linné betragen die Schilder und Schuppen $\frac{253}{193-60}$ nach dem Grafen von Cepede aber $\frac{255}{197-58}$.

Dritter Theil. O Die

III. Classe. Amphibien.

Die weiblichen Brillen-Nattern. C. coecus. L. syst. XIII.

Naja non Naja. *Laurenti* 91. n. 99. Naja maculata. Ib. 91. n. 201.

Seba II. T. 89. f. 4. T. 90. f. 2.

Haben eine ähnliche Gestalt, auch eine so ausdehnbare Haut in der Gegend des Halses, aber keine brillenartige Figur auf solcher. Sie sind übrigens mehr rothbraun, und haben einen weißen Flecken auf jeder Schuppe.

Zu den vorzüglichsten Abänderungen dieser Art gehören folgende:

b) Mit rothbraunen weiß und grau gefleckten, unten blassern Körper, dunkelgrauen Halsbande, aber ohne ausdehnbare Haut am Halse.

Le Serpent à lunettes du Perou. *C. de la Cepede* II. 102. *Bonnaterre* 24. n. 48.

Seba II. T. 85. f. 1.

c) Mit gelblichen Körper, von kleinen braunen Binden, mit schwärzlichen Halsband, übrigens wie jene.

Seba II. T. 97. f. 4. *C. de la Cepede* II. 103. Le Serp. à lun. de Perou. Var.

d) Mit rothbraunen Binden über den ganzen Körper.

Naja fasciata. *Laurenti* 91. n. 198.

Seba II. T. 89. f. 3.

e) Grau mit rothbraunen Rücken.

Naja Siamensis. *Laurenti* 91. n. 200.

Seba II. T. 89. f. 1. 2.

Diese Schlangen, welche sich in Indien finden und 3—4½ Fuß Länge erreichen, sind sehr giftig, und von tödlichen Bisse, gegen welchen man vorzüglich die ostindische Schlangenwurz (Ophiorrhiza Mungos. L.) gebraucht. Inzwischen können die indianischen und egyptischen Gauk-

II. Ordn. Schlangen. 3. Die Natter.

ler, welche diese Schlangen zur Schau herumtragen, und sie gewöhnen, sich nach ihren Willen aufzurichten und aufzublähen, sie von ihren Gifte befreien, indem sie ihnen etwas weiches hinlegen, wornach sie gereizt beissen, und sich auf solche Art ihres Giftes entladen, welchen sie auch ausserdem gehen lassen, wenn man ihnen den Kopf drükt. Ohnerachtet ihres starken Giftes, welcher bei Menschen nach dem Bisse sogleich Convulsionen und den Brand verursacht, werden diese Schlangen doch ohne Schaden von dem egyptischen Stinkthiere (V. Ichneumon) gefressen. An den malabarischen Küsten verehrt man auch diese Schlangen, betet sie in den Bagoden an, und bringt ihnen auch wohl Milch und andere Nahrungsmittel in die Waldungen. Der sogenannte Schlangenstein, welcher von dem Kopfe dieser Schlangen kommen soll, ist ein künstliches Produkt aus Büffelknochen, Wurzeln, Thon u. a. Dingen zusammengebacken.

101. **Die Herz-Natter.** (C. rufus. L. syst. XIII.)

Naja brasiliensis., *Laurenti* 91. n. 199.
Seba II. T. 89. f. 4.
Le Serpent à lunettes du Bresil. C. *de la Cepede* II. 104. *Bonnaterre* 24. n. 47.

Mit rothbraunen Körper, mit dunklern entfernt stehenden Binden; auf der ausdehnbaren Haut des Halses befindet sich ein fast herzförmiger brillenartiger Fleck, welcher in der Mitte 4 schwarze Flecken eingeschlossen enthält.

In Brasilien. Vielleicht nur eine Varietät von jener, aber ebenfalls giftig.

102. **Die graue Natter.** (C. canus. L. Mus. Ad. Frider. I. 31. T. 11. f. 1. *Boddaert* 20. n. 13.)

Gronovii Zooph. 20. n. 95.

212   III. Claſſe. Amphibien.

Le griſon. C. *de la Cepede* II. 193. *D' Aubenton* Encyclop. methodique. *Bonnaterre* 39. n. 97. Pl. 18. f. 32.

Grau, mit großen weißlichen reihenweis ſtehenden Flecken, wovon jeder unterwerts einen ſchneeweißen Punkt hat. Nach Linne' betragen die Schilder und Schuppen $\frac{258}{188-70}$, nach Gronov $\frac{264}{200-64}$, nach Bodaert $\frac{292}{194-98}$.

In Südamerika und Indien. Sie iſt nicht giftig.

103. **Die Kettennatter.** (C. getulus. L.)

Catesby Car. II. T. 52.

La Chaine. C *de la Cepede* II. 300. *D' Aubenton* Encyclop. methodique. *Bonnaterre* 45. n. 116. Pl. 18. f. 33.

Schwarzbläulich, mit gelben gleichbreiten Binden, welche ſich gegen den Bauch hin in 2 Theile theilen. Der Schilder und Schuppen ſind $\frac{259}{215-44}$. Der Schwanz beträgt ⅕ der Länge.

In Carolina.

104. **Die Malpolnatter.** (C. ſibilans. L.)

Seba II. T. 52. f. 4. T. 56. f. 4. T. 107. f. 4.

Le Malpole. C. *de la Cepede* II. 216. *D' Aubenton* Encyclop. methodique. *Bonnaterre* 55. n. 149. Pl. 19. f. 34.

Blau, mit vielen kleinen ſchwarzen Flecken, welche in Linien längs dem Rücken herabſtehen; auf den beiden äuſſern Schuppen am Scheitel befindet ſich ein weißer, ſchwarz eingefaßter Fleck, welcher beide Schuppen zur Helfte bedekt. Die Schilder und Schuppen betragen $\frac{260}{160-100}$.

b) Mit

II. Ordn. Schlangen. 3. Die Natter. 213

b) Mit $\frac{263}{187-76}$ Schildern und Schuppen.

L' Afiatique. C. de la Cepede II. 249. Bonnaterre 42. n. 106.

In Asien. Ihre Länge beträgt an 1½ Fuß, und der Schwanz 5½ Zoll, sie ist sehr schmal und dünne am Körper, übrigens aber nicht giftig, soll aber besonders laut zischen.

105. Die Venus-Natter. (C. Dione. Pallas Reisen II. 717.)

La Dione. C. de la Cepede II. 244. Bonnaterre 45. n. 115.

Mit grauen oder bläulichen Körper, über welchen der Länge nach 3 weiße Streifen hinlaufen, welche mit braunen, von denen die mittlern zusammenfließen, eingefaßt sind. Unten ist der Körper weißlich, mit kleinen bläulich braunen, und noch kleinern röthlichen Flecken gezeichnet. Die Schilder und Schuppen betragen $\frac{256}{190-66}$, oder $\frac{264}{206-58}$. Der kleine vierkantige Kopf ist mit braunen Näthen durchzogen, und der Gaumen hat einen vierfachen Kamm.

Diese schöne Art findet sich in den salzigen Steppen am caspischen Meere, und den salzigen gebürgigen Gegenden am Irtis. Sie ist gar nicht dick, und 3 Fuß lang, und hat keinen Gift.

106. Die zeylonische Natter. (C. zeylonicus. L. syst. XIII.)

Gronov. muf. 2. n. 20. Zooph. n. 105.
Coluber maculis maioribus brunneis. *Boddaert* 20. n. 12.
Seba I. T. 100. f. 4.

Mit großen braunen Flecken, und nach Gronov mit $\frac{260}{180-80}$ nach Boddaert mit $\frac{269}{177-89}$ Schildern und Schuppen.

Zu Zeylon.

III. Claſſe. Amphibien.

107. Die breitſchwänzige Natter. (C. laticaudatus. L. Muſ. Ad. Frider. I. 31. T. 16. f. 1.)

Laticauda ſcutata. *Laurenti* 109. n. 240.
La queue plâte. *C. de la Cepede* II. 194.
Le Serpent large-queue. *D' Aubenton* Encyclop. methodique. *Bonnaterre* 41. n. 103. Pl. 20. f. 36.

Graubläulich, mit breiten braunen Binden, welche bis zum Bauch laufen, unten iſt der Körper faſt weiß. Der Schwanz iſt von den Seiten zuſammengedrukt, zweiſchneidig, und endigt ſich mit 2 großen rundlichen Schuppen, welche in ſenkrechter Richtung auf einander liegen. Nach Linne' betragen die Schilder und Schuppen $\frac{262}{220-42}$ nach dem Grafen von Cepede $\frac{268}{226-42}$.

b) Laticauda imbricata. *Laurenti* 110. n. 241.

Mit ähnlichen aber ſpitzigen lanzetförmigen Schwanze.

In Südamerika, Indien und auf Tonga-Tabu. Sie iſt an 2 Fuß lang, und der Schwanz 2¼ Zoll. Giftig ſcheint ſie nicht zu ſeyn, inzwiſchen will doch der Graf von Cepede Giftzähne bemerkt haben.

108. Die Sirtalnatter. (C. Sirtalis. L.)

Le Sirtale. *C. de la Cepede* II. 311. *D' Aubenton* Encycl. methodique. *Bonnaterre* 62. n. 175.

Braun, mit 3 grünlich blauen Längen=Streifen, und $\frac{262}{150-114}$ Schildern und Schuppen.

In Canada.

II. Ordn. Schlangen. 3. Die Natter.

109. **Die grimmige Natter.** (C. atrox. L. Muf. Ad. Friderici. I. 33. T. 22. f. 2.)

Dipfas indica. *Laurenti* 90. n. 196.
Weigel in den Abhandl. der hallifchen naturf. Gefellfchaft. I. 32. n. 43.
Seba I. T. 43. f. 4. 5.
L' Atroce. C. *de la Cepede* II. 113. D' *Aubenton* Encyclop. methodique. *Bonnaterre* 41. n. 104. Pl. 20. f. 37.

Grau, unten mit fchwarzbraunen der Länge nach wechfelsweis in Linien ftehenden Querflecken gezeichnet. Der flache eckige Kopf ift mit fehr kleinen Schuppen bedekt. Nach Linné betragen die Schilder und Schuppen $\frac{263}{196-69}$, nach Weigel $\frac{264}{197-69}$.

Sie findet fich in Afien. Ihre Länge beträgt ohngefähr $1\frac{1}{2}$ Fuß, und hat fie ftarke Giftzähne.

110. **Die Sibon-Natter.** (C. Sibon. L. *Laurenti* 95. n. 220.)

Seba I. T. 14. f. 4.
Le Sibon. C. *de la Cepede* II. 271. D' *Aubenton* Encyclop. methodique. *Bonnaterre* 35. n. 83. Pl. 19. f. 35.

Roftbraun, mit weißen Flecken befprengt, unten weiß und braun geflekt; der Kopf ift weiß. Von Schildern und Schuppen find $\frac{265}{180-85}$ vorhanden.

Sie ift nicht giftig, und findet fich in Afrika.

111. **Die Nebelnatter.** (C. nebulatus. L. Muf. Ad. Frid. I. 32. T. 24. f. 1.)

Ceraftes nebulatus. *Laurenti* 83. n. 174.
Weigel a. a. O. 1. 32. n. 44. 45.
La nébuleufe. C. *de la Cepede* II. 307. D' *Aubenton* Encyclop. methodique. *Bonnaterre* 36. n. 85. Pl. 20. f. 38.

Braun und grau genebelt, und unten weiß und braun marmorirt. Nach Linné betragen die Schilder und Schuppen $\frac{266}{185-61}$, nach Weigel aber $\frac{273}{185-88}$ und $\frac{259}{178-81}$.

In Amerika. Sie ist unschädlich, wird an 2½ Fuß lang, und pflegt sich den Menschen um die Beine zu wickeln.

112. **Die Brünet-Natter.** (C. fuscus. L. Muf. Ad. Frid. I. 32. T. 17. f. 1.)

Weigel a. a. O. I. 33. n. 46.
Seba II. T. 54. f. 2. T. 71. f. 2. T. 72. f. 1. T. 87. f. 1. T. 91. f. 1.
La Sombre. C. de la Cepede II. 229. D' Aubenton Encyclop. methodique. Bonnaterre 14. n. 17. Pl. 20. f. 39.

Graubraun, mit länglichen braunen Fleck bei jeden Auge. Nach Linné betragen die Schilder und Schuppen $\frac{266}{149-117}$, nach Weigel $\frac{264}{155-109}$.

Sie ist nicht giftig, ohngefähr 4 Fuß lang, und findet sich in Asien.

113. **Die weißbäuchige Natter.** (C. brunneus. Boddaert 18. n. 3.)

Gronovii muf. II. n. 15. Zooph. 20. n. 98.
Seba II. 4. T. 2. f. 6.

Braun mit weißen Flecken und weißlichen Bauche. Nach Gronov mit $\frac{266}{191-75}$ Schildern und Schuppen. Von unbekannten Vaterlande.

114. **Die bleifarbene Natter.** (C. saturninus. L. Muf. Ad. Fridr. I. 32. T. 9. f. 1.)

Natrix saturnina. Laurenti 77. n. 154.

Weis

II. Ordn. **Schlangen.** 3. Die Natter.

Weigel a. a. O. I. 34. n. 47.
La Saturnine. C. de la Cepede II. 230. D'. Aubenton Encyclop. methodique. Bonnaterre 46. n. 117. Pl. 21. f. 40.

Bläulich = braun und grau genebelt. Mit großen Augen, und stumpfer Schnauze. Nach Linne' betragen die Schilder und Schuppen $\frac{267}{147-120}$ nach Weigel $\frac{271}{157-114}$.

In Südamerika und Indien. Sie ist unschädlich, erreicht in der Länge 1¼ Fuß und darüber, und der Schwanz, welcher sehr spitz zuläuft, beträgt ⅓ der ganzen Länge.

115. **Die rauhe Natter.** (C. scaber. L. Muf. Ad. Frider. I. 36. T. 10. f. 1.)

La rude. C. de la Cepede II. 198. L'apre. D' Aubenton Encyclop. methodique. Bonnaterre 22. n. 45. Pl. 22. f. 43.

Der Körper, dessen Schuppen mit Rückenschärfen versehen sind, ist braun und schwarz gefleckt. Auf dem Scheitel befindet sich ein schwarzer hinterwerts zweispaltiger Flecken, und der Schilder und Schuppen sind $\frac{272}{228-44}$.

Im südlichen Amerika und Indien.

116. **Die Kielnatter.** (C. carinatus. L.)

C. nigro-coerulescens. Boddaert 19. n. 8. ?
Weigel a. a. O. I. 35. n. 48. ?
La carennée. C. de la Cepede II. 231. D' Aubenton Encycl. methodique. Le carené. Bonnaterre 34. n. 77.

Bleifarben, (nach Boddaert schwarzbläulich, und an den Seiten mit weißen eirunden Flecken) unten weiß. Der Rücken hat eine Schärfe und dessen Schuppen sind am Rande blaß. Der Schwanz ist mit einer blaß=

III. Classe. Amphibien.

blassen Mittellinie versehen. Die Schilder und Schuppen betragen nach Linne' $\frac{273}{157-115}$, nach Boddaert $\frac{292}{167-125}$, nach Weigel $\frac{283}{193-90}$. Der Kopf ist stumpf, die großen Augen stehen etwas hervor.

Sie wird länger als 6 Fuß, und findet sich mit jener in gleichen Ländern.

117. Die Corallnatter. (C. corallinus. L.)

Seba II. T. 17. f. 1.
Le corallin. C. *de la Cepede* II. 111. D' *Aubenton* Encyclop. methodique. *Bonnaterre* 54. n. 146. Pl. 23. f. 44.

Meergrün, mit 3 rothbraunen Streifen vom Kopfe bis zur Schwanzspitze, unten ist der Körper weißlich und weißgetüpfelt. Die Schuppen stehen in 16 Reihen, und etwas von einander entfernt auf dem Rücken. Ihre Schilder und Schuppen betragen $\frac{275}{193-82}$.

Man findet diese giftige Schlange in Indien, oft von 3 Fuß Länge.

118. Die Guimpnatter. (C. ouiuorus. L.)

Pison Brasil. 279. Guimpuaguara.
L' Ovivore. C. *de la Cepede* II. 319.
Le Guimpe. D' *Aubenton* Encyclop. methodique. *Bonnaterre* 61. n. 168.

Mit $\frac{276}{203-73}$ Schildern und Schuppen.
In Amerika.

119. Die Eidechsen-Natter. (C. Saurita. L.)

Catesby Car. II. T. 50.
Le Saurite. C. *de la Cepede* II. 308. D' *Aubenton* Encyclop. methodique, *Bonnaterre* 58. n. 155. Pl. 23. f. 45.

Braun,

Braun, mit 3 grünlichen Streifen längs dem Rükken herab, unten grünlich, oder weiß. Die Schuppen und Schilder betragen $\frac{277}{156-121}$.

In Carolina.

120. Die Schlingnatter. (C. constrictor. Kalms Reise III. 136.)

<small>Catesby Car. II. T. 48.

Le lien. C. de la Cepede II. 309. D' Aubenton Encyclop. methodique. Bonnaterre 15. n. 23. Pl. 23. f. 46.</small>

Mit dunkelschwarzen sehr glatten Körper, welcher unten bläulich oder auch brouccartig ist, und zuweilen weißlicher Kehle. Die Schilder und Schuppen betragen $\frac{278}{186-92}$.

Eine überaus nüzliche Schlange, welche sich in Nordamerika findet; sie erreicht 6—7 Fuß in der Länge, und nährt sich von Mäusen, Eichhörnen, Fröschen, welche sie wohl lebendig verschlingt, und geht auch besonders auf die Klapperschlangen los, welche sie dadurch tödtet, daß sie sich um solche herumschlingt und so zerdrükt. Gereizt geht sie aber auch Menschen an, inzwischen ist ihr Biß gar nicht giftig, und schlingt sie sich dabei um den Körper. Ausser den wichtigen Dienst, den ihre Vermehrung in den Waldungen wegen der Vertilgung der Klapperschlangen leisten würde, sind sie auch noch dadurch sehr nuzbar, daß man sie in Nordamerika in den Häusern und auf den Speichern wider die Ratten und Mäuse gebraucht, wo sie wegen ihren schlanken Körper in viele Löcher kommen, in welche Katzen nicht hinein kriechen können. Sie kriecht ausserdem sehr geschwind.

121. Die

III. Classe. Amphibien.

121. Die bleiche Natter. (C. exoletus. L. Muf. Ad. Frid. I. 34. T. 10. f. 2.)

Natrix exoleta. *Laurenti* 78. n. 110.
La decolorée. C. *de la Cepede* II. 232. D' *Aubenton* Encyclop. methodique. *Bonnaterre* 10. n. 4. Pl. 23. f. 47.

Graubläulich, mit weißen Lippen, und $\frac{279}{147-132}$ Schildern und Schuppen.

In Süd-Amerika und Indien.

122. Die egyptische Natter. (C. Situla. L.)

Le Situle. C. *de la Cepede* II. 263. D' *Aubenton* Encyclop. methodique. *Bonnaterre* 52. n. 139.

Grau mit weißer schwarzeingefaßter Längenbinde, und $\frac{281}{236-45}$ Schildern und Schuppen.

Nach Hasselquist in Egypten.

123. Die fünfstreifige Natter. (C. Trifcalis. L.)

Le trifcale. C. *de la Cepede* II. 199. D' *Aubenton* Encyclop. methodique. *Bonnaterre* 54. n. 145.

Meergrün, mit 3 braunen Strichen über den Rükken, welche am Nacken zusammenlaufen, und von denen der mittelste über dem After aufhört. An den Seiten verbinden sich noch 2 andere mit den vorigen beiden, welche 4 zusammen bis an die Spitze des Schwanzes fortlaufen. Der Schilder und Schuppen sind $\frac{281}{195-86}$.

In Südamerika und Indien. Von dem mittelsten Striche sagt der Graf von Cepede nichts, welcher sie nach einem Exemplare im Pariser Cabinette, von 1 Fuß 4½ Zoll Länge beschreibt.

124. Die

II. Ordn. Schlangen. 3. Die Natter. 221

124. Die dreifarbige Natter. (C. guttatus. L.)

La mouchetée. C. de la Cepede II. 282. D'Aubenton Encyclop. methodique Bonnaterre 25. n. 54. Pl. 23. f. 48.

Schmutzig grün, mit einer Reihe großer hochrother Flecken längs dem Rücken herab, mit einer Reihe gelber auf beiden Seiten, welche auf die Zwischenräume von jenen Flecken treffen. Die Seiten des Leibes sind schwarz eingefaßt. Unten am Körper stehen schwarze 4 ekte wechselsweis links und rechts. Die Anzahl der Schilder variirt von 223 — 230, gewöhnlich sind aber nebst den Schuppen $\frac{287}{227-60}$.

Sie hält sich in Carolina unter der Erde auf, wo man sie im September und October an den Pataten-Wurzeln findet. Sie ist übrigens nicht giftig.

125. Die dreirinkige Natter. (C. lemniscatus. L. Muf. Ad. Frid. I. 34. T. 14. f. 1.)

Natrix lemniscata. Laurenti 76. n. 152.
Seba I. T. 10. letzte Fig. II. T. 76. f. 3.
Weigel a. a. O. I. 35. n. 49—51.
La Galonnée. C. de la Cepede II. 201. Le lemnisque. D'Aubenton Encyclop. methodique. Bonnaterre 47. n. 123. Pl. 24. f. 49.

Mit sehr glatten, äußerst schlüpfrigen, weißen Körper, mit rostfarbenen oder schwarzen ungleich breiten Querbinden, welche in vollkommene Ringe zusammenlaufen, und zu 3 beisammen stehen. Die Schnauze ist schwarz, und auf dem weißen Kopfe befindet sich eine schwarze Binde. Der Schilder und Schuppen sind nach Linné $\frac{285}{250-35}$, nach Weigel $\frac{300}{264-36}$, $\frac{303}{265-38}$, $\frac{231}{246-35}$, $\frac{267}{233-34}$. Die Rückenschuppen sind an der Spitze rostbraun.

In

222   III. Claſſe. Amphibien.

In Aſien. Ihre Länge beträgt an 3 Fuß. Giftig iſt ſie nicht.

126. **Die braunfleckige Natter.** (C. annulatus. L. Muſ. Ad. Frider. I. 34. T. 8. f. 2.)

Weigel a. a. O. I. 37. n. 52—57.
Seba II. T. 38. f. 2.
La blanche et brune. C. de la Cepede II. 312.
La bai-rouge. D'*Aubenton* Encyclop. methodique. Bonnaterre 19. n. 36. Pl. 25. f. 51.

Grau oder bräunlich, mit wechselsweis ſtehenden rundlichen braunen Flecken, welche zuweilen in eine Binde zuſammenlaufen, unten iſt der Körper weiß. Der Schilder und Schuppen ſind nach Linne' $\frac{286}{190-96}$, nach Weigel $\frac{244}{184-60}$, $\frac{291}{196-95}$, $\frac{270}{186-84}$, $\frac{285}{194-91}$, $\frac{286}{190-96}$, $\frac{322}{256-166}$.

In Amerika, von 1½—3 Fuß Länge, und nicht giftig.

127. **Die grüne Natter.** (C. Dipſas. L.)

Gronov. muſ. 64. n. 30.
C. vnicol. viridis. Boddaert 24. n. 31.
Seba II. T. 24. f. 3.
Le Dipſe. C. de la Cepede II. 133. D'*Aubenton* Encyclop. methodique. Bonnaterre 30. n. 65. Pl. 24. f. 50.

Grün oder grünbläulich, mit zwei weißen Strichen, welche von weißen Schuppenrändern herrühren. Der Schwanz iſt an der untern Nath bläulich. Nach Linne' ſind der Schilder und Schuppen $\frac{287}{152-135}$ nach Gronov $\frac{278}{155-123}$.

In Amerika. Sie iſt giftig im Biſſe.

128. Die

II. Ordn. Schlangen. 3. Die Natter.

128. **Die Dhara-Natter.** (C. Dhara. *Forskahl* Fauna arabiae. 14. n. 9.)

La Dhara. C. *de la Cepede* II. 272. *Bönnaterre* 33. n. 74.

Kupferfarben graulich, mit weißlichen Rande der Schuppen, unten ist der Körper weiß. Der eiförmige stumpfe Kopf hat zwischen den Augen die größte Schuppe. Der Schilder und Schuppen sind $\frac{288}{235-48}$.

In Arabien zu Jemen, länger als eine Elle, aber kaum einen Finger dick. Sie ist nicht giftig.

129. **Die Pelias-Natter.** (C. Pelias. L.)

Le Pelie. C. *de la Cepede* II. 233. *D'Aubenton* Encyclop. methodique. *Bonnaterre* 58. n. 154.

Schwarz, auf beiden Seiten mit gelber Linie, unten grün, und bei den Augen und Scheitel braun. Sie hat $\frac{290}{187-103}$ Schilder und Schuppen.

In Südamerika und Indien.

130. **Die Rauten-Natter.** (C. Tyria. L.)

Le Tyrie. C. *de la Cepede* II. 264. *D'Aubenton* Encyclop. methodique. *Bonnaterre* 19. n. 37.

Weißlich, mit 3 Reihen rautenförmiger brauner Flekken längs dem Körper hin, und $\frac{293}{210-83}$ Schildern und Schuppen.

Nach Hasselquist in Egypten.

131. **Die rothkehlige Natter.** (C. iugularis. L.)

La rouge-gorge. C. *de la Cepede* II. 275. *D'Aubenton* Encyclop. methodique. *Bonnaterre* 37. n. 91.

Schwarz,

224   III. Claſſe. Amphibien.

Schwarz, mit rother Kehle, und $\frac{297}{195-102}$ Schildern und Schuppen.

Nach Haſſelquiſt ebendaſelbſt, und wie jene unſchädlich.

132. **Die caspiſche Natter.** (C. caspius. Lepechin's Tagebuch I. 317. T. 21.)

Mit 18 Reihen von Schuppen auf dem Rücken, welche in der Mitte gelb und am Rande schwarz ſind, daher der Körper auch gelb und schwarz oder braun geringelt erſcheint, unten iſt er gelb. Die Augen ſind hellbraun, und die Kiefern haben gedoppelte Reihen von Zähnen. Der Schilder und Schuppen hat ſie $\frac{298}{198-100}$.

An den Küſten des caspiſchen Meeres, in Hecken und auf Wieſen. Sie erreicht eine Länge von mehr als 5 Fuß, kriecht mit aufrechten Kopfe, giebt ſich durch Ziſchen zu erkennen, flieht die Menſchen, auf welche ſie inzwiſchen im Zorne mit Heftigkeit losgeht.

133. **Die morgenländiſche Natter.** (C. orientalis. L. ſyſt. XIII.)

Gronovii zooph. I. 19. n. 93. muſ. 57. n. 14.
Boddaert. 18. n. 2. *Seba* II. 9. T. 8. f. 4.
Le brun. *Bonnaterre* 34. n. 78.

Mit glatten braunen Rücken und geflekten Seiten. Nach Gronov mit $\frac{298}{202-96}$ nach Boddaert mit $\frac{276}{202-74}$ Schildern und Schuppen.

Im Oriente.

134. Die

II. Ordn. Schlangen. 3. Die Natter.

134. Die Pethola-Natter. (C. Pethola. L.)

Coronella petola. *Laurenti* 87. n. 189.
Gronovii muf. II. 57. n. 13.
Boddaert 23. n. 26. *Seba* I. 819. T. 54. f. 4.
Le Pétqle. C. *de la Cepede* II. 266. D' *Aubenton* Encyclop. methodique. *Bonnaterre* 43. n. 111. Pl. 25. f. 52.

Bleifarbig mit braunen Querbinden, unten gelblich, mit spitziger Schnauze. Nach Linné betragen die Schilder und Schuppen $\frac{299}{209-90}$ nach Gronov $\frac{310}{207-103}$, nach Boddaert $\frac{292}{207-85}$.

Als Abänderungen sind wahrscheinlich hieher zu rechnen:

b) Coronella africana. *Laurenti* 87. n. 190.)
Seba II. T. 82. f. 2.

Weiß, mit vordern rundlichen, hinterwerts rautenförmigen Flecken mit röthlichen Rändern.

c) Coronella ocellata. *Laurenti* 84. n. 179.)
L' Oeillé. *Bonnaterre* 59. n. 160.

Bläulich, mit 4 Reihen der Länge nach des Körpers von schwarzen in der Mitte blauen, augenartigen Flecken.

d) Coronella fasciata. *Laurenti* 85. n. 180.
Le Zebre. *Bonnaterre* 60. n. 161.

Weißbläulich, mit schwarzbraunen Binden, welche durch 2 weiße Längen-Striche getrennt sind.

e) Coron. latirostra. *Laurenti* 86. n. 184. α. β. -
La Spatule. *Bonnaterre* 60. n. 162.

Bräunlich, mit wenigen undeutlichen Binden, und von oben zusammengedruckter Schnauze; sie variirt auch mit unten gelblichen zusammenfließenden Binden.

III. Claſſe. Amphibien.

f) Coron. Ceraſtoides. *Laurenti* 86. n. 185.

La tête ronde. *Bonnaterre* 60. n. 163.

Bräunlich mit etwas dunklern bräunlichen Flecken, von denen 2 am Hinterkopf der Länge nach ſtehen, auf dem Rücken ſind ſie elliptiſch und bilden eine Reihe.

g) Coron. taeniata. e. b. 86. n. 186.

La tête ronde. *Bonnaterre* 60. n. 163. a.

Mit brauner Längenbinde über den Rücken, Bauch und Seiten ſind hellbräunlich, und der obere Theil von leztern noch blaſſer.

h) Coron. anguiformis. e. b. 85. n. 182.

L' anguiforme. *Bonnaterre* 60. n. 165.

Mit braunen unten ſchief zuſammentreffenden Ringen.

In Afrika. Sie iſt nicht giftig.

135. Die Scharlach ⸗ Natter. (C. ocellatus. L. ſyſt. XIII.)

Seba II. T. 1. f. 3. 8.

Röthlich, mit ſcharlachrothen augenförmigen Flek⸗ ken, und orangefarbenen Kopfſchilde.

Zu Zeylon und China.

136. Die rothköpfige Natter. (C. Hitamboeia. L. *Laurenti* 85. n. 181.)

Laurenti 85. n. 181.

Seba I. T. 33. f. 6.

L' Hotomboeja. *Bonnaterre* 11. n. 7.

Gelb, mit 2 dunkler gelben Längen⸗Binden, und rothbraunen Kopfe.

In Indien.

137. Die

II. Ordn. Schlangen. 3. Die Natter.

137. Die Tiger-Natter. (C. tigrinus. L. syst. XIII.)

Coronella tigrina. *Laurenti* 87. n. 187.
Seba II. T. 15. f. 2.

Ganz gefleckt, mit sehr weißen Kopfschilde.

Zu Amboina. Vielleicht eine Varietät der obigen 134.

138. Die Mäuse-Natter. (C. Catus. L. syst. XIII.)

Coronella Catus. *Laurenti* 88. n. 192.
Seba II. T. 75. f. 1—5.
Le Hikkanelle. *Bonnaterre* 61. n. 167.

Weiß, mit eingestreuten schwarzen Flecken, welche von 4 schwarzen Schuppen gebildet werden.

In Amerika, wo sie wie eine Katze nach Mäusen und andern nagenden Thieren geht.

139. Die Hirsch-Natter. (C. ceruinus. L. syst. XIII.)

Coronella ceruina. *Laurenti* 88. n. 191.
Seba II. T. 79. f. 3.

Weiß, in der Mitte schwarz getüpfelt, und an beiden Enden des Körpers mit schwarzen ruthenförmigen Flecken gezeichnet.

In Amerika.

140. Die virginische Natter. (C. virginicus. L. syst. XIII.)

Coronella virginica. *Laurenti* 86. n. 183.
Seba I. T. 75. f. 3.

Dunkelbraun, mit gelben Längen-Binden, und Schildern auf der Stirn.

In Virginien.

141. Die hochrothe Natter. (C. ruber. L. syst. XIII.)

Seba I. T. 52. f. 4.

Hochroth, unten weiß, mit wechselsweis zusammenhängenden Flecken.

In Amerika.

142. **Die österreichische Natter.** (C. auſtriacus. L. ſyſt. XIII.)

<small>Coronella auſtriaca. *Laurenti* 84. n. 178. T. 5. f. 1.
La liſſe. *C. de la Cepede* II. 158. Pl. 2. f. 2. *Bonnaterre* 31. n. 68. Pl. 36. f. 2.</small>

Rothbraun, ins grau=bläuliche fallend, mit wechſelsweis abgeſonderten kleinern Flecken auf dem Rücken, welche 2 Reihen bilden. Die weißlichen Schilder haben rothbraune Flecken, welche gegen den After hin größer werden. Ueber die Augen geht eine braune Binde bis zu den Naſenlöchern. Auf dem Hinterkopfe ſtehen 2 große dunkelbraune Flecken. Die Schuppen des Körpers ſind glatt und ohne Rückenſchärfe. Bei jungen Thieren iſt der Unterleib faſt roth. Die Schuppen und Schilder betragen $\frac{224}{178-46}$.

Sie iſt ſehr gemein um Wien, und in dem nördlichen Frankreich, auch findet ſie ſich nach dem Grafen von Cepede in Oſt= und Weſtindien. Sie hat keinen Gift, und läßt ſich leicht in den Häuſern angewöhnen.

143. **Die Krainiſche Natter.** (C. teſſelatus. L. ſyſt. XIII.)

<small>Coronella teſſelata. *Laurenti* 87. n. 188.
Le Parqueté. *Bonnaterre* 60. n. 164.</small>

Wechſelsweis ſchwarz und braun gewürfelt, unten ſchwarz; auf den Seiten mit ungleichförmigen weißen Flecken, und ziemlich langen, vorne mit Schuppen beſezten Kopfe.

In Krain.

II. Ordn. Schlangen. 3. Die Natter.

144. **Die Sommer-Natter.** (C. aestiuus. L.)
Catesby Car. II. T. 57.
La Verdatre. C. de la Cepede II. 313. Bonnaterre 12. n. 10.

Blau, unten hellgrün, und sehr glatt. Sie hat $\frac{300}{155-145}$ Schilder und Schuppen.

Sie hält sich in Carolina auf den Bäumen auf, und wird auch hin und wieder in den Häusern zum Vergnügen gehalten.

145. **Die cahirische Natter.** (C. cahirinus. *Forskahl Fauna Arabiae.* 14. n. 7.)

Grau, mit großen braunen ovalen Flecken auf dem Rücken, kleinen viereckt eingeschnittenen zur Seite, und unten weiß seidenartigen Körper. Mit flachen etwas herzförmigen Kopfe, dessen Scheitel mit 2 blassen großen Schuppen bedekt ist. Der Schilder und Schuppen sind $\frac{312}{230-82}$.

Zu Cahira, Daumensdick, und ohngefähr 4¼ Fuß lang.

146. **Die Scopolische Natter.** (C. flauescens. *Scopoli* ann. hist. nat. II. 39.)

Braun, unten gelblich, mit elliptischen Schuppen. Schilder und Schuppen betragen $\frac{303}{225-78}$.

In Tyrol, von 3 Fuß Länge.

147. **Die Schilderschlangen-Natter.** (C. Molurus. L.)
Le Molure. C. de la Cepede II. 218. Pl. 10. f. 1. *Bonnaterre* 26. n. 56. Pl. 40. f. 2.

Hell rothbraun, mit einer Reihe großer rothbrauner und braun eingefaßter Flecken längs dem Körper und mit ähnlichen Flecken an den Seiten. Von

III. Claſſe. Amphibien.

Schildern und Schuppen hat ſie nach Linne' $\frac{307}{248\text{--}59}$ nach dem Grafen von Cepede $\frac{320}{255\text{--}65}$.

Von 6 Fuß Länge, und ähnelt dem Anſehen nach ſehr einer Schilderſchlange. Sie findet ſich in Indien und Südamerika.

148. Die Schokari=Natter. (C. Schokari. *Forskahl* Fauna arab. 14. n. 10.)

 La Schokari. C. *de la Cepede* II. 273. *Bonnaterre* 52. n. 140.

Braun, grau, auf beiden Seiten längs dem Rücken mit einer gedoppelten weißen Binde gezeichnet, zwiſchen welchen ſich noch bei großen Schlangen, ein mittlerer ſchmaler Streifen findet, welcher aus rundlichen kleinen Flecken beſteht. Unten iſt der Körper weißlich, gegen die Kehle hin gelblich und braun punktirt. Von Schildern und Schuppen hat ſie $\frac{294}{180\text{--}114}$ bis $\frac{327}{183\text{--}144}$.

In waldigen Gebürgen von Yemen in Arabien. Sie iſt nicht giftig, Fingersdick, und an 3 Fuß lang.

149. Die Bätän=Natter. (C. Baetaen. *Forskahl* ib. 15. n. 11.).

 C. *de la Cepede* II. 274. *Bonnaterre* 62. n. 174.

Weiß und ſchwarz geflekt.

In Arabien, einen Fuß lang und faſt 2 Zoll dick. Ihr Biß iſt in dem erſten Augenblick unter Aufſchwellen des Körpers tödlich.

150. Die Hölleik=Natter. (C. Hoelleik. *Forskahl* l. c. 15. n. 12.)

 C. *de la Cepede* II. 274. *Bonnaterre* 62. n. 173.

Ganz roth.

II. Ordn. Schlangen. 3. Die Natter.

In Arabien, Fußlang, und soll ihr Biß eine brennende Geschwulst erregen, so wie schon ihr Hauch ein Jucken auf der Haut.

151. **Die Hannasch-Natter.** (C. Hannasch. Forskahl ib. C. de la Cepede II. 274. Bonnaterre 62. n. 172.)

Ganz schwarz.

Ebendaselbst, 2 Fuß lang, Fingersdick, und verursacht ihr Biß ebenfalls eine Geschwulst.

152. **Die Purpur-Natter.** (C. purpurascens. Boddaert 19. n. 5.)

Gronov. muſ. II. 311. n. 17.
Le pourpré. Bonnaterre 37. n. 89.

Purpurröthlich mit schwarzen Flecken, die Schilder und Schuppen betragen $\frac{311}{189-122}$.

Von unbekannten Vaterlande.

153. **Die Ahätull-Natter.** (C. Ahaetulla. L. Muſ. Ad. Frid. I. 35. T. 22. f. 3.)

Natrix Ahaetulla. Laurenti 79. n. 161.
Boddaert 22. n. 23.
Gronov. muſ. II. 61. n. 24.
Weigel a. a. O. I. 40. n. 58—60.
Catesby Car. II. T. 47. Seba II. T. 12. f. 3. T. 63. f. 3. T. 82. f. 1.
Le Boiga. C. de la Cepede II. 223. Pl. 11. f. 1. D'Aubenton Encyclop. methodique. Bonnaterre 28. n. 61. Pl. 27. f. 55.

Blau, in verschiedene Farben, besonders ins schmaragdgrüne spielend, über den Rücken läuft bis zur Spitze des Schwanzes ein Streif von lebhaften Goldglanze, Unten ist der Körper silberweiß, und auf jeder Seite

232   III. Claſſe. Amphibien.

von den obern Theilen durch eine goldfarbene Linie abgeſondert. Die Haut iſt ſchwarz und ſcheint hin und wieder zwiſchen den Schuppen durch. Der ziemlich große Kopf iſt oberwerts blau und von ſeidenartigen Glanze; an den Seiten des Oberkiefers befindet ſich eine weiße Binde, oberwerts mit ſchwarzen Rande. Nach Linné betragen die Schilder und Schuppen $\frac{313}{163-150}$, nach Gronov $\frac{317}{165-152}$, und nach Weigel $\frac{342}{169-173}$, $\frac{302}{161-141}$, $\frac{315}{163-152}$, nach dem Grafen von Cepede $\frac{294}{166-128}$.

In Aſien und Amerika. Eine der prächtigſten Schlangen, wegen ihren vortreflichen Gold- und Silberglanze. Sie wird über 3 Fuß lang, iſt aber nur wenige Linien dick. Uebrigens iſt ſie unſchädlich, und lebt von jungen Vögeln, welche ſie durch ihr Geziſche anlocken ſoll.

154. **Die weißrinkige Natter.** (C. petalarius. L. Muſ. Ad. Fridr. I. 35. T. 9. f. 2.)

Weigel a. a. O. I. 42. n. 61—63.

La petalaire. *C. de la Cepede* II. 207. *D' Aubenton* Encycl. methodique. *Bonnaterre* 48. n. 125. Pl. 26. f. 54.

Schwärzlich braun, mit ſehr unregelmäßigen weißen Querbinden. Unten iſt der Körper blaß, die weißen Schilder haben graue Ränder, und über die dunkelgrauen Schuppen, weiße Querbinden. Nach Linné betragen die Schilder und Schuppen $\frac{314}{212-102}$, nach Weigel $\frac{303}{212-91}$, $\frac{306}{203-103}$, $\frac{281}{203-78}$, und nach dem Grafen von Cepede $\frac{322}{216-106}$.

In Südamerika und Indien, wo sie sich auch in den Häusern zum Mäuse- und Insekten-Fang benutzen läßt. Ausserdem geht sie auch nach jungen Vögeln. Ihre Länge beträgt 1 — 2½ Fuß und darüber.

155. Die gemahlte Natter. (C. pictus. L. syst. XIII.)

Boddaert 24. n. 29.
Gronovii Zooph. II. 61. n. 23.
La Couleuvre bleue. Bonnaterre 30. n. 67.

Blau, mit schwarzen Strich auf jeder Seite, welcher sich in einen weißen endigt. Nach Gronov betragen die Schilder und Schuppen $\frac{314}{172-142}$. Die Schnauze ist spitzig.

Ihr Vaterland ist unbekannt. Sie hat an 11 Zoll Länge.

156. Die Caracaras-Natter. (C. Caracaras. L. syst. XIII.)

Boddaert 18. n. 4. Gronovii musf. 2. n. 28.
Seba II. T. 69. f. 3. T. 68. f. 3.
Le Caracara. Bonnaterre 21. n. 42.

Mit sehr lebhaften Farben marmorirt, und $\frac{315}{190-125}$ Schildern und Schuppen.

Ebenfalls in Ansehung des Wohnortes unbekannt.

157. Die Haje-Natter. (C. Haje. L.)

Forskahl Fauna Arab. 18. n. 8. Hasselquists Reise 317. n. 62.
L' Haje. C. de la Cepede II. 269. Dr Aubenton Encycl. methodique. Bonnaterre 37. n. 90.

Schwarz, und mit schiefen weißen Binden; ihre Schuppen sind zur Helfte weiß. Nach Linne' betragen die Schilder und Schuppen $\frac{316}{307-109}$, nach Hasselquist $\frac{266}{206-60}$.

III. Claſſe. Amphibien.

In Nieder-Egypten. Sie iſt groß, und von giftigen Biß, und verlängert den Hals wenn ſie beißen will. Die Gaukeler reißen ihnen die Giftzähne aus, und machen ſie dadurch unſchädlich.

158. **Die Faden-Natter.** (C. filiformis. L. Muſ. Ad. Friderici. I. 36. T. 17. f. 2.)

- Natrix filiformis. *Laurenti* 78. n. 159.
  Le fil. *C. de la Cepede* II. 234. Pl. 11. f. 2. *D'Aubenton* Encyclop. methodique. *Bonnaterre* 37. n. 92. Pl. 27. f. 56.

Schwarz oder ſchwärzlich, unten mehr oder weniger weiß, von ſehr dünnen Körper, und nach Verhältniß dickern Kopfe. Die Schilder und Schuppen betragen $\frac{323}{165-158}$.

b) Bläulich-braun, mit braunen Fleck bei jeden Auge, welcher ſich im Verfolg in kleine ſchiefe Flecke zertheilt, und endlich verlöſcht.

Laurenti 78. β.

In beiden Indien, von ſehr dünnen Körper. Sie hält ſich auf Bäumen auf, und iſt nicht giftig. Ihre Länge beträgt etwas über einen Fuß.

159. **Die lohbraune Natter.** (C. pullatus. L. Muſ. Ad. Frider. I. 35. T. 20. f. 3.)

Coluber niger. *Boddaert* 18. n. 1.
Gronovii muſ. II. 56. n. 12.
Weigel I. 43. n. 64.
La minime. *C. de la Cepede* II. 209. *D'Aubenton* Encyclop. methodique. *Bonnaterre* 17. n. 31. Pl. 27. f. 57.

Lohbraun, und zwar entweder einfarbig, oder mit ſchwarzen Querſtreifen. Jede Schuppe des obern Körpers iſt zur Helfte weiß eingefaßt, daher der Grund weißgetüpfelt erſcheint, unten iſt der Körper heller, und gewöhn-

II. Ordn. Schlangen. 3. Die Natter.

gewöhnlich braun geflekt. Die weißen Seiten des Kopfes haben schwarze Flecken. Nach Linné betragen die Schilder und Schuppen $\frac{325}{217-108}$, nach Gronov $\frac{320}{216-104}$, nach Weigel $\frac{321}{213-108}$.

In Asien; ihre Länge beträgt nach dem Grafen von Cepede über 3 Fuß. Sie ist nicht giftig.

160. **Die Roßnatter.** (C. Hippocrepis. L. Muſ. Ad. Frid. I. 36. T. 16. f. 2.)

Natrix hippocrepis. *Laurenti* 77. n. 155.
Le Fer-à-cheval. C. *de la Cepede* II. 320. *D'Aubenton* Encyclop. methodique. *Bonnaterre* 26. n. 55. Pl. 28. f. 58.

Bläulich-braun, mit braunen Flecken. Zwiſchen den Augen befindet ſich ein brauner Fleck, und ein bogenförmiger am Hinterkopf. Der Schilder und Schuppen ſind $\frac{326}{232-94}$.

Der Graf von Cepede gedenkt noch einer Varietät.

b) Mit 4 länglichen ſchwarzen Flecken an den vordern Seiten des Körpers, und mit 4 andern dergleichen am Halſe, von welchen die 2 äußerſten ſich gegen den Hinterkopf zuſammenneigen. Die Schilder und Schuppen betrugen $\frac{320}{241-79}$.

Jene iſt in Amerika einheimiſch, und ſind beide nicht giftig. Leztere hat 1½ Fuß Länge.

161. **Die Minerven-Natter.** (C. Minervae. L.)

La couleuvre ou le Serpent de Minerve. C. *de la Cepede* II. 205. *D'Aubenton* Encycl. methodique. *Bonnaterre* 55. n. 147.

Bläulich grau, mit einem braunen Rückenſtreif, und 3 dergleichen Streifen am Kopfe. Der Schilder und Schuppen finden ſich $\frac{328}{238-90}$.

In Südamerika und Indien.

162. Die

III. Classe. Amphibien.

162. Die aschgraue Natter. (C. cinereus. L.)

La Cendrée. C. *de la Cepede* II. 237. *D' Aubenton* Encyclop. methodique. *Bonnaterre* 25. n. 51.

Grau, mit weißen eckigen Bauche, und Schwanz-schuppen mit rostfarbenen Rändern. Der Schilder und Schuppen sind $\frac{337}{200-137}$.

Ebendaselbst.

163. Die Gras-Natter. (C. viridissimus. L.)

La verte. C. *de la Cepede* II. 315. *D' Aubenton* Encyclop. methodique. Le vert. *Bonnaterre* 12. n. 11.

Grasgrün, am Bauche blasser, mit in der Mitte erweiterten Schildern, welche nebst den Schuppen, $\frac{339}{217-122}$ betragen.

Zu Surinam. Nach dem Grafen von Cepede fast $2\frac{1}{4}$ Fuß lang.

164. Die Schleim-Natter. (C. mucosus. L. Muf. Ad. Frider. I. 37. T. 23. f. 1.)

Natrix mucosa. *Laurenti* 77. n. 156.
Weigel I. 44. n. 65.
La muqueuse. C. *de la Cepede* II. 238. *D' Aubenton* Encyclop. methodique. Le muqueux. *Bonnaterre* 34. n. 79. Pl. 28. f. 59.

Bläulich mit wolkigen schiefen Querstreifen. Schilder und Schuppen betragen nach Linne' $\frac{340}{200-140}$, nach Weigel $\frac{336}{215-121}$.

In Südamerika und Indien.

165. Die Haus-Natter. (C. domesticus. L.)

La domestique. C. *de la Cepede* II. 267. *D' Aubenton* Encyclop. methodique. Le Serpent domestique. *Bonnaterre* 24. n. 50.

II. Ordn. Schlangen. 3. Die Natter. 237

Mit einem gedoppelten schwarzen Fleck zwischen den Augen, übrigens der Roßnatter ähnlich. Der Schilder und Schuppen sind $\frac{339}{245-94}$.

Sie lebt in Amboina in den Häusern.

166. **Die sebaische Natter.** (C. Sebae. L. syst. XIII.)

Gronovii mus. II. n. 11.
Seba II. T. 199. f. 2.
Le superbe. *Bonnaterre* 17. n. 30.

Mit schwarz- und weißgenebelten Körper, und mit $\frac{342}{272-70}$ Schildern und Schuppen.

Aus Brasilien, von 3 Fuß 8½ Zoll Länge.

167. **Die Ameisen-Natter.** (C. Cenchoa. L.)

Seba mus. II. T. 16. f. 2. 3.
Le Cenco. *C. de la Cepede* II. 316. *D' Aubenton* Encyclop. methodique. *Bonnaterre* 35. n. 84. Pl. 29. f. 60.

Mit fast kugelrunden Kopfe, braunen Körper mit blassern Flecken, und schneeweißen Streifen, und $\frac{344}{220-124}$ Schildern und Schuppen.

In Amerika.

168. **Die Spot-Natter.** (C. mycterizans. L. Mus. Ad. Frider. I. 28. T. 5. f. 1. T. 19. f. 2.)

Natrix mycterizans. *Laurenti* 79. n. 162.
Gronovii mus. II. 59. n. 19. zooph. 21. n. 202.
Boddaert 20. n. 11.
La nasique. *C. de la Cepede* II. 277. Le nez-retroussé. *D' Aubenton* Encyclop. methodique. *Bonnaterre* 53. n. 144. Pl. 30. f. 62.

Grünlich, mit 4 hellern Streifen längs jeder Seite, und 2 andern unten am Bauche. Die Schnauze ist lang, 4 kan-

238　　III. Claſſe.　Amphibien.

4kantig, und der längere Oberkiefer endigt ſich mit einem ſchuppenartigen etwas zurückgelegten und wie gefalteten Fortſatz. Der Schwanz ſoll nach Linne' 5kantig ſeyn. Die Schilder und Schuppen betragen nach Linne' $\frac{359}{192-167}$, nach Gronov $\frac{335}{187-148}$, nach dem Grafen von Cepede $\frac{330}{173-157}$.

In Amerika. Nach dem Grafen von Cepede 4¾ Fuß lang, und 5—6 Linien dick.

Als Varietäten ſcheinen hieher zu gehören:

b) Natrix flagelliformis. *Laurenti* 79. n. 163.
   Seba II. T. 23. f. 2.

c) *Catesby* Car. II. T. 47.
   Mit mehr grünlichen Körper.

d) La verte. *Bonnaterre* 11. n. 8.
   Catesby Car. Pl. 57.

Mit ganz grünen Körper, eiförmigen verlängerten Kopfe, und gerader ſpitziger Schnauze. Die Schilder und Schuppen betragen $\frac{355}{187-168}$.

Im ſüdlichen Amerika.

169. Die grauköpfige Natter. (C. coerulescens. L. Muſ. Ad. Frider. I. 37. T. 20. f. 2.)

Natrix coerulescens. *Laurenti* 77. n. 157.
La Bleuatre. C. de la Cepede II. 239. D' *Aubenton* Encyclop. methodique. *Bonnaterre* 13. n. 13. Pl. 29. f. 61.

Bläulich, mit zugeſpizten bleifarbenen Kopfe. Die Schilder und Schuppen betragen $\frac{385}{215-170}$.

In Südamerika und Indien.

170. Die

II. Ordn. Schlangen. 3. Die Natter.

170. Die Argus-Natter. (C. Argus. L.)

Seba musf. II. T. 103. f. 1.
Natrix argus. *Laurenti* 78. n. 158.
L' Argus. *C. de la Cepede* II. 265. D' *Aubenton* Encyclop. methodique. *Bonnaterre* 25. n. 53. Pl. 30. f. 63.

Braun und sehr glatt, mit etwas hellerer und fast netzförmiger Mitte der Schuppen. Unten ist der Körper gewürfelt, der Hinterkopf zweilappig und höckerig. In Afrika.

171. Die Lanzen-Natter. (C. hastatus.)

La Vipère Fer-de-Lance. *C. de la Cepede* II. 121. Pl. 5. f. 1.
Bonnaterre 10. n. 5. Pl. 38. f. 1.

Mit gelben oder auch graulichen Körper, welcher zuweilen mit braunen, oder bläulich braunen Flecken marmorirt ist, und hinter jeden Auge, und jeder Seite des Kopfes einen dunkler braunen Fleck besizt. Vorne an den beträchtlich dicken Kopfe befindet sich eine lanzenförmige Erhabenheit; und auf jeder Seite zwischen den Augen und Nasenlöchern eine Oefnung, welche man für Gehörgänge hält. Die Schilder und Schuppen betragen $\frac{289}{228-61}$, oder auch $\frac{284}{225-59}$.

Zu Martinique, Domingo und Cayenne. Sie erreicht eine Länge von 5—6 Fuß, eine Dicke von 3 Zoll, und ist eine der größten giftigen Nattern, deren Gift gelblich aussieht, und bei gebissenen Personen eine brennende Hitze unter starker Entkräftung bewirkt, auf welche in kurzer Zeit der Tod folgt. Wenn sie beissen will, legt sie sich in einen Kreis, stüzt sich auf den Schwanz, und fährt wie ein Pfeil auf den Gegenstand zu. Mehrentheils hält sie sich in Wäldern auf, und kommt äusserst selten in Häuser; dagegen geht sie aber den Mäusen in den Zuckerplantagen nach, und verräth daselbst ihre Gegenwart, so wohl durch ihren Gestank, als auch durch das Geschrei der Vögel, welche sie fürchten, und um sie herumfliegen. Man darf einer solchen Schlange nur einen Ast oder einen Büschel Blätter u. dergl. vorhalten, um ihren Blick zu beschäftigen, wo dann ein anderer sie leicht zerhauen kann. Im Merz und April paaren sie sich, zu welcher Zeit sie auch vorzüglich heftig sind, und fürchterlicher beißen. Nach 6 Monaten bringen die weiblichen Schlangen ihre 20—60 Jungen lebendig zur Welt. Die Lanzennattern nähren sich von Ameiva-Eidechsen, von Hasen, Kaningen, Katzen, Ratten und Mäusen, so wie auch von Geflügel. Zuweilen überfressen sie sich so stark, daß sie krepiren, wie man dies bei einer fand, welche ein fuchsartiges Beutelthier (Didelphis Opossum) verschlungen hatte. Die Neger und Mulatten sollen sichere Hülfsmittel wider die Tödlichkeit ihres Bisses kennen, welche aber noch nicht so allgemein bekannt sind.

172. **Die Achat-Natter.** (C. Haemachates.)

L' Haemachate. C. *de la Cepede* II. 115. Pl. 3. f. 2. *Bonnaterre* 31. n. 70. Pl. 37. f. 2.

Seba mus. II. T. 58. f. 1. 3.

Mehr oder weniger hochroth, mit verschiedentlich gestellten weißen Flecken, unten ist der Körper gelblich. Die Schilder und Schuppen betragen $\frac{154}{132-22}$.

Zu Japan und in Persien. Sie ist giftig, hat 2 bewegliche Gift-Zähne im Oberkiefer, und erreicht $1\frac{1}{4}$ Fuß in der Länge.

173. **Die brasilianische Natter.** (C. brasiliensis.)

La Brasilienne. C. *de la Cepede* II. 119. Pl. 4. f. 1. *Bonnaterre* 33. n. 76. Pl. 37. f. 3.

Mit cirunden, rothbraunen, schwärzlich eingefaßten Flecken, zwischen welchen sich ganz kleine mehr oder weniger dunkelbraune befinden. Die Schilder und Schuppen betragen $\frac{226}{180-46}$.

II. Ordn. Schlangen. 3. Die Natter. 241

In Brasilien. Sie hat fast 8 Linien lange Giftzähne. Die Schuppen auf dem Kopfe und Rücken haben Rückenschärfen. Die Schnauze ist rundlich und hervorstehend. Die Länge dieser Schlange beträgt 3 Fuß, der Schwanz allein 5½ Zoll.

174. Die Dreieck=Natter. (C. triangularis.)

La tête triangulaire. C. *de la Cepede* II. 132. Pl. 5. f. 2. *Bonnaterre* 27. n. 58. Pl. 38. f. 2.

Grünlich, mit vielförmigen Flecken auf dem Kopfe und Körper, wo sie in eine unregelmäßige Längenbinde zusammenfließen. Der Schilder und Schuppen sind $\frac{211}{150-61}$, wovon jene weißliche Ränder, bei dunklern Grunde haben. Der Kopf ist fast dreieckt.

Auf der Insel St. Eustache. Sie hat Giftzähne, ist 3 Fuß lang, und der Schwanz beträgt 3¾ Zoll.

175. Die Panther=Natter. (C. Pardus.)

La tigrée. C. *de la Cepede* II. 136. *Bonnaterre* 32. n. 73.

Hell rothbraun, mit dunklern schwarz eingefaßten Flecken. Die Schilder und Schuppen betragen $\frac{290}{223-67}$.

Von unbekannten Vaterlande. Ihre Länge war 1 Fuß und 1½ Zoll, und die des Schwanzes 2 Zoll. Sie ist giftig.

176. Die französische Natter. (C. Franciae.)

La couleuvre commune. C. *de la Cepede* II. 137. Pl. 6. f. 1. D'*Aubenton* Encyclop. methodique. *Bonnaterre* 28. n. 60. Pl. 38. f. 3.

Schwarz oder sehr dunkelgrün, mit gelblichen Flecken in Längen=Reihen, von denen die obern mehr irregulair, die in der Mitte des Rückens mehr gestrekt, und an den Seiten etwas größer sind. Der Bauch ist

Dritter Theil. Q gelb-

gelblich, und jedes Schild an beiden Seiten mit einem kleinen schwarzen Strich eingefaßt, und mit einem schwarzen Punkt gezeichnet. Von Schildern und Schuppen sind $\frac{313}{206-107}$ vorhanden.

In Frankreich, besonders in den südlichern Gegenden. Sie ist nicht giftig, hat keine beweglichen, aber in beiden Kiefern eine gedoppelte Reihe fester Zähne, wovon in der äussern Reihe oben und unten $\frac{26}{20}$, und in den innern $\frac{20}{20}$ stehen, so daß sie überhaupt 92 Zähne besizt. Ihre Länge beträgt 3—4 Fuß und darüber. Mehrentheils hält sie sich in Wäldern auf, und kommt nicht viel zum Vorschein. Im Winter verkriecht sie sich, und kommt im Frühjahr wieder hervor, wo sich diese Schlangen nach geschehener Häutung paaren, und die Weibgen nachher Eier legen. Sie lassen sich übrigens leicht zähmen, und in Häusern halten, und beweisen viel Anhänglichkeit an Menschen.

Der Graf von Cepede rechnet auch hieher:

b) Die sardinische Natter. (C. Sardus.)

Colubro uccellatore. Cetti Nat. Gesch. von Sardinien. III. 43.

Sie ist schwarz, mit gelben Flecken bestreut, unten gelb, und hat $\frac{302}{200-102}$ Schilder und Schuppen, welche Cetti aber selbst als abänderlich angiebt.

Sie ist auch nicht giftig, findet sich in Sardinien, wo sie die Vogelnester auf den Bäumen durchsucht, und die Eier und Jungen auffrißt.

177. Die vierstreifige Natter. (C. quadrilineatus.)

La quatre-raies. C. de la Cepede II. 163. Pl. 7. f. 1. Bonnaterre 44. n. 112. Pl. 39. f. 1.

Weißlich oder bräunlich, mit 4 dunklern Strichen der Länge nach über den Körper, von denen die beiden äusser=

II. Ordn. Schlangen. 3. Die Natter.

äussersten bis zu den Augen gehen, hinter welchen sie einen länglichen schwarzen Fleck bilden, und sich endlich über der Schnauze vereinigen. Die Rückenschuppen haben eine Schärfe. Die untern Schilder und Schuppen betragen $\frac{291}{218-73}$.

In der Provence. Sie ist nicht giftig, und erreicht eine Länge von $3\frac{1}{4}$ Fuß, der Schwanz besonders beträgt $8\frac{1}{2}$ Zoll.

178. **Die Violette Natter.** (C. violaceus.)

La Violette. C. de la Cepede II. 172. Pl. 8. f. 1. *Bonnaterre* 13. n. 16. Pl. 39. f. 3.

Violet, unten weißlich mit violetten, unregelmäßigen, ziemlich großen wechselsweis links und rechts sehenden Flecken. Die Schilder und Schuppen betragen $\frac{168}{143-25}$.

Ihr Vaterland ist nicht bekannt. Ihre Länge betrug 1 Fuß $5\frac{1}{4}$ Zoll, und der Schwanz $2\frac{1}{4}$ Zoll; sie hatte keine Giftzähne.

179. **Die zweistreifige Natter.** (C. bistriatus.)

La double-raie. C. de la Cepede II. 220. Pl. 10. f. 2. *Bonnaterre* 42. n. 108. Pl. 40. f. 3.

Mit 2 gelben Streifen längs dem Körper, welcher übrigens rothbraun, und dessen Schuppen ausser jenen Streifen, gelb eingefaßt sind. Unten befinden sich an Schildern und Schuppen $\frac{304}{205-99}$.

Wahrscheinlich aus Indien. Sie hat $2\frac{1}{12}$ Fuß in der Länge, und der Schwanz beträgt $6\frac{1}{2}$ Zoll. Sie ist nicht giftig.

180. Die

III. Claſſe. Amphibien.

180. Die Roſenkranz-Natter. (C. moniliformis.)

Le Chapelet. C. de la Cepede II. 246. Pl. 12. f. 1. Bonnaterre 56. n. 150. Pl. 41. f. 1.

Blau, mit 3 Längen-Streifen, von welchen die beiden zur Seite weiß, der mittelſte aber ſchwarz und mit kleinen weißen Flecken beſezt iſt, welche abwechſelnd rund und oval ſind. An den Seiten des Kopfes befinden ſich 3 — 4 Flecken von der Größe der Augen, welche die Form einer Binde haben. Auf dem Kopfe ſtehen blaue ſchwarz eingefaßte Flecken in ſehr regelmäßiger Lage. Unten iſt der Körper weiß, und an jeder Seite eines Schildes befindet ſich ein kleiner ſchwarzer Punkt. Die Schilder und Schuppen betragen $\frac{300}{170-130}$.

Von unbekannten Vaterlande. Ihre Länge beträgt 1 Fuß 5½ Zoll, und die des Schwanzes 5½ Zoll.

181. Die Stachelgras-Natter. (C. Cenchrus.)

Le Cenchrus. C. de la Cepede II. 248. Pl. 12. f. 2. Bonnaterre 22. n. 44.

Braun und weißlich marmorirt, mit weißlichen irregulairen Querbinden, und ſechsſeitigen Schuppen auf dem Rücken. Unten iſt der Körper weißlich und braun gefleckt, und mit $\frac{200}{153-47}$ Schildern und Schuppen verſehen.

In Aſien. Sie iſt ſo wie die vorigen nicht giftig, und beträgt ihre Länge 2 Fuß, der Schwanz insbeſondere aber $3\frac{7}{12}$ Zoll.

182. Die ſymmetriſche Natter. (C. ſymmetricus.)

La ſymmétrique. C. de la Cepede II. 250. Bonnaterre 34. n. 81.

Braun, auf jeder Seite des Rückens mit einem Streif kleiner ſchwärzlicher Flecken, welcher auf ⅔ des

ganz-

ganzen Körpers reicht. Der Bauch und der untere Theil des Schwanzes sind weiß, jener aber ist mit sehr ordentlich gestellten braunen ganzen und halben Querbinden gezeichnet. Die Schilder und Schuppen betragen $\frac{168}{142-26}$.

Auf der Insel Zeylon. Sie ist nicht giftig.

183. **Die Reiß-Natter.** (C. oryziuorus.)

Le jaune et bleue. C. de la Cepede II. 251.

Grau ins gelbe, blaue und grüne spielend, mit gitterförmig sich durchkreuzenden schiefen Querstreifen, welche blau, und goldgelb eingefaßt sind. An den Seiten, welche heller grau sind, werden diese Gitter kleiner, so wie auch auf dem Schwanze, und da wo sich auf den Seiten die Streifen kreuzen, befindet sich eine Längen-Reihe weißer Flecken. Von den Augen gehen hinterwerts 2 Streifen nach den Seiten des Halses, und vereinigen sich hinter dem Kopf in einen Bogen. Ein 3ter blauer Streif geht von der Schnauze nach dem Hinterkopf, theilt sich daselbst in 2 Theile, und umgiebt einen gelben blau getüpfelten Flecken. Der Schilder und Schuppen finden sich $\frac{405}{312-93}$.

Zu Java, wo sie sich gerne auf den Reiß-Aeckern aufhält. Sie erreicht eine Länge von 9 Fuß, und diejenigen, welche sich in dichten Wäldern und hohen Gegenden aufhalten, sollen eine noch beträchtlichere Länge bekommen. Ohnerachtet ihr Biß nun nicht giftig ist, so wird sie doch wegen ihrer Stärke gefährlich.

184. **Die dreistreifige Natter.** (C. trilineatus.)

La Trois-raies. C. de la Cepede II. 254. Pl. 13. f. 1. Bonnaterre 42. n. 107. Pl. 41. f. 3.

Rothbraun, mit 3 schwärzlichen Streifen von der Schnauze an bis zum Schwanze. Die Schilder und Schuppen betragen $\frac{203}{169-34}$.

In Afrika. Sie ist nicht giftig, und 1 Fuß 5½ lang, der Schwanz allein beträgt 2⅔ Zoll.

185. Die Götzen-Natter. (C. Idolum.)

Le Daboie. C. de la Cepede II. 255. Pl. 13. f. 2. *Bonnaterre* 18. n. 33. Pl. 42. f. 1.

Graulich, mit 3 Reihen, großer, eirunder, rothbrauner, schwarz eingefaßter Flecken. Die Kopf- und Rücken-Schuppen haben Schärfen. Der Schilder und Schuppen sind $\frac{215}{169-46}$.

An den östlichen Küsten von Afrika, zu Guinea in dem Königreiche Whida, wo sie auch fetisch verehrt wird, und daher es auch nicht so leicht ist, Exemplare davon nach Europa zu bringen. Das in dem Pariser Kabinette hat 3 Fuß 5 Zoll Länge, und der Schwanz 5¼ Zoll. Sie ist nicht giftig, hält sich gerne bei den Menschen auf, und vertilgt in den Waldungen die giftigen Schlangen.

186. Die Lasur-Natter. (C. azureus.)

L' Azurée. C. de la Cepede II. 276. *Bonnaterre* 13. n. 14.

Blau, auf dem Rücken dunkler, und unten weißlich. Die Schilder und Schuppen betragen $\frac{235}{171-64}$.

Am grünen Vorgebürge, unschädlich, und an 2 Fuß lang, wo der Schwanz besonders 5⅓ Zoll ausmacht.

187. Die dickköpfige Natter. (C. megalocephalus.)

La grosse-tête. C. de la Cepede II. 280. Pl. 14. f. 1. *Bonnaterre* 48. n. 120. Pl. 42. f. 2.

II. Ordn. Schlangen. 3. Die Natter.

Von dunkler Farbe und hellern Querbinden. Die Schilder und Schuppen betragen $\frac{270}{193-77}$. Der Kopf ist dick.

In Amerika. Das Exemplar, welches der Graf vor sich hatte, war zu sehr von Weingeiste angegriffen, als daß er die Farbe hätte genauer beschreiben können. Es hatte 2 Fuß 5½ Zoll Länge, und der Schwanz betrug 6¼ Zoll.

188. Die Lauf-Natter. (C. cursor.)

La couresse. C. *de la Cepede* II. 281. Pl. 14. f. 2. *Bonnaterre* 27. n. 59. Pl. 42. f. 3.

Grünlich, mit 2 Längen-Reihen kleiner weißer länglicher Flecken, die Seiten und der untere Körper sind blasser. Die Schilder und Schuppen betragen $\frac{290}{185-105}$.

Zu Martinique. Ihre Länge beträgt 2 Fuß $10\frac{7}{12}$ Zoll, und der Schwanz allein $9\frac{7}{12}$ Zoll. Sie ist sehr furchtsam, verkriecht sich äusserst geschwind, und hat keinen Gift.

189. Die Katzen-Natter. (C. oculus cati.)

La Chatoyante. Hist. nat. du Jorat et de ses environs, par M. le Comte *de Rasoumowsky*. Lausanne. 1789. Vol. I. 122. Pl. 6. lettres a, b. C. *de la Cepede* II. 324. *Bonnaterre* 51. n. 136.

Aschgrau, mit braunen zickzackartigen Längenstreif, die größern und kleinern Flecken sind rothbraun, weißgeflekt, und hinterwerts oder nach den Schwanz hin bläulich eingefaßt, und spielen wie Katzen-Augen. Auf dem Scheitel befindet sich ein brauner fast herzförmiger Fleck. Der Schilder und Schuppen sind $\frac{286}{166-130}$ oder $\frac{291}{161-130}$.

248 III. Claſſe. Amphibien.

Bei Lauſanne an Gräben und Wäſſern. Sie iſt unſchädlich, 1½ Fuß lang, Federſpuhlen dick, und überaus ſchlüpfrig.

190. **Die ſchweizer Natter.** (C. helueticus.)

La Couleuvre vulgaire. C. *de Razoumewski a. a. O.* I. 121. 288.
La Suiſſe. C. *de la Cepede* II. 326. *Bonnaterre* 51. n. 134.

Aſchgrau, mit kleinen ſchwarzen Streifen an den Seiten, und einem Längenſtreif über den Rücken, welcher aus blaſſern und geradern kleinen Querlinien beſteht. Unten iſt der Körper ſchwarz und weißbläulich geflekt. Die Rückenſchuppen haben eine Schärfe. Die Schilder und Schuppen beſtehen aus $\frac{297}{170-127}$.

Sie findet ſich an Wäſſern, und dunkeln ſchattigen Plätzen, auch beſonders in den Wäldern des Jorats in der Schweiz. Im Sommer legen die Weibgen gegen 42 Eier, an warme Plätze, vorzüglich gerne auf Dung. Sie erreicht übrigens eine Länge von 3 Fuß und iſt nicht giftig.

191. **Die Corais-Natter.** (C. Corais.)

L' Ibiboca. C. *de la Cepede* II. 328. *Bonnaterre* 25. n. 52.

Mit grauen, weiß eingefaßten Schuppen auf dem Rücken, welche rautenförmig ſind. Die Schilder und Schuppen betragen $\frac{297}{176-121}$.

Sie iſt nicht giftig und findet ſich in Braſilien. An dem Exemplare, welches der Graf beſchreibt, waren die beiden Ruthen ſichtlich, jede 6 Linien lang und dick, und ähnelten vorne, wo ſie ſich ausbreiteten, einer geſtrahlten Blume, indem ſie aus 5 concentriſchen Kreiſen gefranzter und geſpalteter Häute beſtunden, und mit 4 andern Kreiſen von ſchuppenartigen Spitzen umgeben waren. Die Oberfläche der Ruthen war übrigens von ganz kleinen Erhabenheiten rauh.

192. Die

II. Ordn. Schlangen. 3. Die Natter.

192. Die Louisianische Natter. (C. Ludovicianus.)

La tachetée. C. de la Cepede II. 329. Bonnaterre 19. n. 35.

Weißlich, mit großen rautenförmigen, auch unregelmäßigen, mehr oder weniger rothbraunen, schwarz eingefaßten Flecken, welche vom Halse bis auf $\frac{1}{4}$ der Länge des Körpers einen gedoppelten zickzackartigen Streifen bilden. Der Bauch ist weißlich und auch zuweilen gefleckt. Die Schuppen des Körpers sind 6eckt und mit Rückenschärfen versehen. Die Schilder und Schuppen unter dem Leibe betragen $\frac{189}{119-70}$.

Zu Louisiana. Sie ist nicht giftig. Nach dem Grafen hat sie viel Aehnlichkeit mit der von *Catesby* II. T. 55. beschriebenen; ihre Länge war 2 Fuß, und die des Schwanzes 5$\frac{1}{2}$ Zoll.

193. Die amerikanische Natter. (C. americanus.)

Le triangle. C. de la Cepede II. 331. Bonnaterre 18. n. 32.

Weißlich, mit irregulairen röthlich-braunen, schwarz eingefaßten Flecken, mit einer Reihe kleiner Flecken an jeder Seite herab, einem länglichen schiefen schwarzen Fleck hinter jeden Auge, und dreiekten Flecke auf dem Kopfe, in dessen Mitte sich ein anderer kleiner dreiekter hellerer oder dunklerer Fleck befindet. Die Schilder und Schuppen betragen $\frac{278}{230-48}$.

In Amerika. Ihre Länge ist 2 Fuß 7$\frac{1}{2}$ Zoll, und der Schwanz beträgt 3 Zoll. Sie ist nicht giftig.

194. Die Quincunx-Natter. (C. quincuncialis.)

Le triple rang; La couleuvre à trois rangs. C. de la Cepede II. 332. Pl. 15. f. 2. Bonnaterre 50. n. 130. Pl. 42. f. 5.

III. Classe. Amphibien.

Weißlich mit 3 Reihen dunkelbrauner Flecken, (welche nach der Zeichnung von dunkeln Rändern der Schuppen herrühren, so daß die Flecken in der Mitte heller sind.) Die Flecken der Seiten-Reihen treffen auf die Zwischenräume der mittlern, und bilden Quincunxe. Unten ist der Körper weißlich und braun geflekt. Die Schilder und Schuppen betragen $\frac{202}{150-52}$. Die Schuppen des Rückens haben Schärfen.

In Amerika, 1½ Fuß lang, der Schwanz 4 Zoll.

195. Die Flor-Natter. (C. reticulatus.)

Le reticulaire. C. de la Cepede II. 333. Pl. 15. f. 1. Bonnaterre 24. n. 49. Pl. 42. f. 4.

Die weißlichen Schuppen des Körpers, welche einen ganz weißen Rand haben, bilden eine Art von Netz oder Flor. Die Schilder und Schuppen betragen $\frac{298}{218-80}$.

Zu Louisiana. Sie ist nicht giftig; ihre Länge kommt auf 3 Fuß 11 Zoll, und der Schwanz beträgt 10 Zoll. In der Farbe kommt sie der Corais-Natter bei.

196. Die Zonen-Natter. (C. Zonatus.)

La couleuvre à Zones. C. de la Cepede II. 334. Bonnaterre 48. n. 124.

Ganz weiß, mit verschiedentlich breiten sehr dunkelbraunen Querbinden über den Körper, oder vollständigen Ringen. In den Zwischenräumen finden sich einige Schuppen mit röthlichen Spitzen. Die Schuppen der Lippen und oben auf dem Kopfe sind weißlich, und rothbraun eingefaßt. Die Schilder und Schuppen betragen $\frac{200}{165-35}$.

Sie

Sie ist nicht giftig, 1 Fuß lang, und der Schwanz beträgt 1½ Zoll. Ihr Vaterland ist nicht bekannt.

197. Die braunrothe Natter. (C. rufo-albus.)

La rousse. C. de la Cepede II. 335. Bonnaterre 11. n. 6.

Rothbraun unten weißlich. Die Schilder und Schuppen betragen $\frac{292}{224-68}$.

Auch von unbekanntem Vaterlande. Ihre Länge ist 1 Fuß 5⅓ Zoll, und der Schwanz beträgt 3 Zoll.

198. Die breitköpfige Natter. (C. platicephalus.)

La large-tête. C. de la Cepede II. 336. Bonnaterre 18. n. 33.

Weißlich, mit großen irregulairen sehr dunkeln Flecken, welche hin und wieder auf dem Rücken zusammenfließen, besonders in der Gegend des Kopfes und Halses. Unten ist der Körper ebenfalls weißlich, und hat 2 Reihen viel kleinerer Flecken an jeder Seite des Bauches. Die Schilder und Schuppen betragen $\frac{270}{218-52}$. Der Kopf ist sehr breit und flach.

Sie wurde vom Hrn. Dombay aus Südamerika gebracht, und hatte eine Länge von 4¾ Fuß, wo der Schwanz 7 Zoll betrug. Sie ist nicht giftig.

199. Die Citronen-Natter. (C. splendidus.)

L' éclatant *Bonnaterre* 14. n. 29.

Gronovii Zooph. 23. n. 112.

Mit schwarzen, an den Seiten und am Bauche citronengelben Körper, eirunden, ziemlich langen Kopfe, breiter stumpfer Schnauze, und einer 6 Zoll langen Reihe von rautenförmigen Flecken, welche hinter dem

Nacken anfangen. Die Schilder und Schuppen betragen $\frac{279}{164-115}$.

Sie erreicht 3 Fuß, 3 Zoll 5 Linien Länge. Ihr Vaterland ist unbekannt.

200. **Die zweifleckige Natter.** (C. bimaculatus.)

La double-tache. *C. de la Cepede* II. 222. *Bonnaterre* 32. n. 70.

Mit länglichen, hinterwerts breitern Kopfe, welcher am Nacken mit 2 großen weißen Flecken gezeichnet ist. Der rothbraune Körper ist auf dem Rücken mit irregulairen kleinen, weißen, schwarz eingefaßten Flekken besezt. Die Schilder und Schuppen betragen $\frac{369}{297-72}$.

Von unbekannten Vaterland. Das Exemplar in dem pariser Kabinette hat 20 Zoll 2 Linien Länge.

201. **Die Weißkragen-Natter.** (C. torquatus.)

Le Cravate. *Bonnaterre* 53. n. 141.
Gronovii zooph. 19. n. 94.

Mit bläulichen Körper, dessen Schuppen am Ende weiß sind, und weißer Binde um den Hals. Die Schilder und Schuppen betragen $\frac{269}{201-68}$.

Sie ist an 2 Fuß lang, und findet sich zu Guinea.

202. **Die Zwerg-Natter.** (C. pusillus.)

Le Serpent-nain. *Bonnaterre* 61. n. 169.
Essais philos. sur les couleuvres. à Paris. 1783. 18.

Mit hellbraunen Körper, welcher unten weißlich, und sowohl daselbst als an den Seiten mit dunklern Punkten besezt ist.

In Indien, von 5 Zoll Länge, und hält sich unter Steinen auf.

203. Die Gift=Natter. (C. Toxicon.)

Le Serpent-poison. *Bonnaterre* 62. n. 170.
Essais philos. 14.

Mit schmuzig gelben Körper, welcher mit kleinen braunen oder röthlichen Strichen durchzogen.

Ebenfalls in Indien, an steinigen, dürren Plätzen. Sie ist von geringer Dicke, aber an 2 Fuß lang, und tödtet ihr Biß in einer bis 2 Minuten.

204. Die Brenn=Natter. (C. vrens.)

Le Serpent brulant. *Bonnaterre* 62. n. 171.
Essais philos. 16.

Mit weißlichen Körper von braungrauen Flecken.

Auch in Indien, ohngefähr von der Größe der vorigen, und auch eben so giftig.

205. Die schmalbäuchige Natter. (C. angustus.)

Merrem Beitr. I. 7. T. 1.
Seba II. 2. T. 1. f. 6.

Mit schwärzlich braunen, unten gelben, an den Seiten stahlfarbenen Körper, und $\frac{155}{117-38}$ Schildern und Schuppen.

Zu Zeylon, über 9 Zoll lang.

206. Die windende Natter. (C. constrictorius.)

Merrem Beitr. II. 20. T. 3.

Mit hell stahlfarbenen Körper, welcher unten gelblich, und auf den Rücken mit weißlichen Querstreifen versehen ist. Die Schilder und Schuppen betragen $\frac{163}{112-51}$.

III. Claſſe. Amphibien.

Sie wird nicht viel über einen Fuß lang, ihr Vaterland iſt nicht bekannt.

207. Die zweifarbige Natter. (C. cruciatus.)

Merrem Beitr. I. 13. T. 2. Kreuznatter.

Mit braungrauen, unten gelblich grauen Körper. Die Schilder und Schuppen betragen $\frac{192}{130-62}$.

Wahrſcheinlich in Indien, ſie wird ohngefähr 9 Zoll lang.

208. Die ſiamiſche Natter. (C. ſiamenſis.)

Merrem Beitr. I. 25. T. 16. Hygidens - Natter.
Seba II. 34. T. 34. f. 5.

Mit $\frac{223}{185-38}$ Schildern und Schuppen.

Zu Siam.

209. Die Perlnatter. (C. margaritaceus.)

Merrem Beitr. II. 42. T. 6.
Seba II. 14. T. 12. f. 1. 24. T. 22. f. 2. 43. T. 42. f. 1. 2.

Mit perlenfarbigen Körper, welcher mit reihenweis ſtehenden ſchwarzen kreuzförmigen Flecken, und einigen weißen beſezt iſt. Die Schilder und Schuppen betragen $\frac{250}{184-66}$.

Ihre Länge beträgt über einen halben Fuß. Ihr Vaterland iſt unbekannt.

210. Die Viperkopfnatter. (C. viperinus.)

Merrems Beitr. II. 45. T. 10.
Seba II. 14. T. 12. f. 1.

Mit eiſenfarbigen, unten gelbbräunlichen und verſchiedentlich geflekten und geſtreiften Körper. Die Schilder und Schuppen betragen $\frac{253}{166-87}$.

In Amerika. Ueber 1½ Fuß lang.

211. Die

II. Ordn. Schlangen. 3. Die Natter.

211. **Die zusammengedrukte Natter.** (C. compressus.)

Merrem Beitr. II. 49. T. 11.

Mit weißlichen Körper und braunlichen Strichen in einer eckigen schwarzen Linie, unten mit schwarzen Binden. Die Schilder und Schuppen betragen $\frac{280}{214-66}$.

Von unbekannten Vaterland. Nur zwei Zoll ohngefähr lang.

212. **Die kapsche Natter.** (C. capensis. Thunbergs Reise. I. 179.)

Mit braunen, unten gelblichen Körper, und mit Rückenschärfen versehenen Schuppen. Die Schilder und Schuppen betragen $\frac{321}{197-124}$.

Sie hält sich am Cap auf den Bäumen auf, und ist an 8 Fuß lang.

213. **Die Mondnatter.** C. Tamachia. *Scopoli* delic. Fl. et Faun. insubricae. III. 38. T. 19. f. 1.)

Seba II. 38. T. 19. f. 1.

Mit gelblichen Körper, welcher mit braunen mondförmigen Flecken besezt ist. Die mehresten Stirnschuppen sind eckig. Die Schilder und Schuppen betragen $\frac{330}{260-70}$.

In Brasilien, von 9 Zoll Länge.

214. **Die nordamerikanische Natter.** (C. borealis.)

Schöpf's Reise durch Nordamerika. I. 495.

Mit schwarzen abgesonderten Querflecken auf dem Kopfe und Rücken, und gelblichbraunen schwarzgetüpfelten

256   III. Classe. Amphibien.

felten untern Körper. Die Schilder und Schuppen betragen $\frac{178}{125-53}$.

In Nordamerika.

215. **Die Nauische Natter.** (C. Nauii. Donndorffs zool. Beitr. III. 206. n. 27.)

Nau's Entdek. und Beobacht. aus der Naturk. I. 259. T. 3.

Mit 2 schwarzen Strichen auf jeder Seite, und $\frac{288}{234-54}$ Schildern und Schuppen.

Von unbekanntem Vaterlande.

216. **Die Sellmannische Natter.** (C. Sellmanni. Donndorff e. b. 207. n. 36.)

Nau, a. a. O. I. 260.

Mit $\frac{301}{226-75}$ Schildern und Schuppen.

In Ober-Oestreich. Ihre Länge beträgt etwas über 3 Fuß.

217. **Die lange Natter.** (C. pannonicus. Donndorff a. a. O. 208. n. 37.)

Nau, a. a. O. I. 260.

Mit $\frac{303}{219-84}$ Schildern und Schuppen.

Ebendaselbst, von 4½ Fuß Länge.

218. **Die Pocken-Natter.** (C. leprosus. Donndorff a. a. O. 208. n. 39.)

Nau, a. a. O. I. 260. T. 4.

Mit grauen, weißgetüpfelten, unten weißlichen Körper, von $\frac{307}{230-77}$ Schildern und Schuppen.

Ebendaselbst.

II. Ordn. Schlangen. 3. Die Natter.

Zu leichterer Ueberficht will ich diefe bis jetzt bekannten Nattern, unter folgende Ordnungen bringen, und zwar:

1) Nach dem Betrag der Schilder und Schuppen am Unterleibe, wo die kleinern Zahlen die Numern anzeigen, und ein Stern, die giftigen Schlangen.

140	1*	201	54. 55	244	92. 126
153	7*	202	56. 57. 58. 60. 194	245	34*
154	172*	203	69. 184	246	93. 94
155	205	204	51. 60	248	97
160	8*	205	60	249	95
161	9	206	61. 63	250	209
162	10	207	62	251	87. 90. 96
163	206	208	63	252	97
165	11	210	15*. 64. 65	253	98*. 100*. 210
168	178. 182	211	66. 74. 174*	254	99
169	67*	212	60. 64. 67*	255	93. 100*
170	12	213	60	256	105
173	13	215	158	258	102
174	14*	216	68. 74. 78	259	103. 111
175	15*. 16. 17*	217	61. 69. 72	260	104. 106
177	18. 19. 82	218	70. 74	262	107. 108
178	22. 214	219	71*	263	56. 104. 109*
179	23. 36*	220	72	264	102. 105. 109*. 112
180	28. 46. 67*	221	73	265	110
181	29*	222	78	266	106. 111. 112. 113. 157*
183	34*. 35	223	74. 208	267	114. 125
184	36*. 37*	224	96. 142	268	107
185	38*. 39*	226	173*	269	201
187	46	227	76	270	26. 126. 187. 198
189	15*. 47. 192	228	78	271	27*. 114
190	24. 34*.	229	77	272	115. 116
191	49	230	78. 83. 84. 74	273	111
192	48*. 51. 207	233	74	275	117*
194	50	234	85. 86. 78	276	118. 133
193	49	235	25* 186	277	119
194	60	236	78. 97	278	120. 127. 193
195	76	238	78*. 96	279	121. 199
197	51. 52. 55. 76	239	75	280	189. 211
198	53. 56	240	87. 88. 89. 90		
200	15*. 56. 60. 181. 196	242	91. 59		

Dritter Theil. 281

258   III. Classe. Amphibien.

281	122. 123. 125. 154	301	216	325	159
283	116	302	153. 176	326	160
284	171*	303	125. 146. 154. 217	327	148
285	125. 126	304	179	328	161
286	126	306	154	330	168. 213
287	124. 127	307	147. 218	335	168
288	128. 215	310	134	336	164
289	171*	311	152	337	162
290	129. 175*. 188	312	145	339	163. 165
291	126. 177. 189	313	153. 176	340	164
292	102. 116. 134. 197	314	154. 155	342	153. 166
293	130	315	153. 156	344	167
294	148. 153	316	157*	355	168
297	131. 190. 191	317	153	359	168
298	132. 133. 195	320	147. 160. 159	369	200
299	134	321	159. 212	376	56
300	125. 144. 180	322	126. 154	385	169
		323	158	405	183.

2) Nach den Schildern allein.

107	29*	138	64	155	48*. 55. 60. 72. 112. 127. 144
110	8*	140	10. 36*. 49. 56. 76. 96	156	56. 96. 119
112	206	141	11. 49. 76	157	60. 76. 114. 116
117	46. 205	142	14*. 58. 72. 82. 182	159	54
118	1*. 22	143	62. 67*. 71*. 178	160	83. 104. 189
119	77. 192	144	61. 69	161	153. 189
120	46	145	15*	162	73. 97
121	23	146	48*. 34*	163	87. 90. 153
124	12	147	15*. 114. 121	164	53. 57. 63. 199
125	214	148	17*. 34*. 96	165	47. 89. 93. 97. 153. 158. 196
126	13	149	51. 59. 112	166	63. 153. 210
128	50	150	15*. 36*. 60. 108. 174. 194	167	116
130	207	151	56. 60	168	78
131	7*. 19	152	38*. 39*. 55. 60. 70. 127	169	97. 153. 184. 185
132	172*	153	37*. 59. 60. 181	170	24. 67*. 78. 93. 180. 190
133	67*	154	51. 52. 60	171	186
134	9. 66			172	78. 90. 155
135	18. 35			173	87. 168
136	16. 28				
137	62				

II. Ordn. Schlangen. 3. Die Natter.

174	74. 78. 85. 86	196	109*. 126	224	197
175	65. 75. 78	197	56. 100*. 109*	225	146. 171*
176	74. 91. 191		212	226	107. 216
177	34*. 105	198	99. 132	227	124
178	84. 111. 142	200	102. 162. 164.	228	115. 171*
179	68		176	230	145. 193. 218
180	56. 74. 94. 106. 110. 148. 173*	201	201	232	160
		202	133	233	125
181	74	203	25*. 108. 154	234	215
183	26. 148	205	179	235	128
184	86. 92. 126. 209	206	105. 157*. 176	236	122
		207	134. 157*	238	161.
185	111. 188. 208	209	27*. 134	241	160
186	120. 126	210	150	245	165
187	104. 129. 168	212	154	248	147
188	102	213	159	250	125
189	74. 98*. 152	214	211	255	147
190	88. 105. 126. 156	215	103. 164. 169	256	126
		216	154. 159	260	213
191	113	217	159. 163	264	125
192	168	218	95. 177. 195. 198	265	125
193	100*. 116. 117*. 187	219	217	272	166
194	102. 126	220	26. 107. 167	297	200
195	123. 131	223	175*	312	183

3) Nach den Schuppen allein.

20	24	38	57. 125. 205. 208	50	8. 15*. 26. 49. 59. 60. 86. 88
21	119			51	60. 206
22	1*. 7. 10. 172*.	39	16. 34*. 36*	52	78. 194. 198
24	11. 47	40	60. 63. 74	53	214
25	178	42	18. 34*. 54. 56. 67*. 42. 107	54	60. 78. 215
26	15*. 182	43	28. 51. 52. 55. 60. 63. 74	55	51. 60
27	9. 17*			56	76. 99
31	37*. 95	44	15*. 74. 103. 115	58	23. 60. 78. 100*. 105
32	14*. 25*. 38*	45	13. 122		
33	39	46	12. 19. 48*. 55. 142. 172*. 185	59	73. 147. 171*. 22. 46. 58. 78.
34	36*. 53. 125. 184	47	74. 181	60	84. 85. 86. 92. 100*. 124. 126. 157*.
35	65. 82. 125. 196	48	35. 78. 128. 181. 193		
36	67*. 125				
37	48*. 67*. 68	49	56	61	171*. 174*

R 2

260　　　III. Classe. Amphibien.

62	27*. 56. 72. 78. 207	85	93. 110. 134	120	114	
		86	123	121	164. 191	
63	15*. 59. 78	87	26. 210	122	152. 163	
64	75. 78. 98*. 102. 186	88	111	123	127	
		89	106	124	167. 212	
65	147	90	96. 116. 134. 161	125	116. 156	
66	70. 91. 94. 105. 209. 211			127	190	
		91	126. 154	128	153	
67	50. 174*	92	120	130	180. 189	
68	34*. 78. 197. 201	93	183	132	121	
69	109*	94	160. 165	135	127	
70	46. 62. 76. 83. 102. 166. 192. 213	95	126	137	162	
		96	96. 126. 133	140	164	
		98	102	141	153	
72	29*. 61. 64. 200	99	179	142	155	
73	69. 108. 177	100	104. 132	144	148	
74	62. 64. 97. 133	102	131. 154. 176	145	144	
75	76. 89. 113. 216	103	129. 134. 154	148	168	
76	71*. 104	104	159	150	153	
77	66. 87. 90. 187. 218	105	188	152	153	
		106	154	157	168	
78	72. 87. 146. 154	107	176	158	158	
79	56. 90. 160	108	159	166	126	
80	106. 195	109	112. 157*	167	168	
81	111	110	77	168	168	
82	92. 117*. 145	114	108. 114. 148	170	169	
83	56. 97. 130	115	116. 199	173	153	
84	96. 97. 126. 217	117	112			

4) Nach den Farben und Zeichnungen.

   a) Ein- oder zweifarbige ohne besondere Zeichnung.

      α. giftige.

27. 37. 38. 100.

      β. unschädliche.

9. 23. 24. 40. 45. 49. 54. 56. 58. 62. 69. 77. 78. 85. 88. 91. 112. 120. 121. 128. 131. 144. 146. 150. 151. 158. 159. 162. 163. 165. 168. 169. 186. 197. 199. 205. 207. 212.

                                                  b) Ge-

II. Ordn. Schlangen. 3. Die Natter.

b) **Gefleckte.**

α. giftige.

1. 6. 17. 25. 29. 172. 173. 175. 204.

β. unschädliche.

21. 35. 45. 47. 51 — 53. 59. 61. 64. 73. 76. 78. 81 — 83. 96. 106. 110. 113. 115. 116. 126. 133. 135. 137 — 139. 141 — 143. 145. 147. 149. 152. 160. 170. 173. 198. 200. 202. 210. 213. 214. 218.

c) **Gestreifte.**

aa. Mit zusammenhangenden Streifen.

α. giftige.

14. 67. 71. 117. 203.

β. unschädliche.

4. 10. 13. 20. 68. 70. 72. 75. 80. 87. 90. 97. 105. 108. 119. 122. 123. 127. 129. 130. 134. 136. 140. 148. 153. 155. 161. 164. 167. 168. 177. 179. 184. 190. 211. 215.

bb. Mit zickzackartigen Streifen.

α. giftige.

33. 34. 36.

β. unschädliche.

189. 209.

cc. Mit Streifen, welche aus rundlichen oder länglichen Flecken bestehen.

α. giftige.

7. 30 — 32. 48. 174.

β. unschädliche.

19. 28. 41. 65. 94. 99. 102. 104. 124. 126. 176. 180. 182. 185. 188. 192 — 194.

dd. Mit

dd, Mit Streifen, welche aus Querſtrichen beſtehen.
    α. giftige,
39. 55. 109.
    β. unſchädliche.
60.

d) Geringelte.
    α. giftige,
8. 15. 98. 101. 157.
    β. unſchädliche.
3. 18. 22. 26. 44. 46. 50. 60. 63. 74. 86. 89. 92. 93. 95. 103. 107. 125. 132. 154. 159. 187. 196. 206.

e) Netzartig gezeichnete.
    α. giftige,
5.
    β. unſchädliche.
43. 57. 128. 183. 191. 195. 201.

f) Marmorirte. (m. ſ. auch b.)
    α. giftige,
171.
    β. unſchädliche.
2. 12. 16. 42. 44. 79. 111. 114. 156. 166. 181.

4. Die Schuppenschlange. (Anguis.)

Mit Schuppen ſowohl unter dem Bauche als unter dem Schwanze, und ohne Giftzähne.

1. Die geſtreifte Schuppenschlange. (A. ſtriatus. L. ſyſt. XIII.)

Gronovii muſ. II. 53. n. 6.
Boddaert 25. n. 3.

Mit

II. Ordn. Schlangen. 4. Die Schuppenschl. 263

Mit Querstreifen umgeben. Die Schuppen unter dem Bauche und Schwanze betragen $\frac{186}{179-7}$.

Von unbekannten Vaterlande.

2. **Die getüpfelte Schuppenschlange.** (A. Meleagris. L.)

<small>*Laurenti* 68. n. 124.
Seba II. T. 21. f. 4.
La peintade. C. *de la Cepede* II. 439. D' *Aubenton* Encyclop. methodique. *Bonnaterre* 64. n. 2. Pl. 30. f. 1. Auch zählt Cepede die 4te Art als Spielart hieher.</small>

Grünlich, mit verschiedenen Längenreihen schwarzer oder brauner Punkte, und $\frac{197}{165-32}$ Schuppen.

In Südamerika und Indien.

Wahrscheinlich gehören auch hieher.

b) A. fusco-punctatus. *Laurenti* 68. β. und

c) A. longicauda. Ib. 69. n. 130.

3. **Die Natter = Schuppenschlange.** (A. colubrinus. L.)

<small>Hasselquist's Reise 320. n. 65.
Le Colubrin. C. *de la Cepede* II. 442. D' *Aubenton* Encyclop. methodique. *Bonnaterre* 68. n. 13.</small>

Heller und dunkelbraun marmorirt, mit $\frac{198}{180-18}$ Schuppen.

In Egypten.

4. **Die caspische Schuppenschlange.** (A. iniliaris. Pallas Reise II. 718.)

Schwarz, an den Seiten mit sehr häufigen blassen und auf dem Rücken grauen Punkten, grauen schwarz- gespren-

gesprenkelten Kopfe, und 2 zölligen stumpfen weißgeflekten Schwanze, und $\frac{202}{170-32}$ Schuppen.

Bei dem caspischen Meere. Vom Grafen von Cepede wird sie zur 2ten Art gerechnet. Sie ist 14 Zoll lang, und von der Dicke eines kleinen Fingers.

5. **Die Pfeil-Schuppenschlange.** (A. Iaculus. L.)

Hasselquists Reise 319. n. 64.
  Le trait.l C. *de la Cepede* II. 443. *D' Aubenton* Encyclop. methodique. *Bonnaterre* 63. n. 1.

Mit $\frac{209}{186-23}$ Schuppen, von welchen die unter dem Bauche etwas größer, als die andern sind.

In Egypten.

6. **Die gefleckte Schuppenschlange.** (A. maculatus. L. Muf. Ad. Friderici. I. 21. T. 21. f. 3.)

Laurenti 72. n. 140. *Gronovii* muf. II. 53. n. 5.
  Seba II. T. 100. f. 2.
  Le Miguel. C. *de la Cepede* II. 445. *D' Aubenton* Encyclop. methodique. *Bonnaterre* 64. n. 3. Pl. 30. f. 2.

Gelb, mit braunen Rückenstreif, und schmalen braunen Querbinden, und $\frac{212}{200-12}$ Schuppen.

In Amerika.

b) **Mit rothen, schwarzgetüpfelten Querbinden.**

Anguis decussata. *Laurenti* 72. n. 141.
  Seba II. 1. T. 53. f. 7.

In Asien.

7. **Die netzförmige Schuppenschlange.** (A. reticulatus.)

Gronovii muf. II. 54. n. 7. *Laurenti* 69. n. 128.

Schench.

II. Ordn. Schlangen. 4. Die Schuppenschl.

Scheuchzeri phyſ. ſacra. T. 747. f. 4.
Le reſeau. C. *de la Cepede* II. 446. *D'Aubenton* Encyclop. methodique. *Bonnaterre* 65. n. 4. Pl. 31. f. 4.

Die Schuppen des Körpers ſind braun, in der Mitte weiß, und unter dem Bauche und Schwanze befinden ſich $\frac{214}{177-37}$.

In Amerika.

8. **Die gehörnte Schuppenſchlange.** (A. Ceraſtes. L.)

Haſſelquiſt's Reiſe 369. n. 66. Acta Vpſal. 1750. 28.
Le cornu. C. *de la Cepede* II. 444. *D'Aubenton* Encyclop. methodique. Le Ceraſte. *Bonnaterre* 65. n. 5.

Schwärzlich, mit großen weißen unordentlich ſtehenden Flecken auf dem Rücken, weiß und ſchwarz marmorirten Kopfe, weißgeſprenkelten Seiten des Leibes, welcher übrigens unten ganz weiß iſt. Durch den Oberkiefer ſtehen 2 Backenzähne hervor, welche rund, etwas vorwerts gekrümmt, rinnenartig ausgehöhlt und ſpitzig ſind, und Hörnern auf dem Kopfe ähnlich ſehen. Die Schuppen am Bauche und Schwanze ſind 6eckt, und betragen $\frac{215}{200-15}$, die Seitenſchuppen ſind 4eckt, die übrigen aber rundlich.

In Egypten.

9. **Die langſchnauzige Schuppenſchlange.** (A. naſutus. Weigel in den Schriften der berl. Geſellſch. naturf. Freunde. III. 190.)

Le long-nez. C. *de la Cepede* II. 453. *Bonnaterre* 68. n. 16.

Grünlich ſchwarz, unten aber, an den Seiten, an der Spitze des Kopfes, auſſerdem eine Querbinde am Schwanz, und ein Punkt am Ende deſſelben ſind gelb.

III. Classe. Amphibien.

Die Schnauze steht hervor, die Augen liegen mehr oben als zur Seite. Der Leib ist mit 20 Reihen sechsekter Schuppen bedekt, wovon 9 den obern und 11 den untern gelben Theil einnehmen, inzwischen ist keine Reihe grösserer Schuppen am Bauche vorhanden. Die mittlere Reihe enthält aber nebst dem Schwanz ausser der steifen Spize $\frac{230}{218-12}$ Schuppen.

Von Surinam.

10. **Die regenwurmartige Schuppenschlange.** (A. lumbricalis. L.)

<small>Laurenti 73. n. 144. Gronov. muſ. II. 52. n. 3.
A. vnicolor. Boddaert 24. n. 1.
Brown Iam. 460. T. 44. f. 1.
Seba I. T. 86. f. 2.
Le lombric. C. de la Cepede II. 455. Pl. 20. f. 1. D'Aubenton Encyclop. methodique. Bonnaterre 65. n. 6. Pl. 30. f. 3.</small>

Hellgelblich und glänzend, mit $\frac{237}{230-7}$ Schuppen. Der Kopf ist etwas flach, der untere Kiefer viel kürzer als der obere, und schließt sehr fest in diesen. Die beiden Nasenlöcher, so wie die Augen sind sehr klein, und der Körper ist fast walzenförmig.

Auf der Insel Cypern, in Ostindien, und in Amerika. Sie ist etwas über 8 Zoll lang.

11. **Die breitschwänzige Schuppenschlange.** (A. laticauda. L.)

<small>Laticauda imbricata. Laurenti n. 241.
La queue lancéolée. C. de la Cepede II. 449. D'Aubenton Encycl. methodique. Bonnaterre 66. n. 9.</small>

Hellbraun, mit braunen Querbinden, und spizigen an den Seiten zusammengedrukten Schwanze. Die Schuppen betragen $\frac{250}{200-50}$.

Zu Surinam.

12. Die

II. Ordn. Schlangen. 4. Die Schuppenschl.

12. **Die Ringel-Schuppenschlange.** (A. Scytale. L. Muſ. Ad. Frider. I. 21. T. 6. f. 2.)

Boddaert 25. n. 2. *Gronov.* muſ. II. n. 4.
Laurenti 70. n. 133. U. A. faſciata. 134.
Weigel Abhandl. der hallisch. naturf. Geſellſch. I. 46. n. 69—77.
Seba II. T. 2. f. 1—4. T. 7. f. 4. T. 20. f. 3.
Le rouleau. *C. de la Cepede* II. 440. *Bonnaterre* 66. n. 10. Pl. 32. f. 6.

Weißlich, zum Theil mit roſtbraunen Rändern der Schuppen, und braunen Querbinden oder Ringen, um den Körper. Die Kiefer ſind mit vielen kleinen Zähnen verſehen. Nach Linné betragen die Schuppen $\frac{253}{240-13}$, nach Gronov $\frac{241}{227-14}$, nach Weigel $\frac{232}{219-13}$, $\frac{235}{224-11}$, $\frac{239}{228-11}$, $\frac{239}{227-12}$, $\frac{236}{223-13}$, $\frac{234}{224-10}$, $\frac{238}{226-12}$, $\frac{243}{232-11}$, $\frac{240}{227-13}$.

b) Blau, mit wechſelweis weißen und blauen Binden.

A. coerulea. *Laurenti* 71. n. 135.
Seba II. T. 30. f. 3.

In Südamerika und Indien, ſie ſoll ſich von Würmern, und unter den Inſekten vorzüglich von Ameiſen nähren.

13. **Die langſchwänzige Schuppenſchlange.** (A. Eryx. L.)

Boddaert 25. n. 4. *Gronov.* muſ. II. 35. n. 9.
L' Eryx. *C. de la Cepede* II. 438. *D' Aubenton* Encyclop. methodique. *Bonnaterre* 67. n. 11.

Grau, unten blau, mit 3 ſchwarzen Strichen längs dem Rücken, langen Schwanze und $\frac{262}{126-136}$ Schuppen.

In Amerika und England.

14. Die

III. Classe. Amphibien.

14. **Die brüchige Schuppenschlange. Blindschleiche.** (A. fragilis. L.)

Laurenti 68. n. 125. T. 5. f. 2.
Weigel Abhandl. der hallisch. naturf. Gesellsch. I. 50. n. 78.
L' Orvet. C. *de la Cepede* II. 430. Pl. 19. f. 1. D' *Aubenton*
Encyclop. methodique. *Bonnaterre* 67. n. 12. Pl. 42. f. 6.

Mit glänzenden 6 seitigen, weißlich eingefaßten, in der Mitte rothbraunen Schuppen. Die 9 Schuppen auf dem Kopfe stehen in Reihen wie 3. 2. 1. 2. 3. Auf der Schnauze und dem Hinterkopfe befindet sich ein brauner Fleck, von welchen leztern 2 braune oder schwarze Streifen bis zum Schwanze gehen, und 2 andere kastanienbraune von den Augen an. Unten ist der Körper dunkelbraun, und die Kehle schwarz, weiß und gelblich marmorirt. Ihre Schuppen betragen am Bauche und Schwanze $\frac{270}{135-135}$.

Sie findet sich in Wäldern, auf Heiden, in Höhlen, und bei verfallenen Gebäuden, in Europa und Sibirien, und bringt lebendige Jungen. Wenn sie gereizt wird, oder auch sich fürchtet, kann sie ihren Körper so steif wie einen Stock machen, und läßt sich alsdenn leicht mit einer Gerte zerhauen, da sie in diesem Zustande sehr zerbrechlich ist. Ihr Biß ist, wie Laurenti an Thieren versucht hat, gar nicht schädlich. Ihr Aufenthalt ist mehrentheils unter der Erde, wo sie zwar im Sommer ziemlich lange hervorkommen, sich aber doch bald wieder verkriechen. Im Winter gerathen sie in keine Erstarrung, wo sie auch oft unter dem Schnee hervorkommen. Im Juli häuten sie sich. Sie leben von Würmern, Käfern, jungen Fröschen und Ratten, und verschlucken solche Thiere oft ungekaut, daß man sie unbeschädigt und lebendig in ihren Leibe finden kann. Die Störche stellen diesen Schlangen übrigens besonders nach. Gewöhnlich finden sie sich von 3 Fuß Länge.

15. Die

II. Ordn. Schlangen. 4. Die Schuppenschl.

15. **Die kurzbauchige Schuppenschlange.** (A. ventralis. L.)

Catesby Car. II. T. 59.
Le jaune et brun. C. de la Cepede II. 447.
Le Serpent de verre. D' Aubenton, Encyclop. methodique. Bonnaterre 66. n. 7. Pl. 31. f. 5.

Grünbraun, mit vielen in erhabenen Reihen stehenden kleinen gelben Flecken. Der Bauch ist gelb, und wie durch eine Nath mit dem übrigen Körper verbunden. Der geringelte Schwanz ist 3mal länger als der Körper, und betragen die Schuppen $\frac{350}{127-223}$.

In Carolina; sie ist eben so zerbrechlich wie jene.

16. **Die flachschwänzige Schuppenschlange.** (A. platurus. L.)

La plature. C. de la Cepede II. 454. La queue-plate. D' Aubenton Encyclop. methodique. Bonnaterre 66. n. 8.

Schwarz, unten weiß, mit sehr kleinen fast runden, nicht ziegelartig übereinander liegenden Schuppen; der längliche Kopf ist etwas glatt, die Kiefern haben keine Zähne, der Rücken ist aber mit einiger Rückenschärfe versehen, und der schwarz- und weißgefleckte Schwanz beträgt $\frac{1}{5}$ des ganzen Körpers.

Auf der Pine Insel, in der Südsee, nach Forster.

17. **Die rothe Schuppenschlange.** (A. ruber.)

Le rouge. C. de la Cepede II. 450. Pl. 19. f. 2. Bonnaterre 68. n. 15. Pl. 42. f. 7.

Mit hochrothen Schuppen des Rückens, untern hellrothen Körper, die sämmtlichen 6seitigen Schuppen sind weißlich eingefaßt, und der ganze Körper ist mit schwärzlichen Querbinden oder Ringen gezeichnet. Die Schup-

Schuppen unter dem Bauche und Schwanze sind etwas größer als die andern, und betragen $\frac{252}{240-12}$.

Zu Cayenne. Ihr Biß ist giftig. Ihre Jungen bringt sie lebendig zur Welt.

18. Die Binden=Schuppenschlange. (A. lineatus. *Laurenti* 68. n. 126.)
    Le rayé. *Bonnaterre* 69. n. 18.

Weiß, unten schwärzlich, mit einem Strich mitten über den ganzen Körper.

19. Die clevische Schuppenschlange. (A. cliuicus. *Laurenti* 69. n. 129.)

Graubraun, mit großen herzförmigen Schilde auf der Stirn.

Häufig zu Cleve.

20. Die dünnschwänzige Schuppenschlange. (A. annulatus. *Laurenti* 69. n. 131.)
    L' Annelé. *Bonnaterre* 68. n. 14.

Weiß, mit braunen unten zusammenlaufenden Querbinden, dünnzulaufenden Schwanze, unter welchen sich eine gedoppelte Reihe ziegelartig übereinander liegender Schuppen befindet.

Von unbekannten Vaterlande.

21. Die Corallen=Schuppenschlange. (A. corallinus. *Laurenti* 71. n. 136.)
    Seba II. T. 73. f. 2.

Roth mit hellern Binden, und schwarzen Spitzen der Schuppen.

In Brasilien.

II. Ordn. Schlangen. 4. Die Schuppenschl.

22. Die schwarze Schuppenschlange. (A. ater.
Laurenti 71. n. 137.)
Seba II. T. 73. f. 3.
Schwarz, mit weißen Binden, und schwarzen Spitzen der Schuppen.
Zu Zeylon.

23. Die rothbraune Schuppenschlange. (A. rufus.
Laurenti 71. n. 138.)
Rothbraun, mit unterbrochenen weißen Querstreifen, und unterwerts gefleckten Körper.
Zu Surinam.

24. Die leberbraune Schuppenschlange. (A. hepaticus. Laurenti 72. n. 139.)
Mit wellenförmigen leberbraunen Strich der Länge nach über den Rücken, und an beiden Seiten, und mit rundlichen weißlichen Flecken in den Zwischenräumen derselben.
Ebendaselbst.

25. Die gewürfelte Schuppenschlange. (A. tessellatus. Laurenti 72. n. 142.)
Seba II. T. 100. f. 2.
Safrangelb, mit vielen Querstreifen, und dreifachen Längenbinden, der Kopf ist weiß und braun gefleckt.
Zu Paraguay.

26. Die weiße Schuppenschlange. (A. albus. L.
Mus. Ad. Frider. T. 14. f. 2.)
Laurenti 73. n. 143.
Ganz weiß, vorne und hinten mit dünner zulaufenden Körper.
Von unbekannten Vaterlande.

Dritter Theil.   S   5. Die

III. Claſſe. Amphibien.

5. **Die Schilder-Ringelschlange.** (Langaha.)

Mit Schildern, schuppigen Ringen, und Schuppen unter dem Leibe.

Die Madagascarische Schilder-Ringelschlange.
(L. Madagascariensis.)

Langaha de Madagascar. *Bruguière* Journal de Physique 1784. Fevrier. C. *de la Cepede* II. 469. Pl. 22. f. 1. *Bonnaterre* 71. n. 1. Pl. 35. f. 4.

Mit rautenförmigen, röthlichen Rückenschuppen, welche mit einem gelben grau eingefaßten Punkt gezeichnet sind. Unten am Körper befinden sich 184 weißliche Schilder, welche immer breiter werden, je weiter sie vom Kopfe abstehen. Auf diese folgen 42 Ringe, und nach diesen sehr kleine Schuppen. Der scheinbare Schwanz fängt ohngefähr in der Helfte des mit Ringen besezten Plazes an, der eigentliche aber zwischen dem 90 und 91sten Schilde, als an welchem Plaze sich der After befindet. Der Kopf ist mit 7 großen in 2 Quer-Reihen stehenden Schuppen besezt, wovon die vordere 3, und die hintere 4 Schuppen enthält. Der obere Kiefer ragt mit einem langen, spizigen, sehnigen, biegsamen und mit kleinen Schuppen besezten Fortsaz über den Unterkiefer weit hervor. Ihre Zähne ähneln denen der europäischen Natter.

Nach Bruguiere, welcher 3 solche Schlangen zu untersuchen Gelegenheit hatte, sollen die Schilder und Ringe in der Anzahl nicht beständig seyn. Von der Anzahl der Schuppen hat er inzwischen gar nichts bemerkt. Auch soll eine violet und auf dem Rücken mit dunkelern Punkten gezeichnet gewesen seyn. Die Abbildung bei dem Grafen von Cepede scheint übrigens nicht ganz mit der Beschreibung übereinzukommen, indem sich nach solcher, der After gerade am Anfange der Ringe befände, und auf solche Art,

der

II. Ordn. Schlangen. 6. Die Ringelschlange.

der wahre Schwanz mit den Ringen anfinge. In Madagascar wird diese Schlange übrigens sehr gefürchtet. Sie hat ohngefähr 2⅔ Fuß in der Länge, und 7 Linien in der Dicke.

6. Die Ringelschlange. (Amphisbaena.)
Mit Ringen am Körper und Schwanze.

1. Die rußfarbene Ringelschlange. (A. fuliginosa. L.)

Gronovii muf. II. 1. n. 2. 52. n. 2.
Boddaert 25. n. 1.
Amphisbaena vulgaris. *Laurenti* 66. n. 119.
Seba II. T. 1. f. 7. T. 18. f. 2. T. 22. f. 3.
L' enfumé. C. *de la Cepede* II. 459. *L' Aubenton* Encyclop. methodique. *Bonnaterre* 69. n. 1. Pl. 33. f. 1.

Weiß und rußbraun geflekt, der Kopf, welcher mit 6 großen Schuppen in 3 Reihen bekleidet ist, ist ganz weiß. Die Augen sind sehr klein und mit einer Haut bedekt; die Ringe unter dem Bauche und Schwanze betragen nach Linne' $\frac{230}{200-30}$, nach Gronov $\frac{234}{209-25}$.

Zu Zeylon, und in Amerika. Sie ist nicht giftig, wenigstens hat sie keine Giftzähne. Ihre Nahrung bestehet in Regenwürmern, und andern ähnlichen weichen, und unter den Insekten, in Aßeln, Kellereßelgen, besonders aber in Ameisen, so wie auch in Insekten-Larven.

2. Die geflekte Ringelschlange. (A. varia. *Laurenti* 66. n. 120.)

Seba I. T. 88. f. 3.

Weiß, schwarz, hellbraun und grau geflekt.
In Amerika.

3. Die schöne Ringelschlange. (A. magnifica. *Laurenti* 66. n. 121.)

Seba II. T. 100. f. 3.

III. Claſſe. Amphibien.

Purpurroth, violet und gelb gefleckt, mit gelblichen Kopfe, und purpurröthlicher Binde über den Augen.

Ebendaſelbſt.

4. **Die gelbe Ringelſchlange.** (A. flaua. *Laurenti* 67. n. 122.)

Seba II. T. 73. f. 4.

Weiß und braungefleckt, mit gelben Kopfe.

Ebendaſelbſt.

5. **Die weiße Ringelſchlange.** (A. alba. L. Muſ. Ad. Frider. I. 26. T. 4. f. 2.)

Laurenti 66. n. 118. *Gronovii* zooph. n. 79.
Boddaert 25. n. 2.
Seba II. T. 6. f. 4. T. 24. f. 1.
Le blanchet. C *de la Cepede* II. 465. Pl. 21. f. 1. D⁰ *Aubenton*
  Encyclop. methodique. *Bonnaterre* 70. n. 2. Pl. 33. f. 2.

Weiß, mehrentheils ungefleckt, und nur gegen den Kopf hin etwas bräunlich, welcher mit 6 größern Schuppen in 3 Reihen beſezt iſt. Nach Linné betragen die Ringe $\frac{239}{223-16}$, nach Gronov $\frac{252}{234-18}$.

In Amerika. Sie erreicht 1½ Fuß Länge, und findet ſich beſonders in Ameiſenhaufen.

7. **Die Runzelſchlange.** (Caecilia.)

Mit Runzeln am Körper und Schwanze, und zwei Fühlſpitzen an der Oberlippe.

1. **Die ungeſchwänzte Runzelſchlange.** (C. tentaculata. L. amoen. acad. I. 489. T. 17. f. 2. Muſ. Ad. Fridr. I. 15. T. 5. f. 2.)

Laurenti 65. n. 116. *Gronovii* muſ. II. 52. n. 1.
Boddaert 26. n. 1.

Seba

II. Ordn. Schlangen. 7. Die Runzelschlange.

Seba II. T. 25. f. 2.
L' Ibiare. C. de la Cepede II. 466. Pl. 21. f. 2. D' *Aubenton*
Encyclop. methodique. *Bonnaterre* 73. n. 2. Pl. 34. f. 1.

Bläulich braun, mit sehr kleinen und mit einer Haut bedekten Augen, und 135 Runzeln, welche bis zu Ende des Körpers gehen, da kein eigentlicher, oder äusserst kurzer Schwanz vorhanden ist.

In Amerika.

2. Die geschwänzte Runzelschlange. (C. glutinosa. L. Muf. Ad. Frid. I. 19. T. 4. f. 1.)

Laurenti 65. n. 117.
Le visqueux. C. de la Cepede II. 468. D' *Aubenton* Encyclop. methodique. *Bonnaterre* 72. n. 1. Pl. 34. f. 2.

Braun, mit weißer Seiten-Linie, und an Runzeln unter dem Leibe und Schwanze $\frac{350}{340-10}$.

In Südamerika und Indien.

8. Die Warzenschlange. (Acrochordus.)

Mit Warzen am Körper und Schwanze.

Die javaische Warzenschlange. (A. javanicus. C. F. Hornstedt, in den neuen schwed. Abhandl. VIII. 294. T. 12.)

L' acrochorde de Java. C. de la Cepede II. 472. Pl. 22. f. 2. *Bonnaterre* 72. n. 1. Pl. 32. f. 1.

Schwarz, unten weißlich, und an den ebenfalls weißlichen Seiten schwarzgeflekt. Der ganze Körper, so wie der Schwanz ist mit rauhen, vornher mit 3 Rückenschärfen versehenen Warzen besezt, ausserdem bei dem Schwanze am dicksten, und verdünnet sich von da allmäh-

allmählig gegen den Kopf, welcher stumpf, niedergedrukt, und mit Schuppen bedekt ist. Er hat gleich lange Kiefern, wovon die obere unten eingeschnitten, die untere aber hakenförmig heraufgekrümmt ist. Unter den sehr scharfen rückwerts gekehrten Zähnen befinden sich keine bewegliche, aber in dem Gaumen 2 Knochen mit sehr kleinen Zähngen. Unter der dicken walzenförmigen Zunge, befinden sich 2 schwarze Borsten.

Hornstedt entdekte diese Schlange zu Java auf einer Reise von Bantam, wo man sie in einem Pfefferwalde bei Tangaran fand. Sie gehört zu den grösten Schlangen Indiens, indem sie an 8 schwed. Fuß lang, und über 6 Zoll im Mittel dick ist; ihr Schwanz, welcher einen kleinen Finger dick, ist 1 Fuß lang. Ein Chineser brachte sie vermittelst eines Bambusrohres, in dessen Spalte er der Schlange Nacken faßte, lebendig nach Batavia. Da diese Schlange zu groß war, um solche in Weingeist aufbehalten zu können, ließ ihr Hornstedt den Kopf abnehmen, das Fleisch wurde aber von den Chinesen zerstückt, und sowohl gekocht als gebraten gegessen. Die in Arrak gelegte Haut befindet sich aber nun in der königl. schwedischen Sammlung. Bei Eröfnung der Schlange fand Hornstedt ausser einer Menge unverdauter Früchte, 5 Junge ¾ Fuß lang, welche dieser weiblichen Schlange den dicken Bauch verursacht hatten.

Register.

A.

Aale, Feinde der Frösche, S. 82.
Abartnatter, 240. 172.
Acrochordus, 21. 26; 11. 8. iauanicus, 275. 8.
Actaea spicata, wird von Kröten gesucht. 63. 3. dient wider den Klapperschlangenbiß, 156.
Aderlassen, mit Giftzähnen der Klapperschlangen, 157.
Adern, als Flecken, 13. 17.
Aeskulapnatter, 198. 75.
Affen, fressen Krokodileier, 92.
L'Agame, 110. 25.
Naam-eidechse, 110. 25.
L'Agile, 204. 86.
L'Agua, 70. 10.
Aguaiaquan, 71. 10.
Ahetullnatter, 231. 153.
Alae membranaceae, 19. 24. (49.)
L'Algire, 130. 46.
L'Alidre, 176. 23.
Alkali, ätzendes, ein vorzügliches Mittel gegen den Biß der Nattern, 181.
Alpenfrosch, 78. 26.
Alter der Amphibien, 7. 9.
Amazonen-Schildkröte, 30. 6.
Ameisen, Nahrung der Drachen, z. 1. der Warneidechsen, 97. 7.
Ameisennatter, 237. 167.
Ameivae, 123. H.
Ameivaeidechse, 123. 40.
L'Ammodyte, 172. 14.
Amphibien, ihr Alter, 7. 9. athmen, 4. 2. ihre Bedeckung, 8. 11. Begattung, 6. 7. Eintheilung, 19. 25. 26. Farben, 10. 15. fischartige Amphibien, 19. 25. Häutung der Amphibien, 7. 9. Hauptunterschiede der Amphibien, 8. 10. kriechende, 25. 1. 19. 25. ihre Lebensart,

4. 3. Nahrung, 5. 4. Nutzen und Schaden der Amphibien, 22. 29. 30. ihre Reitzbarkeit, 5. 5. Reproduktionskräfte, 6. 6. schwimmende Amphibien, 19. 25. Sinne der Amphibien, 6. 6. ihre Stimme, 6. 6. ihre übrigen Theile, wie der Kopf, 14. 20. der Hals, 17. 21. die Brust, 17. 22. der Bauch, Rücken, die Schultern, 17. 18. die Beine, 18. 23. der Schweif, 18. 24. Vermehrung der Amphibien durch Eier, 6. 7. ihre Verwandlung, 7. 8. ihr Wachsthum, 7. 9.
Amphisbaena, 20. 26.; 11. 6. alba, 274. 5. flaua, 274. 4. fuliginosa, 273. 1. magnifica, 273. 3. varia, 273. 2.
Amulete von Theilen der Klapperschlangen, 157.
Anguis, 20. 26; 11. 4. albus, 271. 26. annulatus, 270. 20. ater, 271. 22. bipes, 146. 74. cerastes, 265. 8. cliuicus, 270. 19. colubrinus, 263. 3. corallinus, 270. 21. Eryx, 267. 13. fragilis, 268. 14. hepaticus, 271. 24. iaculus, 264. 5. laticauda, 266. 11. lineatus, 270. 18. lumbricalis, 266. 10. maculatus, 264. 6. Meleagris, 263. 2. miliaris, 263. 4. nasutus, 265. 9. platurus, 269. 16. quadrupes, 144. 71. f. reticulatus, 264. 7. ruber, 269. 17. rufus, 271. 23. Scytale, 267. 12. tessellatus, 271. 25. ventralis, 269. 15.
L'Anguleuse, 186. 46.
Anguli oris cristati, 15. 20. (74.)

L'An-

Register.

L'Annelée, 193. 63; 270. 20.
Annonen, Nahrung der Leguaneidechsen, 106.
Annuli, 9. 12. (12)
Appendices fimbriatae, 7. 8. (2.)
L'Argus, 239. 170.
Argusnatter, 239. 170.
Aristolochia Serpentaria, wider den Klapperschlangenbiß, 156.
Arten der Amphibien, Schwierigkeiten ihrer Bestimmung, 21. 27. 28.
Arzneigebrauch von der bauchigen Eidechse, 103. 15. von der Molcheidechse, 115. der Salamander-Eidechse, 118. der grauen, 126. der Stincuseidechse, 141. 67. von dem Klapperschlangenfette, 157.
Aschenhaufen, Aufenthalt der Schildkröten, 47. 25.
Ascurpi, 100. 11.
L'Asiatique, 213. 104. b.
L'Alpic, 187. 48.
Aspisnatter, 187. 48.
Athmen der Amphibien, 4. 2. der säugenden Thiere und Vögel ebend.
L'Atroce, 215. 109.
Atropennatter. 169. 7.
Augen, als Flecken, 11. 15. (58.) als Sinnwerkzeuge, 16. 20. g. in entgegengesetzten Richtungen beweglich, der Chamäleons-Eidechse, 123.
Augeneidechse, 141. 68.
Augenlieder, 16. 20. g.
Aures, 17. 20. (94.)
L'Aurore, 195. 68.
Auro-natter, 195. 68.
Ausbrütung der Eier vom Pipafrosch, 61. 1.
Auswurf der Zwergschildkröte, 56. 39.
L'Azuré, 101. 13.
L'Azurée, 246. 186.

B.

Backennatter, 178. 29.
Badnatter, 230. 48.

La Bai-rouge, 222. 126.
Le Bali, 174. 19.
La bande blanche, 55. 39.
Le Bariole, 191. 59.
Le Basilic, 103. 16.
Basilisteneidewie, 103. 16.
Bastardfrosch, 88. 34.
Bastardschildkröte, 32. 43.
Battre l'eau, 81.
Bauch, 17. 22. (4.) Bautel, 17. 22. (7.)
Baumeiche, 82. C.
Baumstämme mit Kröten, 63. 3.
Bedeckungen der Amphibien, 8. 11.
Begattung der Amphibien, 6. 7.
Beguan, 106.
Beine, 18. 23.
Betäubung der Thiere durch die Klapperschlangen, 155.
Bezoar von Krokodilen, 92. von den Warneidechsen, 97. 7. von Leguaneidechsen, 105. 6.
Le bimaculé, 96. 6.
Binden, 12. 16.
Bindenschuppenschlange, 270. 18.
Bißnatter, 186. 44.
Le Blanchet, 274. 5.
Blaseneidechse, 132. 49.
Blindnatter, 187. 49.
Blindschleiche, 268. 14.
Blöckfrosch, 86. 32. a. b. 87.
Le Bluet, 187. 47.
Blut der Amphibien, 3.
Boa, 20. 26.; 11. 2.; 158. 2. aurantiaca, 159. 2. b. canina, 159. 2. Cenchris, 163. 5. constrictor, 160. 4. contortrix, 158. 1. corpore dorsato, 158. 1, Enydris, 164. 7. exigua, 160. 3. flauescens, 160. 3. flauicans, 166. 11. hipnale, 160. 3. isebequensis, 166. 12. hortulana, 166. 10. maculis rhombeis, 160. 4. murina, 164. 8. mutus, 157. 5. Ophrias, 164. 6. Scytale, 165. 9. thalassina, 159. 2. viridis, 159. 2.
Le Boa muet, 157. 5.
Bogennatter, 202. 79.
Le Boiga, 231. 153.
Le Bojobi, 159. 2.
Le Boiquira, 149. 1.
La Bordée, 82. 29.

Le

Le Boſſu, 65. 5.
La Boſſue, 84. c. d.
La Bourbeuſe, 35. 9.
Branchiae, 7. 8. (27.)
La Braſilienne, 240. 173.
Brennnatter, 253. 204.
Brillennatter, 209. 100.
Brod, Futter für Schildkröten, 34. 6.
La Broderie, 166. 10.
Le Brun, 67. 6 c. 224. 133. La Brune, 84. b.
Brünetnatter, 253. 204.
Beuli, 17. 22. (3.)
Bruſtknochen der Schildkrötenſchilder, 13. 18. b.
Buchſtabenſchildkröte, 40. 15.
Bufo americana, 60. 2. braſilienſis, 70 10. cornutus, 72. 14. fuscus, 67. 6. c. gibboſus, 65. 5. igneus, 66. 6. marmoratus, 65. 5. b. puſtuloſus, 69. 8. b. ſalſus, 68. 7. Schreberianus, 74. 18. ventricoſus, 69. 8.
Bufones, 60. 2. A.

C.

Caecilia, 20. 25. 11. 7. glutinoſa, 275. 2. tentaculata, 274. 1.
Le Calamite, 64. 3. b.
Le Calemar, 170. 10.
Callus, 18. 13, (25.)
La Camuſe, 171. 12.
Le Cameleon, 121. 39. du Cap. 122. f.
Le Cannelé, 147. 76.
Caouanne, 31. 4.
Caput callolum, 15. 20. (53.) cathetoplateum, 14. 20. (46.) compreſſum, 14. 20. (46.) depreſſum, 14. 20. (47.) globoſum, 14. 20. (48) imbricatum, 15. 20. (51.) laeue, 14. 20. (39. b) plagioplateum, 14. 20. (47.) ſcutatum, 15. 20. (52.) ſquamatum, 14. 20 (15.) ſubtrigonum, 14. 20. (49.).
La Carennée, 217. 116.
Le Caret, 26. 2. 31. 4.
Carinae, 9. 14. (32.).

Carmeſinnatter, 194. 65.
Cauda anceps, 18. 24. (27.) angulata, 19. 24. (33.) articulata, 19. 24. (41.) aſpera, 18. 24. (31.) bicarinata, 18. 24. (30.) carinata, 18. 24 (29.) compreſſa, 19. 24. (42.) criſtata, 18. 24. (28.) denticulata, 19. 24. (39.) diuiſa in ſegmenta, 19. 24. (32.) filiformis, ibid. (45.) incurua, ib (44.) nuda, ib. (34.) pinnatifida, ib. (37.) ſparhulata, ib. (38.) ſquamata, ib. (35.) turbinata, ib. (43.) verticillata, ib. (40.) vnguiculata, ib. (36.).
Caudiſona Dryinas, 151. 3. Duriſſus, 150. 2. Gronouii, 150. 2. terrifica, 149. 1.
Caudiuerbera peruuiana, 94. 4. a. aegyptiaca, 94. 4. b.
Le Cayman, 93. 3.
Cenchris, 160. 4.
Le Cenchrus, 244. 181.
La Cendrée, 236. 162.
Le Cenco, 237. 167.
Le Ceraſte, 172. 15.
La Chagrinée, 48. 27.
La Chaine, 212. 103.
Le Chalcide, 145. 72.
Chalcides pinnata, 145. 73. tridactyla, 144. 71. e.
Chamaeleo africanus, 122. e. candidus, 122. c. capite praegrandi, 122. d. mexicanus, 122. b. Pariſienſium, 121. 39. promont. bonae ſpei, 122. f.
Chamäleon, Eidechſe, 121. G. 121. 39.
Chamaeleontes, 121. G.
Le Chapelet, 244. 180.
La Chatoyante, 247. 189.
Le Chayque, 196. 71.
Citronennatter, 251. 199.
Citronenſaft wider das Gift der capſchen Eidechſe, 121. 38.
Clothonatter, 169. 6.
Cobranatter, 184. 40.
Le Collier, 207. 93.
Collinſonia canadenſis, wider den Klapperſchlangenbiß, 156.
Collum plicatum, 17. 21. (98.) rugoſum, 17. 21. (97.).

S 5   Coluber,

Coluber, 20. 26. 11. 3. acontia, 186. 45. Aesculapii, 198. 74. aestiuus, 229. 144. agilis, 204. 86. Ahaetulla, 231. 153. albus, 176. 24. Alidras, 176. 23. ambiguus, 208. 98. americanus, 249. 193. Ammodytes, 172. 14. angulatus, 186. 46. angustus, 253. 205. annulatus, 222. 126. arabicus, 204. 85. Argus, 239. 170. Aspis, 187. 48. atratus, 205. 90. Atropos, 169. 7. atrox, 215. 109. aulicus, 206. 92. aurora, 195. 68. austriacus, 228. 142. azureus, 246. 186. Baeten, 230. 149. Berus, 179. 34. bimaculatus, 252. 200. bistriatus, 243. 179. Bitis, 186. 44. borealis, 255. 214. brasilienfis, 240. 173. brunneus, 216. 113. buccatus, 178. 29. cahirinus, 229. 145. calamarius, 170. 10. candidus, 177. 26. canus, 211. 102. capensis, 255. 12. Caracaras, 232. 156. carinatus, 217. 116. caspius, 224. 132. Catus, 227. 138. Cenchoa, 237. 167. Cenchrus, 244. 181. Cerastes, 172. 15. ceruinus, 227. 139. Chersea, 182. 36. cinereus, 236. 162. Clotho, 169. 6. Cobella, 191. 60. Cobra, 184. 40. coccineus, 194. 65. coecus, 210. coerulescens, 238. 169. coeruleus, 186. 47. compressus, 255. 211. Constrictor, 219. 120. constrictorius, 253. 206. Corais, 243. 191. corallinus, 218. 117. coronatus, 175. 21. crassicaudus, 191. 58. crotalinus, 189. 52. cruciatus, 154. 207. cursor, 247. 188. cyaneus, 199. 77. Dhara, 223. 128. Dione, 213. 105. Dipsas, 222. 127. doliatus, 193. 63. domesticus, 236. 165. Domicella, 175. 22. dubius, 171. 11. elegantissimus, 178. 30. exalbidus, 174. 18. exoletus, 220. 121. fasciatus, 183. 50. filiformis, 234. 158. flauescens, 229. 146.

Franciae, 241. 176. fuluus, 207. 95. fuscus, 216. 112. getulus, 212. 103. glaucus, 185. 42. Gronouianus, 202. 79. guttatus, 221. 124. Haemachates, 240. 172. Haje, 233. 157. Halys, 189. 53. Hannafch, 231. 151. hastatus, 239. 171. helveticus, 248. 190. Hippocrepis, 235. 160. Hitamboeia, 226. 136. Hoelleik, 230. 150. humanus, 203. 81. Hydrus, 207. 94. iaculatrix, 204. 87. iauanus, 178. 31. idolum, 246. 185. ignobilis, 179. 32. intestinalis, 168. 4. iugularis, 223. 131. Lachesis, 169. 5. lacteus, 176. 25. laticaudatus, 214. 107. Leberis, 170. 8. Lebetinus, 190. 55. lemniscatus, 221. 125. leprosus, 256. 218. leucomelas, 182. 35. lineatus, 208. 97. lubricus, 202. 80. Ludouicianus, 249. 192. Lutrix, 170. 9. maculatus, 185. 41. maderensis, 185. 43. margaritaceus, 254. 209. Maurus, 196. 70. megalocephalus, 246. 187. Melanis, 174. 17. melanocephalus, 190. 54. mexicanus, 194. 66. miliaris, 197. 73. Minervae, 235. 161. molurus, 229. 147. moniliformis, 244. 180. monilis, 207. 93. mucosus, 236. 164. mycterizans, 237. 168. naeuius, 191. 59. Naja, 209. 100. Natrix, 200. 78. — longissima, 200. 78. b. — gemonensis, 200. 78. c. Nauii, 256. 215. nebulatus, 211. 111. Nexa, 179. 33. niueus, 177. 27. nouae Hispaniae, 175. 20. ocellatus, 226. 135. oculus cati, 247. 189. ordinatus, 193. 64. orientalis, 224. 133. oryziuorus, 245. 183. oniuorus, 218. 118. Padera, 209. 99. pallidus, 208. 96. panamensis, 191. 57. pannonicus, 256. 217. Pardus, 241. 175. Pelias, 223. 129. petalarius, 232. 154. Pethola, 225. 134. pictus, 233. 155. platycepha-

tycephalus, 251. 198. plicatilis, 1-4. 19. Prefter, 184. 38. pullatus, 234. 159. punctatus, 177. 28. punctulatus, 203. 82. purpurans, 192. 61. purpurafcens, 231. 152 pufillus, 252. 202. quadrilineatus, 242. 177. quincuncialis, 249. 194. Redi, 184. 39. reginae, 192. 62. reticulatus, 250. 195. rhombeatus, 199. 76. romanus, 198. 75. ruber, 227. 141. rufefcens, 19 54. rufo-albus, 251. 197. rufus, 211. 101. Sardus, 242. 146. b. Saturninus, 216. 114. Saurita, 218. 119. fcaber, 217. 115. Schokari, 230. 148. fcutatus, 205. 88. Scytha, 183. 37. Sebae, 237. 166. Sellmanni, 256. 216. feuerus, 195. 67. fiumentis, 254. 208. fibilans, 212. 104. Sibon, 215. 110. fimus, 171. 12. Sipedon, 146. 69. Sistalis, 214. 108. Situla, 220. 122. fplendidus, 251. 199. ftolatus, 196. 71. ftriatulus, 171. 13. fubalbidus, 205. 89. fubfufcus, 188. 51. fymmetricus, 244. 182. Tamachia, 255. 213. teffelatus, 228. 143. tigrinus, 227. 131. torquatus, 252. 201. toxicon, 253. 203. triangularis, 241. 174. trilinearus, 245. 184. Trifcalis, 220. 123. Typhlus, 187. 49. Tyria, 223. 130. tyrolenfis, 203. 84. variegatus, 168. 2. varius, 203. 83. venofus, 163. 3. verficolor, 173. 15. violaceus, 243. 178. Vipera, 167. 1. viperinus, 254. 213. virginieus, 227. 140. viridiffimus, 236. 163. vittatus, 197. 72. vnicolor, 206. 91. zeylonicus, 213. 106. zonatus, 252. 196.
Le Colubrin, 263. 3.
Colubro uccellatore, 242. 176. b.
Commiffura offea, 14. 18. (21.).
Con&olten, Nahrung der Schildkröten, 32. 4.
Conftrictor formofiffimus, 160. 4.
Copper-Belly Snake, 172. 13. b.

Coralsnatter, 248. 191.
Corallennatter, 218. 17.
Corallenfchuppenfchlange, 270. 21.
Le Cordyle, 99. 9.
Cordyli, 94. B.
Cordylus brafilienfis, 101. 13. b. hifpidus, 102. 15. Stellio, 100. 11. verus, 99. 9.
Le Cornu, 72. 14; 265. 8.
Coronella africana, 225. 134. b. anguiformis, 225. 134. h. ceraftoides, 226. 134. f. fafciata, 225. 134. d. latiroftra, 225. 134. e. ocellata, 225. 134. c. taeniata, 226. 134. g.
Corpus lineatum, 13. 17. (98.) maculatum, 11. 15. (71. a.) marmoratum, ib. (71. b.) multicolor, 10. 15. (38.) nebulofum, 11. 15. (71. c.) reticulatum, 10. 15. (39.) telfelatum, ib. (47.) variegatum, 11. 15. (71. d) vnicolor, 10. 15. (37.).
Cotula, Nahrung der Kröten, 63. 3.
Le couleur de feu, 66. 6. 67. b. de lait, 86. 32.
La Couleuvre blanche, 176. 24. vulgaire, 248. 190. à trois rangs, 249. 194. à zones, 250. 196.
La couresse, 247. 188.
La courte-queue, 45. 23.
Le Crapaud Agua, 70. 10. brun, 67. 6. c. commun, 62. 3. couleur de feu, 66 6. cornu, 72. 14. goitreux, 69. 8. marbré, 66 5. Pipa, 60. 2. 1. pultuleux, 69. 8. b. rayon-vert, 74. 18. rieur, 73. 17.
Le Cravate, 252. 201.
Crepitaculum caudae, 19. 24. (46.)
Le Criard, 62. 2.
Crifta frontalis, 15. 20. (58.) gularis, 17. 21. (3.) muricata, 15. 20. (59.).
Le Crocodile, 90. 1. 93. 3. à machoirs alongées, 93. 2. noir, 93. 2.
Crocodili, 89. 4. A.
Crocodilus africanus, 92. 1. b. americanus, 93. 3. terreftris, 93. 2.

Crotalus,

Crotalus, 20. 26. II. 1. albus,
150. 2. Dryinas. 150. 3. Duriſſus, 150. 2. horridus, 149. 1.
macularus, 149. 1. miliarius,
151. 4. mutus, 157. 5. orientalis, 151. 3. b. pisciuorus,
157. 6.
Crura, 12. 23. (14.).
La Cuiraſſée, 205 88.
Curcuma, wider das Gift der
Gecks-Eidechſe, 120. 37.
Cutis glabra, 8. II. (3.) granulata, ib. (6.) lubrica, ib. (4.)
poroſa, ib. (5.) rugoſa, ib. (9.)
verrucoſa, ib. (7.).

D.

Le Daboie, 246. 185.
Du….walter, 175. 22.
Le Dard, 104. 67.
Degenſcheiden, deren Ueberzüge von
Klapperſchlangenhäuten, 157.
La Dentelée, 50. 31.
Dentes exeuntes e maxilla, 16.
20 (83.) mobiles venenati,
ib. (84.) ſeriati, ib. (82.) ſim-
plices, ib. (82.).
Le Devin, 160. 4.
Dickmaker, 223. 118.
Dickbeine, 18. 23. (13.).
Digiti nudici, 18. 23. (23.) vn-
guiculati, ib. (24.).
La Dione, 213. 105.
La Dipſade, 184. 38.
Le Dipſe, 222. 127.
Diuiniloquus, 160. 4.
La Domeſtique, 236. 165.
Donner, ſcheuen die Eidechſen,
95.
Le Doré, 142. 69.
Dorſum angulatum, 17. 22. (8.)
carinatum, ib. (11.) denta-
tum, ib. (9.) fimbriatum, ib.
(10) gibboſo-diffractum, ib. (8.)
Doſenſchildkröte, 44. 23.
Le double-raie, 136. 58; 243.
179.
La double-tache, 252. 200.
Drache, 20. 26. 1. 3. 88. 3. ame-
rikaniſcher, 89. 2. indianiſcher,
88. 3. 1.

Drachenetdechſe, 95. 5.
Draco, 20. 26. 1. 3. 88. 3. prae-
pos, 89. 2. volans, 68. 3. 1.
volans americanus, 89. 2.
Le Dragon, 88. 3. 1. volans,
88. 3. 1.
La Dragonne, 95. 5.
Dreiecknatter, 241. 174.
Le Dryinas, 151. 3.
Dung der Igeleidechſe als Schmin-
ke, 100. 11.
Le Duriſſus, 150. 2.

E.

L'Eclatant, 251. 199.
Eichhörngen, Nahrung der Klapperſchlangen, 155.
Eidechſe, 20. 26. 1. 4. ; 89. 4.
abſtreifige, 136. 59. Agam-
eidechſe, 110. 25. amboiniſche,
109. 24. Ameivaeidechſe, 123.
40. amerikaniſche, 112. 29.
Augeneidechſe, 141. 68. bär-
tiſche, 130. 46. Baſiliskens-
eidechſe, 109. 16. bauchige,
102. 15. Blaſeneidechſe, 132.
49. blaue, 100. 13 a. b. blau-
ſchwänzige, 136. 60. bronze-
farbene, 145. 72. capſche, 121.
38. Chamäleoneidechſe, 121.
39. Chiliſche, 99. 10. dorn-
augige, 108. 22. Dracheneidechſe, 95. 5. dreifingerige, 140.
66. einzehige, 145. 73. Falteneidechſe, 134. 53. flachköpfige, 138. 63. fünfſtreifige, 135.
55. gabelköpfige, 108 23. Ga-
vialeidechſe, 93. 2. Geckoeidechſe,
120. 37. gehörnte, 106. 20.
geohrte, 132. 50. geſtreifte, 128.
43. getropfte, 142. 70. gewölk-
te, 110. 26. gliederſchwänzige,
104. 17. Goldeidechſe, 142. 69.
graue, 124. 41. grüne, 126.
42. houttuyniſche, 111. 28.
Igeleidechſe, 100. 11. Kaiman-
eidechſe, 93. 3. Kampfeidechſe,
107. 21. Kegelſchwänzige, 119.
36. Krokodileidechſe, 90. 1. 92.
1. b. Kropfeidechſe, 118. 33.
Leguaneidechſe, 104. 19. marmorirte,

moritte, 111. 27. martinikiſche, 138. 65. mauritaniſche, 100. 12. Molchelbechſe, 114. 31. b-h. Näthelbechſe, 133. 51. Nileibechſe, 135. 57. Pockeneibechſe, 104. 18. rothſchwänzige Eidechſe, 129. 44. Salamander Eidechſe, 115. 32. 116. 117. h-h. ſardiniſche, 130. 47. Sarroubé-Eibechſe, 138. 64. Schlangeneidechſe, 143. 71. Schleubereidechſe, 94. 4. a. b. ſchwarzbindige, 129. 45. ſechsbeckte, 102. 14. ſechsſtreifige, 134. 54. Sheltopuſik, Eidechſe, 146. 75. ſibiriſche, 133. 52. Sprudeleidechſe, 137. 62. ſtachelſchwänzige, 99. 9. Steppeneidechſe, 137. 61. Stincuseidechſe, 140. 67. Sumpfeidechſe, 112. 30. turkiſche, 119. 35. uraliſche, 131. 48. vierſtreifige, 135. 56. Warneidechſe, 96. 7. b. c. 98. d-g. weißbindige, 119. 34. zweifleckige, 96. 6. zweifüßige, 146. 74. zweihändige, 147. 76. zweikielige, 98. 8. zweiſtreifige, 135. 58.
Eidechſen, eigentliche, 134. I. ſchlangenartige, 143. L.
Eidechſennatter, 218. 119.
Eier der Amphibien, 6. 7. eßbare der Schildkröten, 27. 2. 29. 30. 3. 36. 45. 23. 52. 32. u. a. der Krokodille, 92. der Dracheneidechſe, 96. 5. Warneidechſe, 97. 7. der Leguaneidechſe, 106. leuchtende der grauen Eidechſe, 126.
Eiweiß, fehlt den Eiern der Leguaneidechſe, 106.
L' Enfumé, 273. 6. I.
Enten, Nahrung der Schildkröten, 47. 25. 58. 41.
L' Enydre, 164. 7.
L' Epaule armée, 69. 9.
Erdäpfel, Nahrung der Schildkröten, 60. 45.
L' Eryx, 267. 13.
L' Exagonal, 102. 14.

F.

Färberröthe, ihre Wirkung bei Amphibien, 5. 4.

Falten, 10. 14. (33.).
Fang der Schildkröten, 51. 32. 30. 3. der gemeinen Fröſche, 82. der Krokodille, 92. der Eidechſen, 96. 6. 106.
Farben der Amphibien, 10. 15. Abänderung derſelben bei den Fröſchen, 74. 18. bei der Leguaneidechſe, 105. 19. der Chamäleoneidechſe, 122. der flachköpfigen, 139 63.
Le Farineux, 203. 82.
Fasciae annulatae, 12. 16. (82-86.) anomalae, ib. (74.) arcuatae, ib. (78.) bifidae, ib (77.) bifurcae, ib. (77.) compoſitae, 12. 17. (92.) confluentes, 12. 16. (78. b.) continuae, ib. (75.) interruptae, (76.) irregulares, (74.) lineares, (72.) longitudinales, (79.) obliquae, (80.) transverſae, (81.)
Felder der Schildkrötenſchilder, 13. 18. a. b.
Femora, 18. 23. (18.).
Le Fer-à-cheval, 235. 160.
Fer-de-Lance, 239. 171.
Fett, eßbares der ſchieferartigen Schildkröte, 28. der Klapperſchlangen, 157.
Fettigkeiten, wider den Klapperſchlangenbiß, 156.
Feuerfroſch, 66. 6. 67. 4. c. 68. d.
Feuerkröte, 66. 6.
Feuerſchilderſchlange, 166. 10.
Le Fil, 234. 158.
Finnen, 19. 24.
Fiſchabler, Feinde der Zwergſchildkröten, 56. 39.
Fiſche, Nahrung der Schildkröten, 34. 6. 36. 9. 39. 11. b. 43. 19. 47. 25. der Krokodille, 91. der Warneidechſe, 97. 7.
Fiſchkiefern an den Amphibien, 7. 8.
Fiſchklapperſchlange, 157. 6.
Flecken, ihre Verſchiedenheit, 10. 15.
Fleiſch, eßbares von Eidechſen, 91. 96. 5. 97. 7. 106. 110. 24. von Fröſchen, 61. 82. 2. von Klapperſchlangen, 157. von Schildkröten, 27. 2. 29. 30. 30. b. 32. 4. 33. 5. 34. 6. 35. 7. 8. 36. 9.

36. 9. 38. 11. a. b. 43. 19. 44. 21. 45. 23. 52. 32. 54. 36.
Fliegen, Nahrung der Drachen, 89. 1. der Eidechsen, 128. 42. spanische, Nahrung des Grasfrosches, 79.
Flornatter, 250. 195.
Floßen, 19. 24.
Flügel, häutige, 19. 24. (49.).
Flußpferde, Feinde der Krokodille, 92.
Flußschildkröten, 33. B.
La fluteuse, 85. f.
Forellen, Nahrung der gemeinen Frösche, 80. 28.
La Fouette-queue, 94. 4. a.
Frieselschilderschlange, 163. 5.
Frösche, geschwänzte. 88. d. Nahrung der Schildkröten, 39. 11. b.
Frohnde, in Ansehung der Frösche, 81.
Frons biloba, 15. 20. (57.) callosa, ib. (56.) triloba, ib. (57)
Frosch, 20. 26. 1. 2. 60. 2. 75. B. Alpenfrosch, 78. 26. Bastardfrosch, 88. 34. Blockfrosch, 86. 32 a. b. 87. 32. c. brasilianischer, 70. 10. bucklicher, 65. 5. a. b. chilischer, 71. 11. dickbauchiger, 69. 8 a. b. Feuerfrosch, 66. 6. 67. b. c d. gehörnter, 72. 14. gelber, 71. 12. gemeiner, 79. 28. Grasfrosch, 78. 27. Krötenfrosch, 62. 3. 64. 3. b. c. Lachfrosch, 73. 17. b. Laubfrosch, 82. 30. 84. b - d. 85. f- h. Netzfrosch, 78. 25. Ochsenfrosch, 75. 21. Perlenfrosch, 71. 13. a. b. Pipafrosch, 60. 2. 1. Pipfrosch, 76. 22. Rohrfrosch, 82. 29. Regenfrosch, 65. 4. Saßfrosch, 68. 7. Schreifrosch, 62. 2. Schulterkissenfrosch, 69. 9. schuppiger, 87. 33. Schwimmfrosch, 77. 24. sibirischer, 73. 16. ucalifter, 72. 15. veränderlicher, 74. 18. vierrunzlicher, 75. 19. virginischer, 75. 20. weißgefleckter, 86. 31. zweifarbiger, 77. 23.
Froschlaich, 63. 3. Nahrung der Eidechsen, 113. 30.

Froschschenkel, eßbar, 82.
Füße, 18. 23. floßenartige, 18. 23. (17.).

G.

Gärten, Reinigung derselben vom Ungeziefer durch Schildkröten, 36. 9. 51. 32. durch Eidechsen, 140. 65.
Le Galonné, 136. 59.
La Galonnée, 75. 19. 20; 221. 125.
Gaumenkamm, 16. 20. f. (85.).
Le Gavial, 93. 2.
Gavialeidechse, 93. 2.
Geckeidechsen, 119. F.
Le Gecko, 120. 37.
Geckoeidechse, 120. 37.
Le Geckotte, 107. 12.
Geflügel, Nahrung der Ochsenfrösche, 76. 21.
Geifer, giftiger, der Sprudeleidechse, 138. 62.
Gehör-Organ der Riesenschildkröte, 29. 3.
Geldbeutel, von Eidechsenhaut, 100. 10.
Gekko muricatus, 100. 12. teres, 120. 37. verticillatus, 100. 12.
Gekkones, 119. F.
Genco, 71. 11.
La geometrique, 53. 36.
Gewächse, Nahrung der Schildkröten, 34. 6. 51. 32.
Gift der capschen Eidechse, 121. 38. der Geckoeidechse, 120. 37. der Sprudeleidechse, 137. 62. der Klapperschlangen, 153 — 155.
Giftdrüsen, 16. 20. f. (85.).
Giftnatter, 253. 203.
Giftzähne, 16. 20. f. (84.) der Klapperschlangen, 152. f. deren Benutzung, 157.
Le Gliricapa, 206. 91.
Gitternatter, 179. 33.
Glühende Körper werden von Grasfröschen verschluckt, 79.
Gobe-mouche, 127. 42. d.
Götzennotter, 246. 185.
Le goitreux, 69. 8. 118. 33.

Gold-

Goldbedechſe, 142. 69.
Grasfroſch, 78. 27.
Grasnatter, 236. 163.
La Grecque, 50. 32. 52. 33.
La Grenouille commune, 80. 28.
à deux couleurs, 77. 23. ecailleuſe, 87. 33. epaule armée,
69. 9. galonnée, 75. 20. mangeable, 80. 28. mugiſſante,
75. 21. noire, 78. 26. perlée,
71. 13. Pit-pit, 76. 22. tachetée, 86. 31. typhone, 75. 19.
Griesnatter, 197. 73.
Le Griſon, 119. 35; 212. 102.
La Grivelée, 203. 83.
Le Groin, 158. 1.
La Groſſe-Tête, 246. 187.
Guimpnatter, 218. 118.
Gyrini, 7. 8. (1.).

H.

Haare, ihre Vertreibung, 117.
Haarkämme, von Schildpat, 33. 5.
L'Haemachate, 240. 172.
Hafer, Futter für Schildkröten, 34. 6.
L'Haje, 233. 157.
Hafennatter, 233. 157.
Hals, 17. 21. (2.).
Hannaſchnatter, 231. 151.
Haſen, Nahrung der Klapperſchlangen, 155.
Haube, 15. 20. (54.).
Häuſer, reinigen Schildkröten von Ungeziefer, 51. 32.
Häute der Klapperſchlangen, ihr Gebrauch, 157.
Häutung der Amphibien, 7. 9. der Eidechſen, 113. 126. der Fröſche, 81.
Hausnatter, 203. 81; 236. 165.
Hausthiere, Eidechſen, 100. 11. 105. 19. 113. 33. 128. 42. Schildkröten, 51. 32.
Haut der Amphibien, 8. 11.
Hechte, Nahrung der gemeinen Fröſche, 80. 28. Feinde der Fröſche, 82.
Helioscope, 133. 52.
Helme, von Krokodillhäuten, 92.
Herznatter, 211. 101.

Heuſchrecken, Nahrung der grauen Eidechſen, 126. 41.
L'hexagone, 102. 14.
L'Hikkanelle, 227. 138.
Hinterbeine, 18. 23. (16.) Hinterkopf, 15. 20. (6.).
L'Hipnale, 160. 3.
Hirſchnatter, 227. 139.
Hitze, können die Salamandereidechſen vermindern, 118.
Höllciknatter, 230. 150.
Holz, wird von Krokodillen verſchluckt, 91.
L'Hotomboeja, 226. 136.
Hühnerdung, freſſen Schildkröten, 56. 39. 60. 45.
Hunde, ihr Gebrauch zum Schildkrötenfang, 51. 32.
Hyla aurantiaca, 87. e. fusca, 84. b. lactea, 86. 32. ranaeformis, 84. c. rubra, 85. g. sceleton, 85. h. tibiatrix, 85. f. viridi-fusca, 84. e. viridis, 82. 30.
Hylae, 82. C.

J.

La Jackie, 88. 34.
La jaune, 33. 6.
L'Ibiare, 277. 1.
L'Ibibe, 193. 64.
L'Ibiboca, 248. 191.
Ibibocanatter, 193. 64.
Igel, Feinde der Kröten, 63. 3.
Igeleidechſe, 100. 11.
Iguana Calotes, 107. 21. chalcidica, 107. 21. b. clamoſa, 108. 23. cordylina, 110. 25. delicatiſſima, 104. 19. minima, 107. 21. c. Salamandrina, 110. 25. tuberculata, 107. 21. d.
Iguanae, 104. D.
L'Iguane, 105. 19.
Iltismarder, Feinde der Fröſche, 82.
Inſekten, Nahrung der Eidechſen, 89. 1. 97. 7. 100. 11. 101. 12. 110. 24. 113. 117. 122. 126. der Schildkröten, 34. 6. 51. 32.

Inſtru-

Instrumente, musikalische, von Schildkrötschalen, 26. 1.
La Jouflue, 178. 29.
Iris, 11. 15. (59).
L'Isebeck, 166. 12.
Junge, lebendige, der Salamander-Eidechsen, 118. 1. der grauen, 126.

K.

Käfer, Nahrung der Schildkröten, 45. 23.
Kaimaneidechse, 93. 3.
Kamm, 15. 20. (6.) dessen Nutzen bei den Eidechsen, 104. 16.
Kampfeidechse, 107. 21.
Karett-Schildkröte, 31. 4.
Kappe, deren Nutzen bei den Eidechsen, 104. 16.
Kastanien-Schößlinge, wider den Klapperschlangenbiß, 156.
Katzennatter, 247. 189.
Kaulquappen, 7. 8.
Kehlfalten, 10. 14. (35.) 17. 21. (98.) Kehlenkamm, 17. 21. (3.) Kehlensack, e. d. (1.).
Kiefern, 15. 20. (e.).
Kielnatter, 217. 116.
Klappen der Schildkrötenschilber, 14. 18. (22.)
Klapper, der Klapperschlangen, 19. 24. (46.) 152.
Klappernatter, 189. 52.
Klapperschlange, 20. 26. 11. 1. 149. 1. Fischklapperschlange, 157. 6. gelbgefleckte, 150. 3. gemeine, 150. 2. rothgefleckte, 151. 4. schreckliche, 149. 1. 1. stumme, 157. 5.
Klapperschlangenfett, dessen Gebrauch, 157.
Knollen an den Daumen der Frösche, 81.
Königsnatter, 192. 62.
Königschilderschlange, 160. 4.
Koluranatter, 207. 93.
Krabben, Nahrung der Goldeidechsen, 142. 69.
Kreuzkröten, 64. 3. b.
Kreuzkrötenfrosch, 64. 3. b.
Kreuznatter, 171. 12.
Kröten, 60. 2. A. gemeine, 62. 3.

Krötenfrosch, 62. 3; 64. 3. c. surinamische, 60. 2. 1.
Krokodill-Eidechse, 90. 1.
Krokodile, 89. 4. A. werden von den Karettschildkröten verfolgt, 32. 4.
Krokodilleneier, Nahrung der Fische, 91.
Kropfeidechse, 118. 33.
Küchensalz, den Eidechsen schädlich, 113.
Kuguarkatzen, Feinde der Krokodile, 92.
Kupfereidechsen, 123. H.
Kupfernatter, 186. 45.

L.

Labia squamosa, 16. 20. (80.).
Labium tentaculatum, 16. 20. (79.).
Lacerta, 20. 26. 1. 4. 89. 4. abdominalis, 145. 71. f. africana, 122. 39. e. africana volans, 88. 3. 1. Agama, 110. 25. agilis, 124. 41. 126. 42. Algira, 130. 46. Alligator, 93. 3. amboinensis, 109. 24. Ameiva, 123. 40. americana, 112. 29. anguina, 145. 73. angulata, 102. 14. Apus, 146. 75. aquatica, 112. 30. arguta, 129. 45. aurata, 142. 69. aurita, 132. 50. azurea, 101. 13. Basiliscus, 103. 16. bicarinata, 98. 8. bilineata, 135. 58. bimaculata, 96. 6. bipes, 246. 74. bullaris, 132. 49. Calotes, 107. 21. capensis, 121. 38. caudiverbera, 94. 4. a. b. 95. 5. Chalcides, 144. 71. e. 145. 72. Chamaeleon, 121. 39. Cordylus, 99. 9. Cordylus maximus, 95. 5. cornuta, 106. 20. cristata, 111. 28. Crocodilus, 90. 1. 92. 1. b. 93. 2. cruenta, 129. 44. deserti, 137. 61. Dracaena, 95. 5. exanthematica, 104. 18. fasciata, 136. 60. gangetica, 93. 2. Gekko, 120. 37. guttata, 142. 70. helioscopa, 133. 52. homalocephala, 138. 63. japonica,

nica, 116. 32. f. 117. 32. g.
jauanica, 109. 24. Iguana, 104.
19. interpunctata, 135. 58. lacuftris, 114. 31. 115. b-h.
lateralis, 131. 47. b. lemniscata, 136. 59. marmorata, 111.
27. martinicenfis, 139. 65.
mauritanica, 100. 12. monitor, 96. 7. a. 97. 7 b. c. 98.
7. d-f. nilotica, 135. 57. ocellata, 141. 68. orbicularis, 102.
15. 103. 15. b. paluma, 99. 10.
paluftris, 112. 30. Plica, 134.
53. principalis, 103. 16. pumila, 122. 39. punctata, 117.
32. h. 135. 58. quadrilineata,
135. 56. quinquelineata, 135.
55. rapicauda, 119. 36. Salamandra, 115. 32. 116. Sarrubea, 139. 64. fcutata, 108.
23. fepiformis, 144. 71. d.
Seps, 143. 71. fexlineata, 134.
54. fputator, 137. 62. Stellio, 100. 11. Stincus, 140.
67. ftrumofa, 118. 33. fulcata, 147. 76. fuperciliofa, 108.
22. Teguixin, 133. 51. Tiliguerta, 127. 42. c. Tiligugu,
130. 47. tridactyla, 140. 66.
turcica, 119. 35. velox, 128.
43. viridis, 126. 42. 132. 49.
vittata, 119. 34. Vmbra, 110.
26. vralenfis, 131. 48. vulgaris, 114. 31.
Lacerti, 134. F.
Lacertus viridis, 127. 42. d.
Lachfrofch, 73. 17.
Le Lacté, 176. 25.
Längenbinden, 12. 16. Längenftreifen, 12. 17. Längenftriche, 13. 17.
Laich der Fröfche, 81.
Laminae teftae, 13. 18. (2. 17.).
Landplage von Fröfchen, 79.
Landfchildkröten, 50. C.
Langaha, 20. 26. II. 5. madagafcarienfis, 272. 5.
Lanzetten von Giftzähnen der Klapperfchlangen, 157.
Laphiatnatter, 206. 92.
Le large-doigt, 104. 17.
La large-tête, 251. 198.
Lafurnatter, 246. 186.
Dritter Theil.

Laubfrofch, 82. 30. 84. 85. b-h.
Laufnatter, 247. 188.
Lebensart der Amphibien, 4. 3.
Le Leberis, 170. 8.
Le Lebetin, 190. 55.
Leberfchildkröte, 25. I.
Leguane, 104. D.
Leguaneidechfe, 104. 19.
Le Lezard abdominal, 145. 71. g.
Argus, 124. 41. b. bleuatre,
124. 41. c. caliscertule, 127.
42. e. cornu, 106. 20. couleur de fang, 129. 14. double
tache, 96. 6. enfanglanté, 129.
44. hexagonal, 102. 14. gris,
124. 41. de Java, 109. 24.
moucheté, 96. 7. à mouftaches,
132. 50. Porte-crête, 109. 24.
Quez-Paleo, 101. 13. b. rougeatre, 124. 41. d. veloce, 128.
43. verd, 126. 42.
Le Lien, 219. 120.
La Liffe, 228. 142.
Lineae longitudinales, 13. 17. (98.)
transuerfae, ib. (99.).
Le Lion, 134. 54.
Lobi auriculares, 17. 21. (96.).
Le Lombric, 266. 10.
Le long-nez, 265. 9.
Lungen der Amphibien, 3. dienen zur Aufblähung der Chamäleonseidechfe, 123.
Le Luth, 25. A. I.
Le Lutrix, 170. 9.

M.

Le Mabuya, 130. 47.
Maculae abdominales, 10. 15. (43.)
aequales, 11. 15. (55.) alternae, ib. (65.) annulatae, ib.
(60.) annulatim congeftae, ib.
(63.) arcuatae, ib. (53.) caudales, 10. 15. (44.) cohaerentes, 11. 15. (68.) confluentes,
ib. (69.) cruciformes, ib. (52.)
cuneiformes, 10. 15. (51.) denfae, 11. 15. (66.) dorfales,
10. 15. (41.) geminatae, 11.
15. (61. 62.) inaequales, ib.
(56.) laterales, 10. 15. (42.)
longitudinales, 11. 15. (71.)
margi-

marginatae, 11. 15. (57.) oblongae, 10. 15. (50.) orbicu-
lares, 10. 15. (48.) quadratae,
ib. (46.) ex punctulis conflatae, 11. 15. (64) rariores, ib.
(67.) rhomboidales, 10. 15.
(45.) rotundatae, ib. (49.)
transuerfae, 11. 15. (70.)
Mäſtung der Krokodille, 91.
Malpolnatter, 212. 104.
Mandibulae, 15. 20. (76. 77.)
Le Marbré, 66. 5; 111. 27.
Marqueterie, 27.
Mäuſe, Nahrung der Schildkrö-
ten, 45. 23.
Mäuſenatter, 227. 138.
Maulwürfe, Feinde der Fröſche,
82.
La Maure, 196. 70.
Maxilla longior, 16. 20. (78.)
productior, ib. (78.)
Maxillae aequales, 15. 20. (-9.)
articulatae, ib. (71.) cylin-
dricae, ib. 73. dilatabiles, ib.
(72.) elongatae, ib. (73.) fer-
ratae, ib. (75.)
Meerſchildkröten, 25. A.
Le Melanis, 174. 17.
Membrana nictitans, 16. 20. (87.)
Membrana teſtae, 13. 18. (20.)
Menſchen werden von Krokodillen
angefallen, 91. 93. 2. giftiger
Biß der Klapperſchlangen für
ſolche, 155. 156. 158.
Metallreiz, 6. 5.
Le Miguel, 264. 6.
Milchnatter, 176. 25.
La Miliaire, 197. 73.
Le Millet, 151. 4.
Minervennatter, 235. 161.
La Minime, 234. 159.
Minkottern, Nahrung der Klap-
perſchlangen, 155.
Mirabilis Jalappa, Blumen derſel-
ben von Schildkröten gefreſſen,
56. 39.
Mittelſelber der Schildkröten-
ſchilder, 13. 18. a.
Molcheidechſe, 114. 31.
La Molle, 37. 11.
Le Molure, 229. 147.
Mondnatter, 255. 213.
Monile, 17. 21. (99.)

Moſchusgeruch vom Fleiſche der
Karettſchildkröte, 32. 4. der
penſylvaniſchen, 46. 24. vom
Krokodillen-Fleiſche, 92.
La Mouchetée, 221. 124.
Le muet, 157. 5.
La muette, 78. 27.
La mugiſſante, 75. 21; 76. 21. b.
Mondwinkel, 15. 20. (e.)
La Muqueuſe, 236. 164.
Muſcheln, Nahrung der Schild-
kröten, 29. 3.; 32. 4.

N.

Nacken, 15. 20. (c)
Naja non Naja, 210.
Näthe, 9. 14.
Nahrung der Amphibien, 5. 4.
können lange entbehren, die
Schildkröten, 35. 9. Kröten,
62. 3. Eidechſen, 123. 126.
Nantes, 19. 25. (50.)
Nares cylindricae, 15. 20. (69.)
prominentes, ibid. (70.)
Naſe, 15 20. d.
Naſenlöcher, 15. 20. d.
Nashorn-Karettſchildkröte, 32.
a. b.
La Nafique, 2 7. 168.
Nafus acuminatus, 15. 20. (66.
67.) breuis, ib. (63.) elongatus, ib. (64.) rotundatus, ib.
(65.) verruca terminatus, ib.
(68.)
Natter, 20. 26. II. 3 Achatnat-
ter, 240. 172 Aeskulapnatter,
198. 75. Abdullnatter, 231.
153. Ameiſennatter, 237. 167.
amerikaniſche, 249. 193. ara-
biſche, 204. 85. Argusnatter,
239. 170. aſchgraue, 236. 162.
Aspisnatter, 187. 48. aſi aca-
niſche, 189. 53. Atropennatter,
169. 7. Aurornatter, 195. 68.
Backennatter, 178. 29. Bän-
natter, 230. 148. Bandnatter,
170. 8. barbariſche, 196 70.
Biſsnatter, 186. 44. blaſſe,
204. 96. blaue, 186. 47. bläuliche, 185. 42. blauarüne, 199.
77. bleiche, 220. 121. blei-
farbne, 216. 114. Blindnatter,
187.

Register.

187. 49. Bobbártifche, 203. 83.
Bogennatter, 202. 79. brasilianische, 240. 173. bräunliche,
188. 51. braunfleckige, 222.
125. braunrothe, 251. 197.
breitköpfige, 251. 198. breitschwänzige, 214. 107. Bren-
natter, 253. 204. Brillennatter, 209. 100. Brunettennat-
ter, 216. 112. cubirische, 229.
145. Caracarasnatter, 233.
156. Carinoissinattec, 194. 65.
carolinische, 207. 95. caspische,
224. 132. Citronennatter, 251.
199. Clotbonatter, 169. 6.
Cobranatter, 184. 40. Coralsnatter, 248. 191. Corallennatter, 218. 117. Damennat-
ter, 175. 22. Doranatter,
223. 128. dickköpfige, 246. 187.
dickschwänzige, 191. 58. Dreiecknatter, 241. 174. dreifarbige,
221. 124. dreiringige, 221. 125.
dreistreifige, 245. 184. dunkle,
205. 90. egyptische, 220. 122.
Elbechsennatter, 218. 119. einfarbige, 206. 91. eckige, 186.
46. englische, 184. 38. europäische, 179. 34. Fadennatter,
234. 158. Flornatter, 250. 195.
Forskalische, 190. 55. französi-
sche, 241. 176. fünfstreifige,
220. 123. geaderte, 168. 3.
gefiederte, 209. 99. geflikte,
191. 59. gekörnte, 172. 15.
gekrönte, 175. 21. gelbe, 170.
9. gemahlte, 233. 155. gemeine, 200. 78. gescheckte, 168.
2. gestrahlte, 208. 97. gestreifte, 171. 13. getüpfelte, 177.
28. Giftnatter, 253. 203. Gitternatter, 179. 33. Götzennat-
ter, 246. 185. Grasnatter, 236.
163. graue, 211. 102. grauköpfige, 238. 169. Griesnatter,
197. 73. grimmige, 215. 109.
Gronovische, 171. 11. grüne,
222. 127. Guimpnatter, 218.
118. Hajenatter, 233. 157.
Hannaschnatter, 231. 151.
Hausnatter, 203. 81. 236. 165.
helle, 177. 26. Herznatter, 211.
101. Hirschnatter, 227. 139.
hochrothe, 227. 139. Hölleis-
natter, 230. 150. japanische,
195. 67. javalische, 177. 31.
Ibibocanatter, 193. 64. Kal-
mische, 196. 69. kapsche, 255.
212. Katzennatter, 247. 189.
Kettennatter, 212. 103. Kielnatter, 217. 116. Klappernatter, 189. 52. Königsnatter,
192. 62. Kokuranatter, 207.
93. krainische, 228. 143. Kreuznatter, 171. 12. Kupfernatter,
186. 45. lange, 256. 217. Lan-
zennatter, 239. 171. Laphlat-
natter, 206. 92. Lajurnatter,
246. 186. Laufnatter, 247. 188.
lebhafte, 204. 86. lohbraune,
234. 159. louisianische, 249.
192. Wdusennatter, 227. 138.
Malpolnatter, 212. 104. Mer-
kanische, 194. 66. Milchnatter,
176. 25. Miuervennatter, 235.
161. Mondnatter, 255. 213.
morgenländische, 224. 133.
Nausche, 256. 215. Nebel-
natter, 215. 111. Netznatter,
185. 43. nordamerikanische,
255. 214. nordische, 182. 36.
österreichische, 228. 142. panamische, 191. 57. Panthernatter,
241. 175. Purcennatter, 169.
5. Peliasnatter, 223. 129.
Perlnatter, 254. 209. Petholas-
natter, 225. 134. Pfeilnatter,
204. 87. Pockennatter, 256.
218. punktirte, 203. 82. Purpurnatter, 231. 152. Quin-
cunrnatter, 249. 194. rauhe,
217. 115. Rautennatter, 223.
130. Redische, 184. 39. Reis-
natter, 193. 63. Reißnatter,
245. 183. röthlichbraune, 189.
54. Rohrnatter, 170. 10. Rosenkranznatter, 244. 180. Rosennatter, 192. 61. Roßnatter,
235. 160. rothbäuchige, 223. 131.
rotköpfige, 226. 136. Sandnatter, 172. 14. sardinische,
242. 176. b. Scharlachnatter,
226. 135. schiefgestreifte, 175.
20. Schilderschlangennatter,
229. 147. Schildnatter, 205.
88. Schleimnatter, 236. 164.
Schlep-

T 2

Schleppennatter, 196. 71.
Schleyernatter, 197. 72.
Schlingnatter, 219. 120. schlüpfrige, 202. 80. schmahlbäuchige, 253. 205. schmutzige, 179. 32. Schneenatter, 177. 27. schöne, 178. 30. Schokarinatter, 230. 148. schwarzbindige, 198. 74. schwarze, 174. 17. schwarzfleckige, 182. 35. schwarzköpfige, 190.–56. Schweizernatter, 248. 190. Scopolische, 229. 146. Sebaische, 237. 166. Sellmannsche, 256. 216. siamische, 254. 208. sibirische, 183. 37. Sibonnatter, 215. 110. Sirtalnatter, 214. 108. Sommernatter, 229. 144. Spottnatter, 237. 168. Stachelgrasnatter, 244. 181. symmetrische, 244. 182. Tiegernatter, 227. 137. tyroler, 203. 84. ungefärbte, 176. 24. Venusnatter, 213. 105. vielfarbige, 173. 16. vierstreifige, 242. 177. vierzigrinkige, 205. 89. violette, 243. 178. Viperkopfnatter, 254. 210. Vipernatter, 167. 1. virginische, 227. 140. Wampumnatter, 188. 50. Wassernatter, 207. 94. Weigelische, 208. 98. weißbackige, 185. 41. weißbauchige, 216. 113. weiße, 176. 23. Weißkragennatter, 252. 201. weißliche, 174. 18. weißrinkige, 232. 154. weißstrahlige, 191. 60. Wickelnatter, 174. 19. windende, 253. 206. Würfelnatter, 199. 76. wurmartige, 168. 4. zeylonische, 213. 106. Zonennatter, 250. 196. zusammengedrukte, 255. 211. zweifarbige, 254. 207. zweifleckige, 252. 200. zweistreifige, 243. 179. Zwergnatter, 252. 202.
Natterschuppenschlange, 263. 3.
Nebelnatter, 215. 111.
Netzfrosch, 78. 25.
Netznatter, 185. 43.
Nickhaut, 16. 20. g. (87.)
La noiratre, 49. 30.
Nucha carinata, 15. 20. (62.)

O.

Oberlippe, 16. 20. (c)
Occiput bimucronatum, 15. 20. (61.) cristatum, ib. (60.) fourchue, 108. 23.
Ocelli. II. 15. (58.)
Ochsen werden von Krokodillen angefallen, 91.
Ochsenfrosch, 75. 21. Nahrung der Klapperschlangen, 155.
Oculi laterales, 16. 20. (86.) prominentes, ib. 93. superni, ib. (85.) c.
Oel vom Schildkrötenfett, 31. 3. b. 32. 4.
Ohren, 17. 20. h.
Ophiorrhiza Mungos, Mittel gegen den Biß der Brillenschlange, 210.
L'Ophrie, 164. 6.
L'Orangée, 85. h. 87. e.
L'Orvet, 268. 14.
L'Ovivore, 218. 118.

P.

Le Padere, 209. 99.
La Pale, 208. 96.
Palmae, 18. 23. (15.)
Palpebrae conicae, 16. 20. (91.) laeues, ib. (88.) squamatae, (89.) verrucosae, (90.)
Le Panaché, 173. 16.
Panthernatter, 241. 175.
Papageyen, deren Färbung, 85. g.
Papillons, Nahrung der Drachen, 89. 1.
Parcennatter, 169. 5.
Le Parqueté, 228. 143.
Le Parterre, 166. 10.
La Patte d'oie, 77. 24.
Pecten palati, 16. 20. (85. b.)
Pectus gibbum, 17. 22. (4.)
Pedes adactyli, 18. 23. (20.) anteriores, ib. (15.) digitati, ib. (21. 22.) lobati, ib. (19.) mutici, ib. (23.) palmati, ib. (18.) pinniformes, ib. (17.) posteriores, ib. (16.)
La Peintade, 263. 2.
Peltasnatter, 223. 129.

L

Register.

La perlée, 71. 13; 72. 13. b.
Perlenfrosch. 71. 13; 72. 13. b.
Perlnatter, 254. 209.
Perspicillum, II. 15. (54.)
Pethosanatter, 225. 134.
Le Petole, 225. 134.
Pfeilnatter, 204. 87.
Pfeilschuppenschlange, 264. 5.
Pferdebung, Nahrung der Schildkröten, 45. 23.
Le piscivore, 157. 6.
Pileus carinatus, 15. 20. (55.) planus, ib. (54.)
Pinna caudalis, 19. 24. (48.) dorsalis. ib. (47.)
Le Pipa, 60. 2. 1.
Pipa americana, 60. 2. 1.
Pipafrosch, 60. 2. 1.
Pipfrosch, 76. 22.
Pistilloni, 100. 11.
Plantae, 18. 23. (16.)
La Plature, 269. 16.
Pockennatter, 256. 218.
La Ponctuée, 177. 28.
Prisonnière, 45. 23.
Proteus raninus, 88. 34.
Psittacus violaceus; dessen Järbung, 85. g.
Puluinatae scapulae, 18. 22. (12.)
Pupilla triquetra, 16. 20. (92.)
Pupille, 16. 20. g.
Purpurnatter, 231. 152.
Le pustuleux, 69. 86.
Puh der Frauenzimmer von Schildpat, 33. 5.

Q.

Quasten an den Füßen der Eidechsen, 113.
Le quatre-raies, 135. 56; 242. 177.
Quer=Binden, 12. 16. (81.) Streifen, 12. 17. (89.) Striche, 13. 17.
La queue-bleue, 136. 60. — lanceolée, 266. 11.
Queh=Paleo, 102. 13.
Quincunxnatter, 249. 194.
Quirl von Schuppen, 9. 13. (27.)

R.

La raboteuse, 40. 14.
La Raine bossue, 65. 5. commune, 82. 30. couleur de lait, 86. 32. a. b. orangée, 87. e. squelette, 85. h. à tapirer, 85. g. verdatre, 84. e. verte, 82. 30.
Rana, 20. 26. I. 2. 60. 2. alpina, 78. 26. americana rubra, 84. d. arborea, 82. 30; 84. b—e. 85. f—h. Arunco, 71. 11. bicolor, 77. 23. boans, 86. 31.; 32. a. b. 87. c. Bombina, 66. 6. 67. brasiliensis, 70. 10. brasiliensis gracilis, 85. h. Bufo, 62. 3. 64. cornuta, 72. 14. esculenta, 80. 28. gibbosa, 65. 5. 5. b. Gigas, 79. 27. halecine, 76. 22. leucophylla, 86. 31. lutea, 71. 12. margaritifera, 71. 13.; 72. 15. b. marginata, 82. 29. marina, 69. 9. maxima, 77. 24. Musica, 62. 2. muta, 78. 27. ocellata, 75. 21. paradoxa, 88. 34. Pipa, 60. 2. 1. pentadactyla, 76. 21. b. pipiens, 76. 22. puluinata, 69. 9. ridibunda, 73. 17. Rubeta. 65. 4. salsa, 68. 7. sitibunda, 72. 15. squamigera, 87. 33. surinamensis, 87. e. temporaria, 78. 27. typhonia, 75. 19. variabilis, 74. 18. ventricosa, 69. 8. 8. b. venulosa, 78. 25. vespertina, 73. 16. virescens, 76. 22. virginica, 75. 20.
Randfrosch, 82. 29.
Randschildgen, 13. 18. a. Randschuppen, 13. 18. a.
Ranunculus ficaria, wird von Schildkröten gefressen, 56. 39. acris, wider den Klapperschlangenbiß, 156.
Raupen, Nahrung der zahnlosen Schilderschlange, 160. 3.
Ratten, Nahrung der Schildkröten, 45. 23. der Eidechsen, 107. 21.
Rautennatter, 223. 130.

La

La rayée, 208. 97. le rayé, 270. 18.
Le rayon vert. 74. 18.
Regen, Hervorkommen der Frösche nach solchen, 79. der Eidechsen, 120. 37. Anzeige desselben durch den Laubfrosch, 83.
Regenfrosch, 65. 4.
La Regine, 192. 62.
Reifnatter, 193. 63.
Reiher, Feinde der Kröten, 63. 3.
Reißnatter, 245. 183.
Reitzbarkeit der Amphibien, 5. 5. der Schildkröten, 52. 32. der Frösche. 81. 82.
Reproductionskräfte der Amphibien, 6. 6.
Reptilia, 20. 26. I.; 25. 1.
Le reseau, 265. 7.
La reticulaire, 78. 25. le reticulaire, 250. 195.
Rex Serpentum, 160. 4.
Riesenschildkröte, 28. 3.
Rindvieh, schwillt von verschlukten Schlangeneidechsen, 144. 71.
Ringe, 9. 12.
Ringelschlange, 20. 26. II. 6. gefleckte, 273. 2. gelbe, 274. 4. rußfarbene, 273. 1. schöne, 273. 3. weiße, 274. 5.
Ringelschuppenschlange, 267. 12.
Rippen, fehlen der Salamandereidechse, 117.
Röhrlein, 64. 3. b.
Rohrnatter, 170. 10.
La ronde, 34. 7.
Le Roquet, 139. 65.
Rosenkranznatter, 244. 180.
Rosennatter, 192. 61.
Roßnatter, 235. 160.
La rouge, 85. g.; 269. 17.
La rouge - gorge, 132. 4. g.; 223. 131.
Le rouleau, 267. 12.
La Roussatre, 49. 29.
La rousse, 78. 27.; 251. 197.
La Rubannée, 197. 72.
Rücken, 17. 22. (5.) Rückenflöße, 19. 24.
Rückenschärfe der Schilder, 13.18.a.
Rückenschilbt, 13. 18. a.
Rüsselschilderschlange, 158. 1.
Runzeln der Amphibien, 8. 11.
Runzelschlange, 20. 26. II. 7.

geschwänzte, 275. 2. ungeschwänzte, 274. 1.

S.

Sacculi faniei, 16. 20. (85.)
Saccus gularis, 17. 21. 1.
Salamander, 112. E.
Salamandereidechse, 115. 32.
Salamandra aquatica, 94. 4. a. atra, 116. b. candida, 116. d. exigua, 116. e. fusca, 116. c. japonica, 117. 32. g. maculosa, 115. 32. minima, 130. 47. palustris, 114. 31. b. strumosa, 130. 47.
Salamandrae, 112. E.
Salamandre blanche, 116. d. brune, 116. c. noire, 116. b. petite, 116. e. à quatre-raies. 135. 156. à queue - plate, 120. 30.; 114. 31. terrestre, 115. 32. à trois doigts, 144. 66.
Salz, wider den Klapperschlangenbiß, 156.
Salzfrosch, 68. 7.
Sandnatter, 172. 14.
Sanguinaria canadenfis; wider den Klapperschlangenbiß, 156.
Le Sans - tache, 177. 27.
La Sarroubé, 139. 64.
Sarroube = Eidechse, 139. 64.
La Saturnine, 212. 114.
Saufen der Schildkröten, 56. 39.
Le Saurite, 218. 119.
Scápulae pulvinatae, 18. 22. (12.)
Schärfen, 9. 14. (32.)
Schalen der Schildkröten, 13. 18.
Scharlachnatter, 226. 135.
Scheitel, 15. 20. (a.)
Schenkel, 18. 23. (14.) eßbare der gemeinen Frösche. 82.
Schild der Schildkröten, 13. 18. a. b.
Schilder der Amphibien, 9. 12. deren Flecken, 10. 15.
Schilderringelschlange, 20. 26. II. 5. madagascarische, 272. 5.
Schilderschlange, 20. 26. II. 2; 158. 2. braune, 164. 6. Feuerschilderschlange, 166. 10. Frieselschilderschlange, 163. 5. fünfstreifige, 164. 8. gelbliche, 166.
II.

Register. 293

11. Königschilderschlange, 160.
4. Rüsselschilderschlange, 158.
1. Stockschilderschlange, 165.
9. stutzköpfige 166. 12. Wasserschilderschlange, 164. 7. weißgeringelte, 159. 2. zahnlose, 160. 3.

Schilderschlangennatter, 229. 147.

Schildkröte, 20. 26. I. 1; 25. 1. breitrandige, 52. 33. Buchstabenschildkröte, 40. 15. chagrinirte, 48. 27. Dosenschildkröte, 44. 23. breitzielige, 41. 16. europäische, 33. 6. flache, 59. 44. flachköpfige, 48. 28. gefelderte, 54. 37. gefranzte, 43. 21. gehelmte, 39. 12. gemahlte, 57. 41. geometrische, 53. 36. gestreifte, 37. 10. geldselte, 59. 45. getüpfelte, 58. 42. gezähnelte, 50. 31. graue, 42. 18. griechische, 50. 32. Hermannische, 52. 34. hochgewölbte, 53. 35. japanische, 33. 5. indianische, 56. 57. 40. a. b. Karettschildkröte. 31. 32.; 4. a. b. kaspische, 44. 22. Lederschildkröte, 25. 1. pensylvanische, 46. 24. rauhe, 40. 14. Riesenschildkröte, 28. 3.; 30. 3. h.; 31. 3. c. röthliche, 49. 29. runde, 34. 7. schleierartige, 26. 2. Schlammschildkröte, 55. 9. Schlangenschildkröte, 46. 25. schöne, 41. 17. schuppige, 42. 19. schwärzliche, 49. 30. Scorpionschildkröte, 43. 20. Spenglerische, 47. 26. Sumpfschildkröte, 35. 8. warzige, 40. 13. weichschalige, 37. 38; 11. a. b. zierliche, 54. 38. Zwergschildkröte, 55. 39.

Schildkröten tragen starke Lasten, 29. 3; 46. 3. ihr Schlaf auf dem Wasser, 29. werden von Krokodillen gefressen, 91.

Schildkröteneier sind eßbar, 27. 2.

Schildkrötenschalen, 13. 18.

Schildnatter, 205. 88.

Schildpat, 27. 2. 2c. 33. 5. dessen Erweichung, 27.

Schlammschildkröte, 35. 9.

Schlangen, 8. 10.; 20. 26. II. 149. 11. Nahrung der Schildkröten, 45. 23. fressen Frösche, 82.

Schlangenschildkröte, 46. 25.

Schlangenstein, sogenannter, 211.

Schlangenwurz, Mittel wider den Biß der Brillenschlangen, 210.

Schleppennatter, 196. 71.

Schleuchereideckse, 94. 4.

Schleyernatter, 197. 72.

Schminke, vom Dung der Igeleidechse, 100. 11.

Schlingnatter, 219. 120.

Schnauze, 15. 20.

Schnecken, Nahrung der Schildkröten, 45. 23.

Schneenatter, 177. 27.

Schnupftabaksdosen von Schildkrötenschildern, 50. 31.

Schokarinatter, 230. 148.

Schreifrosch, 61. 2.

Schulterkissen, 18. 22. (12.)

Schulterkissenfrosch, 69. 9.

Schuppen der Amphibien, 8. 12. ihre Verschiedenheit, 9. 13. ihre Farben, 10. 15.

Schuppenschlange, 20. 26. II. 4. Bindenschuppenschlange, 270. 18. breitschwänzige, 266. 11. bräuchige, 268. 14. caspische, 263. 4. clevische, 270. 19. Corallenschuppenschlange, 270. 21. dünnschwänzige, 270. 20. flachschwänzige, 269. 16. gefleckte, 264. 6. gehörnte, 265. 8. gestreifte, 262. 1. getüpfelte, 263. 2. gewürfelte, 271. 25. kurzbauchige, 269. 15. langschnauzige,

T 4

zige, 265. 9. langschwänzige, 267. 13. leberbraune, 271. 24. Natterschuppenschlange, 263. 3. netzförmige, 264. 7. Pfeilschuppenschlange, 264. 5. regenwurmartige, 266. 10. Ringelschuppenschlange, 267. 12. rothbraune, 271. 23. rothe, 269. 17. schwarze, 271. 22. weiße, 271. 26.

Schwanzfloße, 19. 24.

Schweif, 18. 24. Gebrauch desselben von den Schildkröten, 46. 24. Schweifkamm, 18. 24. (28.).

Schweine, Feinde der Klapperschlangen, 156.

Schweiß, übelriechender von Fröschen, 64. 3. b. 65. 3. c. 66. 6. 67. 6. c. klebriger des Laubfrosches, 83. übelriechender von Eidechsen, 117. giftiger von Eidechsen, 120. 37.

Schweizernatter, 248. 190.

Schwielen, 15. 20. (53.) 18. 23. (25.).

Schwimmfrosch, 77. 24.

Schwimmhäute, 18. 23. (18.).

Le Schytale, 165. 9.

La Schythe, 183. 37.

Scincus Stellio, 141. 67. b.

Le Scinque, 141. 67.

Scorbut, Schildkrötenfleisch wider solchen, 30.

Scuta, 9. 12. (11.)

Scutella carinata, 13. 18. (9.) disci, (5.) eleuata, (10.) hexagona, (16.) marginis, (4.) pentagona, (16.) plana, (11.) polygona, (15.) punctata, (5. 6.) striata, (8.) fulcata, (13.) trapezia, (14.) tuberosa, (12.).

Sepes, 123. H.

Le Seps, 143. 71.

Seps Argus, 124. 41. b. coerulescens, 125. 41. e. coeruleus, 125. 41. f. lemniscatus, 136. 59. marmoratus, 144. 71. c. muralis, 124. 41. murinus, 125. 41. 9. ruber, 125. 41. d. scinciformis, 144. 71. d. terrestris, 125. 41. c. variegatus, 144. 71. b. varius, 127. 42. b. viridis, 126. 42. zeylanicus, 142. 69.

Le Serpent à sonnette, 151. 3. le serpent nain, 252. 202. serpent-poisson, 253. 203. brulant, 253. 204. de verre, 269. 15.

Serpentes, 20. 26. 11.

La Serpentine, 46. 25.

Le Sheltopusik, 146. 75.

Sheltopusikeidechse, 146. 75.

Sibonnatter, 215. 110.

Le Silloné, 98. 8.

Sinne der Amphibien, 6. 6.

Le Sipède, 196. 69.

Sirtalnatter, 214. 108.

Le Sirule, 220. 122.

Skorpionschildkröte, 43. 20.

Solidago canadensis, wider den Klapperschlangenbiß, 156.

La Sombre, 216. 112.

Sommernatter, 229. 144.

La Sonnante, 68. 6. d.

Le Sourcilleux, 108. 22.

Le Sourd, 115. 32.

Spatzen, Nahrung der Frösche, 80. 28.

Spiegeleidechsen, 99. C.

Spinnen, Nahrung der Eidechsen, 107. 21.

Spottnatter, 237. 168.

Sprudeleidechse, 137. 62.

Le

Le Sputateur, 137. 62.

Squamae, 8. 12. (10.) aculeatae, ib. (20.) carinatae, (17.) ciliarae, (21.) denticulatae, (19.) hexagonae, (14.) imbricatae, (24. 25.) lanceolatae, (14. b.) mucronatae, (18.) muricatae, (22.) orbiculatae, (15.) ouatae, (16.) quadratae, (14.) reuerſae, (23.) rhombeae, (13.) rotundatae, (15.) ſeriatae, (26.) verticillatae, (27.).

Stachelcidechſen, 94. B.

Stachelgrasnatter, 244. 181.

Stachys, Nahrung der Kröten, 63. 3.

Steinblöcke, in benen ſich Kröten gefunden, 5. 4. 63 3.

Steine werden vom Krokodil verſchluckt, 91.

Stellio, 99. C. punctatus, 98. f. 136. 58. ſaluaguardia, 95. 5. Saluator, 96. 7. Saurus, 98. e. ſaxatilis, 98. d. teſſelatus, 97. c. thalaſſinus, 98. g. viridis, 97. b.

Le Stellion, 100. 11.

Steppeneidechſe, 137. 61.

Sternum, 13. 18. (18.).

Stimme der Fröſche, 68. 6. d. 74. 17. 75. 19. 76. 21. 77. 22. 79. 80. 81. 28. 83. fehlt der Salamander = Eidechſe, 118. Stimme der Geckoeidechſen, 120. 37.

Strinci, 140. K.

Stincus officinalis, 140. 67.

Stincus = Eidechſen, 140. K, 140. 67.

Stinkthiere, ägyptiſche, freſſen die Brillenſchlangen ohne Schaden, 211.

Stirn, 15. 20. a.

Stockſchilderſchlange, 165. 9. flußtöpfige, 166. 12.

Streifen, 12. 17.

Striae angulatae, (95.) characteriformes, 13. 17. (96.) compoſitae, 12. 17. (90.) concatenatae, ib. (91.) longitudinales, 12. 17. (98. 93.) transverſae, (89.) vndulatae, (94.).

Striche, 13. 17.

Le Strié, 135. 55.

La Suiſſe, 248. 190.

Sumpfeidechſe, 112. 30. Sumpfſchildkröte, 35. 8.

Le Superbe, 237. 166.

Sutura dentata, 9. 14. (31.) dorſalis, (28.) laeuis, (30.) lateralis, (29.).

La Symmetrique, 244. 182.

T.

Tabak, dem Krokodill tödtlich, 92. wider den Klapperſchlangenbiß, 156. den Nattern tödtlich, 181.

La Tachetée, 249. 192.

Tangarten, Nahrung der Schildkröten, 29.

Tapanarin, 103. 15.

Le Tapaye, 102. 15.

Tapiriten, 85. g.

Tarantola, 100. 11.

Taubenbung, Nahrung der Schildkröten, 60. 45.

Le Teguixin, 133. 51.

Teichlinſen, Nahrung der Sumpfeidechſen, 113.

Tela, 16. 20. (84.).

La Terrapene, 35. 8.

The Terrapin, 35. 8.

Teſta, 13. 18. (1.) aſpera, 14. 19. (42) bifida, (31.) carinata, (35.) coriacea, (25.) cordata, ta, (33.) crenata, (38.) dentata, (39.) echinata, (44.) emarginata, (30) erofa, (36.) laevis, (39.) lunata, (32.) membranacea, (26) ouata, (34.) planiufcula, (28.) reflexa, (45.) reuoluta, (40.) rugofa, (41.) ferrata, (37.) tecta, (27.) verrucofa, (43.).

Teftae apertura, 14. 19. (23.).

Teftudo, 20. 26. I. 1; 25. 1. amboinenfis, 58. 42. areolata, 54. 37. calcarata, 58. 43. Caretta, 31. 4. 32. 4. b, carinata, 52. 31. carolina, 45. 23. cartilaginea, 37. 10. caspica, 44. 22. cinerea, 42. 18. claufa, 44. 23. coriacea, 25. 1. denticulata, 50. 3'. elegans, 54. 38. europaea, 33. 6. fasciata, 40. 14. ferox, 37. 11. fimbriata, 43. 2'. geometrica, 53. 36. graeca, 50. 32. granulofa, 48. 27. guttata, 58. 42. japonica, 33. 5. imbricata, 26. 2. indica, 56. 40. 57 40. b. Lutaria, 35. 9. marginata, 52. 33. Matamata, 43. 21. membranacea, 37. 10. Mydas, 28. 3. 30. 3. b. 31. 3. c. nigricans, 48. 30. Nouae Hifpaniae, 57. 41. orbicularis, 33. 6. 34 7. paluftris, 35. 8. penfyluanica, 40. 24. picta, 57. 41. planiceps, 48. 28. planitia, 59. 44. platycephala, 48. 28. pulchella, 41. 17. punctata, 33. 6. b. 58. 42. pufilla, 55. 39. roftrata, 37. 10. rubicunda, 49. 29. scabra, 39. 12. scorpioides, 43. 10. scripta, 40. 15. ferpentina, 46. 25. Spengleri, 47. 26. squamata, 42. 19. itriata, 37. 11. fulcata, 58. 43. tubulata, 59. 45. Terrapin, 35. 8. tricarinata, 41. 16. triunguis, 37. 10. verrucofa, 38. 11. b. 40. 13.

La tête-fourchue, 108. 23. rouge, 127. 42. e. plate, 128. 63.

Le teuthlaco, 150. 2.

Thaul, 71. 12.

Thymus virginicus, wider den Klapperfchlangenbiß, 156.

Tieger, Feinde der Krokodille, 92.

Tiegernatter, 277. 137.

La Tigrée, 241. 175.

Tiliguerta, 127. 42. c.

Tintenfifche, Nahrung der Schildkröten, 29.

Tlehua, 166. 10.

Tleoa, 166. 10.

Torques, 17. 21. (99.).

Cinereous Tortoife, 42. 18.

Le Tortu, 158. 1.

La Tortue à boite, 45. 23. Caret, 26. 2. cendrée, 42. 18. ecaille verte, 30. b. franche, 28. 3. grecque, 56. 40. Luth, 25. 1. Mydas, 28. 3. Naficorne, 32. 4. b. Scorpion, 43. 20. de terre commune, 50. 32.

Le Trait, 264. 5.

Le Triangle, 249. 193.

Le triangulaire, 135. 57.

Le Triple-rang, 249. 194.

Le Triscale, 220. 123.

Triton alpeftris, 114. 31. g. americanus, 112. 29. carnifex, 114. 31. d. Gesneri, 114. 31. h. paluftris, 112. 30. vtinenfis, 114. 31. e. Wurfbainii, 114. 31. f.

Tritons, 114. 31.

La trois-doigts, 140. 66.

La trois-raies, 245. 184.

Tuilée, 26. 2.

Le Tupinambis, 96. 7.

Tympana plana, 17. 21. (95.).

Le Typhle, 187. 49.

Le Tyrie, 223. 130.

U.

Register.

U.

L' Umbre, 110. 26.
Ungeziefer, Vertilgung desselben durch Schildkröten, 36. 9. 51. 32.

V.

Valuulae, 14. 18. (22.).
Le Vampum, 188. 50.
Venae, 13. 17. (100.).
Venerische Krankheiten, Gebrauch des Schildkrötenfleisches gegen solche, 30.
Venter laeuis, 17. 22. (5.) marsupio donatus, ib. (7.) verrucosus, ib. (6.).
Venusnatter, 213. 105.
La Vermillon, 55. 39.
Verrucae carinatae, 8. 11. (8.).
Le verr, 64. 3. c.
La Verte, 236. 163; 238. 168. d.
Vergiftung der Pfeile, 120. 37.
Vertilgung der Klapperschlangen, 153. durch Schweine, 156.
Verwandlung der Amphibien, 7. 8.
Veſica gularis, 17. 21. (2.).
La Violette, 243. 178.
Viper, die italienische, 179. 34.
Vipere, 179. 34.
Viperkopfnatter, 254. 210.
Vipernatter, 167. 1.
Vipernſalz, 168. 1.
Le Visqueux, 275. 2.
Vitra, 12. 16. (87.).
Vögeleier, Nahrung der Warneidechſe, 97. 7. der grünen, 128. 42.
Vorderbeine, 18. 23. (15.).

W.

Wachsthum der Amphibien, 7. 9.
Wampumnatter, 188. 50.
Warneidechſe, 96. 7. a-g.
Warzen der Amphibien, 8. 11.
Warzenreihen, 18. 23.
Warzenſchlange, 21. 26. II. 8. javaniſche, 275. 8.
Waſſerfroſch, 80. 28.
Waſſerleitungen, Aufenthalt der Eidechſen, 96.
Waſſernatter, 207. 94.
Waſſerſchilderſchlange, 164. 7. weißgeringelte, 159. 2. zahnloſe, 160. 3.
Waſſervögel, Nahrung der Schildkröten, 39. 11. b. Feinde der Fröſche, 82. Nahrung der Krokodille, 91. freſſen Krokodilleneier, 92.
Water-Viper, 157. 6.
Weißkragennatter, 252. 201.
Weyhabler, Feinde der Kröten, 63. 3.
Wickelnatter, 174. 19.
Winteraufenthalt der Fröſche, 79. 81. der Krokodille, 91. der Eidechſen, 113. 30. 123. 126. 144. 71. der Klapperſchlangen, 153.
Wölfe, Feinde der Fröſche, 82.

Wür-

Würfelnatter, 199. 76.
Würmer, Nahrung der Schildkröten, 51. 32.

X.

Le Xequipèle, 205. 90.

Z.

Zähmung der Krokodille, 91.

Zähne, 16. 20. f.
Zehen, 18. 23.
Zehenhäute, 18. 23. (19.).
Zonennatter, 250. 196.
Zucker, fressen Schildkröten, 56. 39.
Zwergnatter, 252. 202.
Zwergschildkröte, 55. 39.

www.ingramcontent.com/pod-product-compliance
Lightning Source LLC
Chambersburg PA
CBHW032042230426
43672CB00009B/1440